U1001134

编委会&编写组名录

The Editorial Board

编委会名单

主任委员：罗富和

副主任委员：何清正、潘光华、刘清涌、王重农、李金国、潘兆清、陈少敏、王碧青

委员：王重农、王碧青、卢秀福、龙起明、孙崇格、孙智勇、朱根发、

刘小鋈、刘世渡、刘兴邦、刘忠贵、刘清涌、李仁韵、李红崟、李廷福、

李金国、李映龙、李盛根、邱厚云、邬秉佐、

何清正、陈少敏、陈学祥、陈述新、宋世平、杨克汉、杨际信、吴璧顺、

张礼安、罗富和、余定先、郑宇晖、周庆、

徐公明、徐同吉、钱登荣、黄毅、

雷尊巍、潘光华、潘兆清

（以上按姓氏笔画顺序排列）

编写组名单

主编：刘清涌

副主编：王碧青、朱根发

执行主编：黄毅

视觉总监：朱丽娅

设计总监：林茂盛

责任编辑：徐小英、沈登峰

编者：冯桃、陈茜、李小青、杜定文、李桃园、杜若

督办单位：四川省兰花协会　成都市兰花协会

执行单位：《魅力兰花》编务部

领导关怀
Leader's Care

朱德同志在四川成都杜甫草堂修剪兰花

2004年8月13日，中共中央总书记、国家主席胡锦涛同志视察四川省农科院在广安农业科技中心展示的国家“863计划”国兰快繁项目时，听取项目主持人魏亚鉥研究员汇报。中共中央政治局候补委员、书记处书记、中共中央办公厅主任王刚、四川省省委书记张学忠，四川省省长张中伟等陪同视察。（原载广安日报）

胡锦涛同志视察兰花科研项目

江泽民同志在四川省成都市温江区赏兰

吴邦国同志到浙江兰花村考察

□ 乔石同志和回良玉同志等视察安徽神韵兰园

□ 杨汝岱同志视察中国花卉协会兰花分会总部

王文元同志接见兰界精英李映龙

中国花卉协会会长江泽慧同志参观兰展

贺　　辞

中国花卉协会兰花分会：

在分会喜迎成立20周年之际，特向你们表示热烈祝贺，并向全国兰界的朋友致以亲切的问候！

兰花分会自 1987 年成立以来，在弘扬兰文化、提倡科学养兰、建立有序的兰花市场、发展兰花产业、保护兰花资源、营造和谐兰界、繁荣农村经济和促进国际兰界的友好往来等方面做了大量工作，取得了显著成绩。

兰花事业前景广阔，希望你们再接再厉，大展宏图，为美化生活、构建和谐社会做出新的更大的贡献！

中国花卉协会

2006 年 12 月

贺　信

中国花卉协会兰花分会：

正当春光明媚的三月时节，你们在武汉召开中国花卉协会兰花分会成立二十周年的纪念大会，特向你们表示热烈的祝贺。在发展祖国兰花事业的道路上，中国兰花协会和中国兰花学会团结一致，并肩走过了风风雨雨十六个年头，共同在兰花学术交流、兰信息及兰文化传播、活跃兰花市场等方面做出了积极的贡献，在社会上产生了很大的影响。让我们更加紧密地团结在一起，共同努力，把我国兰花产业做得更大、更强。

中国植物学会兰花分会

二〇〇六年十二月八日

贺　信

中国花卉协会兰花分会：

在发展中国兰花事业的道路上，中国兰花协会脚踏实地地迈进了20年。借贵会20周年纪念日到来之际，我会特表示热烈祝贺。兰花在我国分布广泛，种类繁多，爱兰者数以千万计。20年来，贵会在兰花学术交流、兰信息及兰文化传播、活跃兰花市场等方面做出了积极的贡献，在社会上产生了很大的影响。

野生兰花资源是国际公约保护的重点对象，由于乱挖滥采，部分种类濒临灭绝。兰花是自然生态的重要组成部分，保护濒危兰花物种事关人类生存、社会发展。贵会和我会更是重任在肩。为了这一共同社会责任，让我们更加紧密地联系在一起，共同努力，把我国兰花物种保护、培育、研究工作以及学术交流、兰文化传播、兰产业的发展推向更高水平。

中国野生植物保护协会兰花保育委员会

二〇〇六年十一月二十二日

蘭花芬芳

江澤慧

二〇〇七年

元月

中国花卉协会会长江泽慧贺词

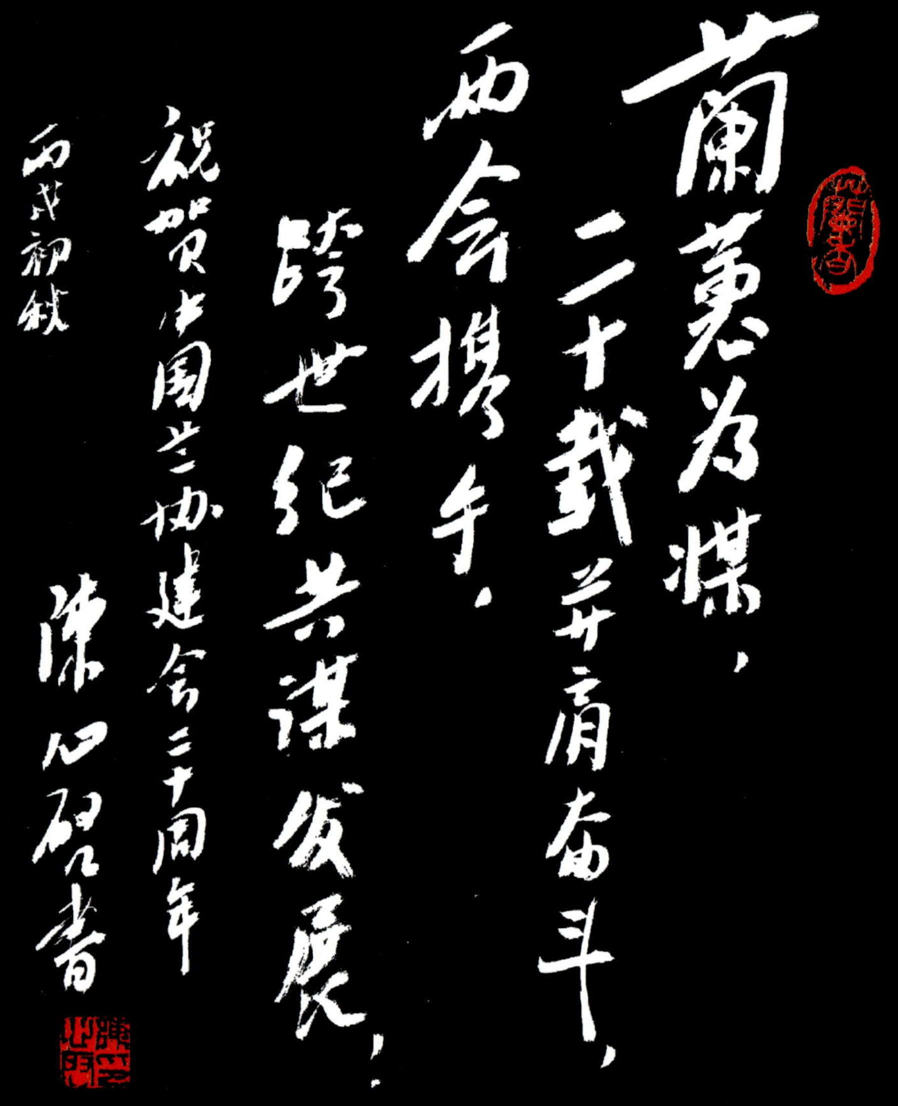

中国植物学会兰花分会名誉会长陈心启贺词

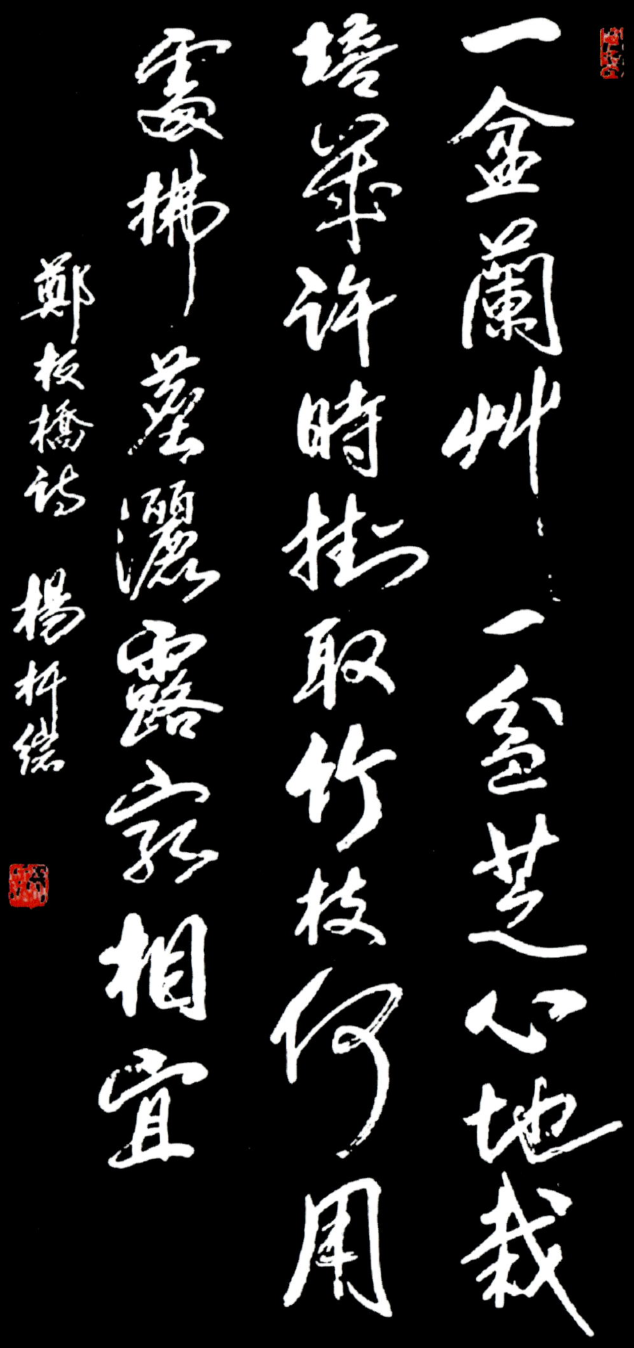

四川省原人大主任、四川省原省长杨析综贺词

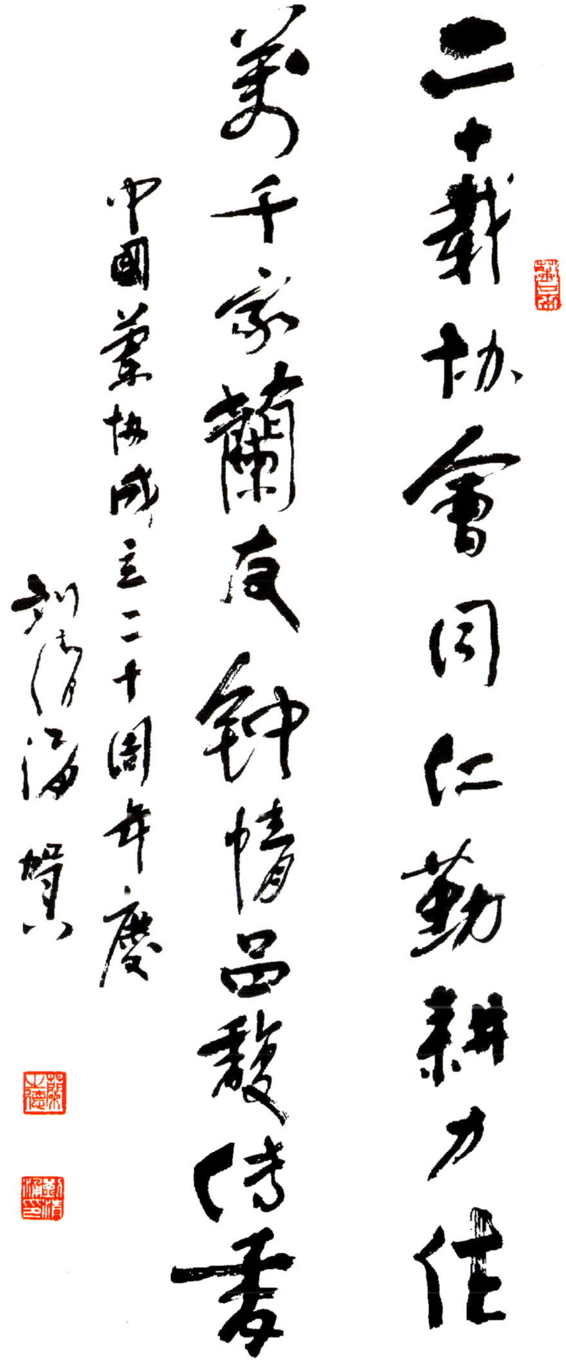

中国花卉协会兰花分会副会长刘清涌贺词

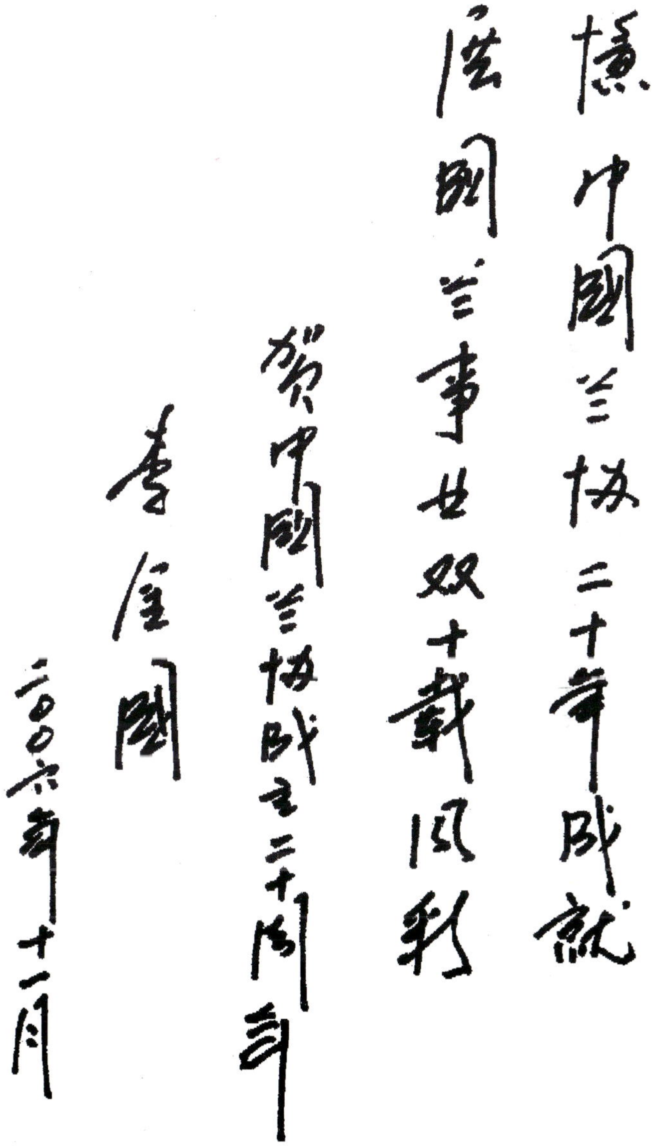

中国花卉协会兰花分会副会长李金国贺词

中国花卉协会兰花分会成立二十周年誌記

发扬我国特有资源国兰

创建世界高尚情操文化

香港中华兰花协会永远荣誉会长黄礼信敬题

中国香港中华兰花协会永远荣誉会长黄礼信贺词

中國蘭花協會弍十週年紀念

世間清品至蘭極

賢者虛懷與竹同

香港中華蘭花協會敬賀

創會會長黎兆添書

中国香港中华兰花协会创会会长黎兆添贺词

賀中國蘭協成立20週年紀念

幽玄高雅

王者之香

台湾國蘭天地雜誌社

社長李炳宏敬賀

中国台湾国兰天地杂志社李炳宏贺词

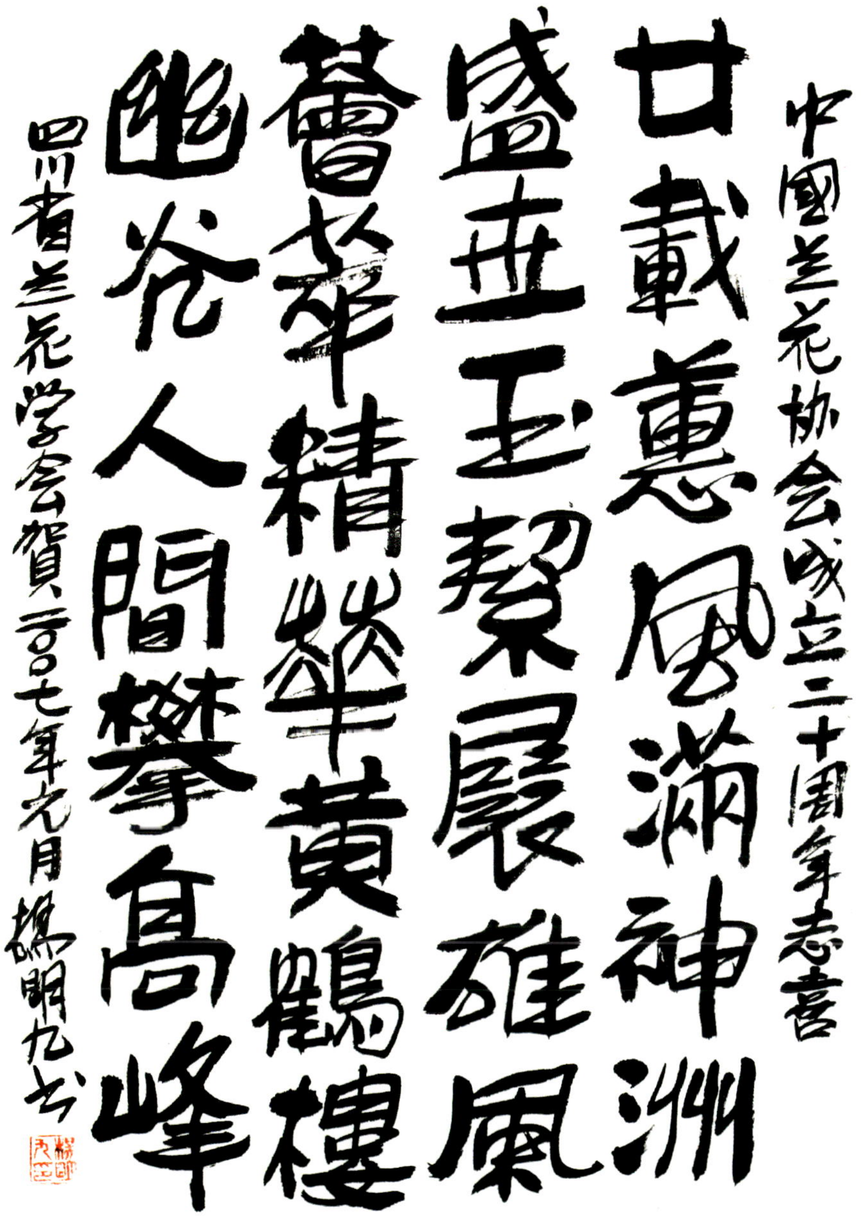

四川省植物学会兰花分会贺词

上海书法家许昂贺词

序

中国花卉协会兰花分会成立于我国改革开放百业俱兴、百事俱举的上世纪八十年代，可谓应运而生，成立至今已有二十个年头了。二十年来兰业、兰事与我国经济、社会方方面面的迅猛发展同步，也空前兴旺和繁荣。

中国兰花不是一般的花卉，她具有丰富的中国传统文化的内涵，被誉为王者之香、百草之长；她丰富多彩、神秘多变、高贵典雅、精致珍奇，很符合中国人的审美心理，具极高的品赏价值，为极具人性化、人格化的花卉。中国兰花不是一般的花卉，她正如中国龙、中国凤一样，是中国文化的一个符号。

二十年来，历届兰花分会的同事们，正是基于对中国兰花的这一深刻的认识，在中国花卉协会和挂靠单位广东省农业科学院的领导下，积极地创造性地开展工作。在联系各级兰花组织、兰苑、兰友，组织大型兰花博览会，构建兰花经济平台，创办兰花媒体，弘扬优秀兰花传统文化，建设当代兰文化，发展对外交流等方面做了大量工作。

二十年来，兰业已发展成花卉业中的一大产业，成千上万的兰苑成立，数百万的群众爱上了兰花，近年国内外的国兰贸易额已达数十亿元。国兰品种层出不穷，从几百年积累下来的数百个品种增至今天的数千个品种，有数百个新品种已形成品牌；国兰的栽培技术不断提高，国兰的商品化、赏品化水平也不断提高；国兰经济、兰事活动空前活跃，不少地方的兰事已融入社会主义新农村建设、社会主义精神文明建设的大业之中；兰界扶贫助学、资助家乡建设成风；兰花科技成果日见增多，全国兰网、兰花报刊已近百个。当今的兰界已形成蓬勃发展的大好局面。而这一切都有兰花分会的一份贡献。

正像国兰品种的发展变异越来越神奇越来越亮丽一样，兰花分会的工作也应做得越来越好、越来越有创造性。今后将要做好如下几个方面的工作。一是进一步营造和谐兰界，在弘扬优秀国兰文化的基础上，建设当代先进的国兰文化。推动将兰花作为教师节、老人节、春节等节日用花；推动兰界扶贫助学，为繁荣当地社会经济、建设文明社会作贡献。二是推动科技创新，让国兰有更多更好的品牌、品种，让国兰向产业化方向发展，形成更大的经济规模。三是为提升各种兰事活动、兰贸活动的文化品位出谋划策，为提高兰友的素质、优化国兰的品赏形象、优化兰界的社会形象出力。四是进一步培育和拓展国兰的国内外市场。特别要拓展国际市场、为加强国兰界的对外交流多做工作。五是加强分会自身的建设。

在兰花分会成立二十周年之际，我们隆重庆祝，并出版《兰香蕙馥二十年》一书，总结成绩，总结经验，激励兰友，展望未来。行看大地幽兰绿，国兰笑迎众知音。相信在各级兰协、兰友的共同努力下，未来国兰将会香满神州享誉全球。

是为之序。

中国花卉协会兰花分会会长　罗富和

二00七年元月

目录 Contents

兰生深林 不以无人而不芳

名蘭典藏

T r e a s u r e O r c h i d

春兰 · 盛世牡丹　栽培者:卢秀福 卢干 王建设 缪卫忠 邱文雄

春剑 · 盛世牡丹　栽培者:宋世平

春剑 · 将军蝶　栽培者:钱登荣

寒兰 · 神洲第一梅　栽培者:陈少敏

春剑 · 鱼凫梅　栽培者:刘礼洪 叶瑞金

莲瓣兰 · 天地人　栽培者:刘忠贵

春剑 · 鱼凫奇素　栽培者:叶瑞金

春剑 · 红梅冠　栽培者:梁克成

春剑 · 永生奇蝶　栽培者:胡致东

春兰 · 冠神　栽培者:莫岱祥 莫偃蹇

春剑 · 奥迪牡丹王　栽培者:王元修

春剑 · 古堰麒麟 栽培者:刘承宪

送春 · 国色牡丹 栽培者:王学长

春剑 · 皇冠　栽培者:王永明

春剑 · 盖世牡丹　栽培者:杨明

豆瓣兰·小林芯蝶　栽培者:杨小林

春剑·天府之娇　栽培者:周作其

春兰 · 天彭牡丹　栽培者:白光群

春剑 · 学林荷　栽培者:李学林

春剑 · 圣仙梅　栽培者:邱厚云

莲瓣兰 · 蜀绣牡丹　栽培者:刘世渡

春兰 · 板桥遗墨　栽培者:张江连 张江齐

莲瓣兰 · 奇花王　栽培者:肖云

春剑 · 品蝶　栽培者:何治富

春剑 · 福星蕊蝶　栽培者:邱福凯　林昭君

春剑 · 玉海棠　栽培者:周家长

春剑 · 玉玺天娇　栽培者:闫利军

蕙兰 · 端梅　栽培者:谈岳明

蕙兰 · 金蜂巧　栽培者:刘庆松

蕙兰 · 富贵牡丹　栽培者:刘小鋆

春剑 · 晶品梅 栽培者:曾毅

春剑 · 五彩麒麟 栽培者:邓传刚

春兰草蝶 · 玺玉　　栽培者：宋先明

春兰 · 圣诞树 栽培者:彭良正

莲瓣兰 · 药草 栽培者:孙智勇

莲瓣兰 · 金沙树菊 栽培者:李光宏

莲瓣兰 · 大唐盛世　栽培者:黄德敏

豆瓣兰 · 九洲红梅　栽培者:吴志生

四季兰 · 中华牡丹　栽培者:安家福

春剑 · 梦圆　栽培者:孟昭烈

春剑 · 丹峰丽梅　栽培者:盛心志

春剑 · 西蜀奇观　栽培者:毛兴正 毛恩云 毛恩华

春兰 · 洛神梅　栽培者:叶建华

莲瓣兰 · 玉兔　栽培者:方祖文

墨兰 · 享荷

墨兰 · 南国水仙

春兰 · 奇珍新梅　栽培者:梁品富

紀念文章

Anniversary Articles

在中国花卉协会和挂靠单位广东省农业科学院的正确领导下，在各省市同行的热情支持下，中国花卉协会兰花分会各项工作迅速开展，社会上的兰花热潮风起云涌，兰花队伍迅速扩大，兰文化与兰经济快速发展，生产、科研成果不断涌现。

中国花卉协会兰花分会 20年的成就与问题

文 · 何清正

1987年1月10日～14日，由中国花卉协会策划，在广东省陈村镇召开了全国兰花代表会议。与会者有各省市兰花产区的业者、科技工作者及部分爱好者共60多位代表。会议产生了中国兰花协会（94年改称为中国花卉协会兰花分会）。于是，我国兰花历史上第一个代表性最广、阵容最大、活动最多的兰花民间组织诞生了。至今，中国花卉协会兰花分会已经风风火火走过了20年。在中国花卉协会和挂靠单位广东省农业科学院的正确领导下，在各省市同行的热情支持下，中国花卉协会兰花分会各项工作迅速开展，社会上的兰花热潮风起云涌，兰花队伍迅速扩大，兰文化与兰经济快速发展，生产、科研成果不断涌现。随着社会经济的迅速增长，兰花旋风吹遍了中华大地。

如今，内地的国兰市场已成为东南亚最热的一个市场，一年一度的全国兰花博览会已成为一个最大的交流平台。洋兰方面亦正在崛起，已经有了产业化雏形，市场亦正在形成。

国兰空前繁荣

组建兰会　发展队伍

20世纪80年代，乘改革开放之风，广东经济率先崛起，珠三角国兰复兴，陈村镇领先兴起养兰热，十有八九都有家庭兰园。90年代，国家兰会在此组建，星火燎原，全国兰会遍地开花，到21世纪初，全国仅内地省一级的兰花组织就达18个。市、县、镇各级的更多。各级兰会组成以后，工作重心基本都放在国兰上。当今国兰爱好者粗略估计有100万人以上，兰户万家，名苑超千。国兰企业化经营的亦有百个以上。在粤、浙、滇、蜀四个兰花大省，其资源优势已逐步实现了不同程度的经济优势，打造了一批大大小小的兰花富户。在中华大地上出现了一批批国兰名园，不但美化、香化了环境，保护了一批珍贵资源，同时亦构建了一批批的精神家园，造就了历史上最好的国兰繁荣大好局面。

宣传文化 弘扬国粹

我国兰蕙资源丰富，玩赏国兰历史悠久，文化底蕴丰厚，最具民族特色。自从孔子说"兰当为王者香"到如今二千多年历史，加上同代的屈原在文学艺术上借兰怡情、喻德、明志，经过长期熏陶，小小的兰蕙已成为一种精神象征，成为历代文人骚客赞颂的对象，一种人格、道德、高尚、雅致的载体，兰蕙广泛成为德人、善人、美人、君子的代名词，成为人们构建精神家园的一种圣洁之花。兰蕙之所以上下延续数千年，纵横广播数万里，最主要就是靠这种文化培养滋润出来的。今后的发展靠的还是文化。因此自中国花卉协会兰花分会成立以来，我们一直把文化宣传工作列为兰会工作的核心工程，办期刊、出兰书、建兰网、搞论坛，坚持数十年不放松，各大区原兰种衍生出来的品种图谱，像春兰、蕙兰、墨兰、建兰、莲瓣兰、春剑、寒兰等专书都已先后出版。与宋代至清末以前古书所载的品种对比，短短20年，新品增加了数十倍之多，从以往的几百种拓展到现在的几千种，且图片之精美大大超过以往，这是一个很大的成就。在挖掘古籍方面，像清末民初广东南海县金策撰写的

《岭海兰言》以及滇蜀与江浙等省从地方志上发现的许多古兰花的历史记载等，对丰富兰蕙的文献库增添了许多资料。我会主办的《中国兰花》（双月刊）与《兰花信息》（月刊）坚持了近20年的时间，对于国兰界影响最大。进入21世纪后，广东、浙江、四川等随着兰花市场的发展，出现了六七种不定期或定期出版的高档次的兰花杂志（主要内容是国兰），对弘扬兰文化、发展兰经济都做出了重要贡献。20年间在全国正式出版的国兰、洋兰书籍估计在100种以上，大大超过了自宋代《金漳兰谱》（1233年）以来700年出版的兰花书籍。中国兰花网是21世纪初建立起来的，当前上网人数已达数万人，加上各省建立的网站网页，数量之多，不胜枚举，影响广泛。我会举办的全国兰博会，可以做到现场直播，远至欧美都可即时收到。国兰形势之所以有今天，文化和宣传是起了重要作用的，是核心，是灵魂。她对当今社会重振道德，树立荣辱观，构建和谐兰域，亦是有很大的现实意义的。

坚持交流，发展经济

举办全国兰博会是最大的交流平台，连同各区域性大大小小的兰展，全年不断。加上各种交流会、研究会、探讨会、总结会、座谈会等，对促进文化、经济发展起了很大的作用。20年来，我们先后在全国各大中城市举办了十六届兰花博览会、一届兰文化博览会。先是在东南沿海，后推广到西部，目前正进军中部，一波接一波，风起云涌，范围愈来愈大，档次愈来愈高。全国兰博会成了境内外的一个著名品牌，是兰花交流的最大平台，办到哪里，哪里就掀起兰花高潮。据粗略估计，当前内地的国兰年经济总量在30亿—50亿元人民币之间，其中高端市场占绝大部分。低端市场占的土地面积最大，但经济量仅占总量的一成左右。国兰经济在全国经济中是很微小的，但她的精神意义却大大超越了经济意义。在对外交流方面，我们先后多次组织理事与兰友参加世界兰展和亚太兰展，并接待了十多个国家和地区的兰花组织或专家来访考察，为我国兰友走出去铺了路。

国产化洋兰起步

引种试验

洋兰多为气生兰，18世纪才开始出现在欧美，市场形成于第二次世界大战以后。由于广泛应用现代化科学技术进行规模化生产，发展迅速，全球化程度较高，主要有大花蕙兰、蝴蝶兰、卡特兰、文心兰、石斛兰等。多数做切花，少数做盆花上市。我国早就有零星引进。首届兰花博览会即有洋兰参展，以后逐年有所增加，但至今还是以国兰为主。

技术储备与推广示范

自20世纪90年代初开始，各地不少科研单位都开始对洋兰进行了试验示范，在生物性状观察、试管快速繁殖、高山催花、生产示范各个方面，摸索出了不少比较成熟的技术经验，并进行了小批生产上市。亦有引进大型温室进行生产示范，但大多办不下去。目前不少中小型洋兰生产坚持下来，成了国产洋兰的骨干。洋兰爱好者逐渐增多。但兰花队伍仍然以国兰为主，无论宣传、交流、买卖，都是国兰占主导地位。

市场形成与发展

进入21世纪后，洋兰市场开始形成，并且迅速发展。据有关部门统计，当今全球蝴蝶兰生产量为6000多万盆，其中欧美各国2000多万盆、我国3000多万盆（其中中国台湾省1800多万盆，内地1200多万盆）、日本1000多万盆。2005年广东省生产了150万盆，2006年达300万盆，翻了一番，已经出现了供过于求。高质量的洋兰仍靠进口。热带兰（主要是秋石斛与文心兰）因适宜区域小、市场大，供不应求。当前洋兰市场的年经济总量仅有3亿元人民币左右，只占国兰的十分之一，但作为消费市场来看，两者已经不相上下。如除去国兰的具有炒作性质的高端市场，洋兰很快就会超越国兰。

拓宽消费最重要

培育市场

这是一个战略性问题。需结合实际，采取有效措施，与时俱进，推动我国兰花事业向前发展。境内外都有过这种教训，要有科学发展观。当今国兰的平价市场发源于广东，20世纪广东的墨兰与建兰出口和内销，每年销售量为800万苗左右，交易额2亿元人民币左右。各产兰区如江浙的春兰、蕙兰，滇蜀的莲瓣、春剑亦有零星销售，但不成气候。广东珠三角有一支专业生产平价兰的队伍，面积约三千亩。在陈村镇还有一个全国最大的兰花集散中心。不少业者确定以平价兰为主攻方向，向产业化方向发展。在育种、栽培、经营等领域都开展了研究与实践。消费性平价市场是基础，没有这个基础，玩赏性高价市场就会成为空中楼阁。

拓宽消费

对国兰来说，首先还是要在文化宣传上继续下功夫。搞兰展交流，要坚持弘扬兰文化，并且要与时俱进，有所创新。根据广东珠三角传统风俗，春节要摆报岁兰（墨兰），是兰花消费高峰期，墨兰很畅销；嫁女要以兰花作为陪嫁，可促进消费常态化。国家领导人朱德、周恩来都曾经进行过兰蕙外交。兰蕙在当今不仅有很好的经济意义，更重要的是精神上的意义。朱德元帅说过：“一个国家文明不文明，要从各方面看。物质生活丰富了，还要丰富文化生活。好的摆设，也是文明的一个方面。如果兰花进入寻常百姓家，那时文明就更可观了。”近几年，我们提倡以国兰作为教师花，在教师节，发动各地兰友赠兰敬师。2006年，在武汉市人民政府举办的表彰先进教师大会上，由粤、桂、蜀、滇等省兰友赠送兰花，影响很大。孔子是世界上最早的一位教师，是国兰文化的倡导人、世界性文化巨人。争取国兰成为“教师花”，就有希望成为平价兰拓宽消费市场最大的拉动力。国外有“母亲花”康乃馨、“情人花”玫瑰，其产业就能做大做强。在我国历史上，中秋节吃月饼、上馆子，端午节吃粽子、赛龙舟。韩国有医院规定兰蕙为探病之花，其他花不准入病室，因为兰蕙植料干净、幽香怡神。让兰花进入寻常百姓家，是我们20年来一直坚持的宗旨。以往兰蕙多为贵族富豪、文人骚客才能玩赏得起，甚少走出豪门深院。现在，由于时代进步、经济发展，富裕人家增多，休闲文化亦随之兴起。国兰从过去的小文化，变成了今日的大文化。古人称：“寸心原不大，容得许多香。”生产扩大了，但消费拉动跟不上。国兰、洋兰当前都存在产大于求的问题。当务之急，就是要想方设法解决这个问题。

健全营销体系

目前平价兰生产在技术改革方面，已经做出成绩，特别是出口兰的标准化已相当普及。但内销方面仍存在不少问题，如适销品种的提供复壮、健全选留种体系、病虫防治、包装保鲜、兰盆配置、艺术装饰等方面，都需不断改进。全国各大中城市都有花卉销售中心，但兰花专售店还是极少。除销售高峰季节外，较少有常态性平价兰花买卖。要做到常态化、长期化，像畅销鲜切花一样，营销方面还要做许多工作。

从21世纪开始，广东的翁源兰花生产基地连片规划五千亩，已经种下三千亩，国兰、洋兰都有生产，出口、内销的生意都在做。这里集中了一批境内外的业者。他们在生产示范、贸易营销上都做得不错，可以预想，在不太长的时间内，他们会为兰花的生产与营销走出一条好的路子，为发展我国兰花事业树起一面旗帜。

20年的时间，不长亦不短。我们已经走出一条路子，谱写了一段相当厚重的繁荣兰花的历史。祈望今后20年路子走得更广阔！

何清正
中国花卉协会兰花分会副会长
中国兰花品种登录委员会常务副主任
广东省兰花协会会长
《中国兰花》杂志名誉主编
《兰花宝典》杂志总编审
《中国兰花信息》杂志主编
广州欧美同学会会员

中国花卉协会兰花分会今后工作的几点思考

文·王碧青

王碧青
中国花卉协会常务理事
中国花卉协会兰花分会副会长兼秘书长
中国野生植物保护协会兰科植物保育委员会副主席
广东省农科院花卉研究所所长、研究员

兰花分会自1987年成立以来，已走过了二十年的历程。二十年来，在中国花卉协会和各级地方政府的重视和支持下，分会不断发展壮大，我国兰花事业也取得了长足的进步。分会在举办兰博会、兰花的宣传和推广、信息传播、促进兰花组织发展、兰花产业及兰文化发展及国内外交流等方面做了大量工作。分会的理事（会员）从成立之初的30多位发展到今天约300位，增加了近十倍。兰花爱好者或专业种植户的队伍也达到数百万人以上。全国兰花博览会共举办了十六届，为宣传推广普及兰花、拓展种植区域、发展兰花经济、弘扬兰文化起了很好的作用，现在兰花不仅在传统种植区苏、浙、粤，而且在黔、滇、川，都是一派兴旺，兰花的经营也从阳台经济逐步规模化、产业化。兰文化的推广取得了较大进展，成功举办了全国兰文化博览会、教师节送兰敬师活动等。最近几年有关兰花品种及栽培技术的兰花杂志、书籍、网站层出不穷，为宣传兰花、传播信息、促进交流和普及兰花知识起了很好的作用。分会在发展传统名花方面所做的努力，获得了中国花卉协会的充分肯定，在全国花协成立二十周年时，分会还被评为先进单位。展望未来，我们对分会的工作及兰花事业的发展充满信心。

兰花分会作为一个民间社团组织，目前仍然是以促进交流、信息服务为主，没有像国外协会一样真正按行业协会来运作，因此今后我们仍然要实事求是地按目前的发展水平和阶段，严格按分会管理办法开展工作，以后逐步改革向专业行业协会发展。

1 发展壮大理事队伍，加强协会自身建设，加强与地方兰花协会的沟通与联系，为兰花事业发展多办一些实事。要发展更多养兰大户及兰文化研究者、专业生产兰花的公司负责人加入兰协组织，尤其是发展一些影响大、有奉献精神、热爱和积极参加协会工作的年轻理事，这样协会才有活力。要按照分会管理条例进行常务理事等的选举，不断充实兰协班子，使协会工作公开、公正、透明。与地方兰协的沟通和联系工作今后要进一步加强。同时也要继续争取政府对兰花产业及协会的支持。

2 办好兰展，引导消费，促进发展。目前，除全国兰展外，各地还举办地方兰展，这对引导消费、弘扬兰文化、促进兰花发展起了很好的作用，今后要探索和改进全国兰花博览会的办会和布展工作，继续寻求政府支持，逐步发展完善由政府支持、企业运作、兰友唱戏的办展方式，兰展要注重参展品种的质量及引导作用，增加文化含量及观赏性，特别要增加大兰户的专门展位；要改进和完善评奖办法，增加洋兰参展的比例。中国兰花博览会是分会的一个品牌，希望大家共同努力，把它办得越来越好。

3 加强资源保护，加强传统品种及名品兰花的资料整理及种植保护。要继续抓好分会建立兰花品种园工作，给已规范的名花建立档案，建立样品园进行繁殖保护。条件成熟时，以兰花分会的名义组织全国兰花工作者、兰艺家编辑《中国兰花品种大全》。

4 抓好"名家、名园、名品"工作，抓好兰花的规模种植。要引导各地培养一批名兰家，建立一批有规模的名兰园，种植传统及新选育名品，有条件的地方要进行产业化、规模化种植。名兰家、名兰园要建立自己的品牌、拳头产品、种植名品，以不断提高经济效益。兰花分会也要抓洋兰的工作，促进国兰、洋兰共同发展。

5 弘扬兰文化，促进兰界和谐。国兰的发展基础是源远流长、博大精深的兰文化和大众消费，抓好兰文化的发扬，科学技术也是重要方面。分会要普及兰花种植技术、推广新技术，以不断提高兰花种植水平。要通过兰文化的宣传推广，尤其是每年与有关政府部门合作，搞好教师节送兰敬师活动，使兰花逐步发展为教师节等节日用花，促进兰花的大众消费，让兰花走进千家万户。

兰界的和谐是兰花事业发展的前提，只有和谐才有提高、才有健康有序的科学发展。分会要制定理事行为准则，引导兰友依法诚信经营，引导兰友依法保护资源，引导兰友提高素质，多做有益的事，多做好事、善事，多奉献爱心、捐资助学、扶贫济困、回报社会，为提高兰界的形象、为兰界和谐、为兰花事业可持续发展做出自己的贡献。

中国花卉协会兰花分会 20年中的八个“一”

文·刘清涌

中国花卉协会兰花分会1987年成立于广州市，挂靠广东省农科院，是为适应我国兰业迅速发展的需要而成立的一个全国性、群众性的兰花组织。兰花分会自成立以来，就以弘扬中国兰文化，保护开发我国兰花资源，打造我国兰花品牌，提高国兰的商品化、赏品化水平，促进兰花科研，培养兰花爱好者，促进兰花市场的繁荣与健康发展等为活动内容，积极而有远见地开展了一系列工作，为我国兰花事业做出了很多富于开创性、奠基性的工作，在国内外享有很高的声望和信誉。简单归纳一下，兰花分会创造了八个“一”。

一 创造了一个全国兰花博览会的品牌

会展业已成为当代社会经济发展的一个推动力。中国花卉协会兰花分会从一成立起即着手筹办全国性的兰花博览会。至今已举办了十六届，第十七届将于2007年3月在武汉举办，现正在紧锣密鼓地筹备中。每次博览会均有中外兰家、兰友踊跃参加，极大地促进了全国各产兰区的品种大交流，促进了兰文化、兰经济的蓬勃发展。现在，中国兰花博览会已成为海内外众所周知的著名展会。各大中城市竞相申办，均以能举办一次全国兰花博览会为荣。全国兰花博览会将一届届一年年地举办下去，为中国兰花的可持续性发展铺设起一条广阔的道路。

二 创办了有史以来的第一个国兰杂志《中国兰花》

中国花卉协会兰花分会自成立之日起就注意到了建立宣传阵地的问题。先是由其发起人之一在武汉创办《兰友》，后由成都接办《中国兰花》共2期。几经周折，于1992年才在广东办起了《中国兰花》（含《中国兰花信息》），至今已办了十多年。十多年来从未中断过，每期均能按时出版。兰花分会同仁不屈不挠地坚持把这个弘扬中国兰文化、繁荣中国兰经济、开发中国兰花品种资源、团结壮大兰友队伍、推广艺兰事业的杂志办下去。经过坚持不懈的努力，终于使中国兰花有了今天这个盛大的局面。现又接受《兰花宝典》的申请，也成为其主办单位之一，扩大了宣传阵地。

三 成立了一个登录委员会（与中国植物学会兰花分会合作）

该委员会的成立，使全国各地新涌现的兰花品种有了规范化的登录机构，兰花新品种一经登录，即得到国内外兰界的承认，其知识产权得到了及时的保护。

四 建立了一个中国兰花网

中国兰花网建立至今已五周年。它与杂志相配合，成为当今中国兰花界的主流媒体，覆盖了全国各地。其报道和评论影响着中国兰花事业的健康发展，广受兰友欢迎。中国兰花网还在扶贫助学方面做出了巨大的贡献。

五 培养了一支为发展我国兰花事业尽心尽力的兰花管理者、爱好者队伍

兰花分会现已有理事二百多人，遍布全国各省、市、自治区、特区，为适应中国兰花事业新形势的需要，还在继续发展中。20年来，这支队伍中的多数在各地区兰业的发展中已成为中坚力量，起着骨干作用。

六 开辟了一条中国兰花通向世界的渠道

兰花分会每年都要接待多批来自世界各地的中国兰花爱好者。其中，来得较多的有日本、韩国、马来西亚、泰国等地的兰友，还有美籍华人。我国港、澳、台地区来访的就更多了。这些地区已有不少兰友直接参加了中国花协兰花分会。有中国台湾的兰友说，内地、台湾未统一，兰花已先统一。中国大陆和台湾兰友都认为大家为一国的同胞，两地的兰花均为国兰。港、澳、台地区既是祖国不可分割的一部分，也是让中国兰花香遍世界各地的桥梁。

七 开发了一大批中国兰花新品种

20年来，经过十六届兰博会的选拔和中国花卉协会兰花分会专家鉴定选拔的新品兰花园艺品种近2000个，极大地丰富了中国兰花赏玩内涵。中国改革开放以前的数百年间，据古兰书记载，开发出的国兰园艺品种只有数百个。兰花分会成立20年来，比此前数百年开发的品种多得多，可谓成绩斐然。

八 培养了一个大众化的兰花市场，滚动出数百亿的兰花资金

中国花卉协会兰花分会20年来通过强有力的组织、宣传工作，促进了各地兰市的兴旺，现在已经有了一个广阔的兰花市场，兰花的买方队伍日益壮大。只要继续弘扬兰文化，市场导向正确，兰花产业将越做越大，不仅会丰富群众的文化生活，也可为不少群众带来经济效益。

以上是中国花卉协会兰花分会20年来的八个“一”，也是我个人多年来参加中国花卉协会兰花分会工作所实际感受到的它对社会的贡献。因此，中国花卉协会兰花分会于2002年被中国花卉协会评为中国先进花卉组织。作为一个全国性的群众组织，能有此效应是值得自豪的。希望兰花分会能继往开来，为中国兰花事业作出更多更大的贡献。

中国兰花博览会——中国花卉协会兰花分会打造的响亮品牌

文·刘清涌

中国花卉协会兰花分会成立20多年来，取得了多方面的成绩，其中突出成绩之一是打造出了“中国兰花博览会”这个品牌。“中国兰花博览会”已成为国内外兰界家喻户晓的展会，其影响力，照有的人的说法，已可称为中国兰界的“奥林匹克大会”（当然，其游戏规则是完全不同的，但其效应却可类比）。2005年，中国花协秘书长姜伟贤女士在兰花分会理事会上的讲话就盛赞这块品牌。她说："会展业已成为全世界的一种新兴产业，当今世界，任何名优产品要想得到社会的广泛认可，都要通过会展。兰花分会20年来通过十多届的兰博会，已经使近2000个中国兰花栽培品种得到推广，这是一个可喜的成绩。中国兰花博览会已成为一个具有权威性、群众性、社会性、民俗性、可持续性的品牌。可以说是中国花卉界做得最好的一个会展品牌。"

“中国兰花博览会”已成为国内外兰界家喻户晓的展会，其影响力，照有的人的说法，已可称为中国兰界的“奥林匹克大会”（当然，其游戏规则是完全不同的，但其效应却可类比）。

兰花分会是如何成功地打造出这个品牌的？

一 兰花分会自成立之日起，就把组织全国兰花会展当成一件大事、实事来抓，先后在广州、深圳、厦门、成都、昆明、汕头、北海、中山、无锡、杭州（秋季在济南）、贵阳（白云区）、成都（彭州）、大理、玉溪、乐山、贵阳成功地举办了十六届全国兰花博览会，第十七届将于2007年3月上旬在武汉举办。已办成的十六届全国兰花博览会可分三个历史阶段：从广州第一届至杭州第十届为第一阶段，举办方式同一般花卉展、艺术品展览差不多，均为兰品种与兰文化结合、展销结合，以展览品种为主。从第十一届贵阳（白云区）兰展开始，因其展览是在春节期间，所以注意将兰展融入民风民俗，办成兰展与庙会结合，每天均有节目表演，展场周边还有除兰花以外的各种摆卖摊点，热闹非凡，展期5～7天，参观人次超过50万，又有一说为70万人次。以后成都（彭州）、大理等地兰博会也办成庙会式的群众性、民俗性盛会。到2005年第十五届在乐山举办的兰博会则为第三阶段，此时的全国兰博会着重在展览的文化品位上提高，特别开辟了十个“兰之梦”馆，让兰花在如梦似幻般的境界中展出。由于不断优化博览会的内容和形式，注重将兰文化融入兰展中，使兰展更具观赏性和品牌效应。

二　由于考虑中国国情，一开始，兰花分会就把全国兰展定位为年度举办，并让政府成为主办单位，使兰展成为政府行为。以后每届兰展均要求申办方由当地副市长以上官员到中国花协兰花分会提出申请，以保证当地政府为主导，使兰展办出质量。因此，每届兰展的主办单位均为当地政府、中国花协兰花分会、中国植物学会兰花分会。每届开幕式，这些单位的领导人均到场。而具体操作则为当地政府和中国花协兰花分会共同进行。当地政府提出申请后，中国花协兰花分会应当地政府邀请，派专家前往考察筹备情况，经考察合格后才由兰花分会理事会通过，由兰花分会和当地政府共同签订举办协议书，举办才能正式进行。由于有如上程序上的保证，每届举办均能如期如质进行，保证了中国兰花博览会的声誉。

三　评奖是会展非常重要的内容。要保证评奖的公平、公开、公正，特别是要从全局考虑，要从兰业发展的健康考虑，评委会的组成人员非常重要。评委不行，再好的评奖方式、评奖标准也形同虚设。因此，兰花分会很注重评委的组成人员，在多次实践经验中明确了要由了解国内外兰科植物的权威、由了解全国各地兰花过去和今天发展情况的权威、由具有综合美学理论审美能力并对花卉和兰花审美有全面知识的权威、熟悉兰花市场情况的权威和举办方的代表组成，并对其组成成员要求不受任何兰花市场利益集团的左右，能高瞻远瞩，能以中国兰花的健康发展、可持续性发展为主导，有极高的分辨力。由于兰花分会注意了这些，所以对于复杂的评奖工作，能在逐步完善中完成，使中国兰花博览会这块品牌，具有公正性、权威性。

四　随着社会经济的发展，中国兰花博览会也注重了从当地实力强大的经济集团中获得支持。如第十一届、第十二届、第十六届的博览会，都得到了当地有实力的经济集团的支持。特别是第十六届在贵阳举办的兰博会，得到了国酒茅台集团的支持，使兰博会办得更盛大、更圆满。

五　广泛发动兰友，使每届兰博会能有更多国内外兰友参加。每届兰博会举办前，兰花分会均会组织一些强有力的组织力量和宣传机构来发动国内各地兰协、兰友参加，同时发动外国如日本、韩国、新加坡、泰国以及美国、加拿大、澳大利亚、马来西亚等国家的兰友参加，使兰博会不仅是全国性的，更具有国际性，不断提高兰博会的影响力。

由于注意了上述几个方面，全国兰博会已成为中国花卉界广受注目的、响当当的会展品牌，成为全国各养兰地区的大中城市竞相争夺举办权的会展，中国兰博会随之也越办越好。它过去是、今后也将继续成为推动中国兰花产业、兰花事业发展的强大原动力。

近几十年来国兰文化发展概述

文· 刘清涌

中国兰花作为观赏植物，作为某种高雅人格的象征，作为一个文化的符号，源远流长。中国兰花具有独特而丰富的民族文化内涵，这也是中国兰花历来广受炎黄子孙喜爱，而区别于其他观赏植物之处。中国兰花文化与中华民族的民族文化血脉相连，兰学与国学血脉相连。这是全世界各种花卉史中所极为少见的。可以说，中国兰花之所以这么名贵，其中的一个原因，就是她是用一二千年的中国文化栽培出来的。

近几十年来，随着国家经济的迅猛发展，社会生活的多样化，各种资源的及时开发，国兰业出现了空前的繁荣，兰花文化也日益丰富，可分别概述如下：从兰文化历史的角度看，有古代兰文化、兰文化传统和当代兰文化；从兰文化的载体角度看，有古籍中的兰文化、田野中的兰文化、兰花的草根文化等；从兰草主体角度看，有兰草本体文化，兰花衍生文化等。

国兰的主体文化和衍生文化

兰花的主体文化是指作为观赏植物的兰草本身的文化。如以陈心启、吴应祥研究员为主的兰科植物分类学方面的研究，以潘瑞炽教授为主的兰花植物生理学方面的研究，以及众多兰花爱好者在兰花鉴赏方面的研究、兰花栽培方面的研究、各类兰花生长习性方面的研究等等，均丰富了兰花本身的本体文化。自从兰花被作为文化符号崇奉之后，以兰花为题材的字画、诗词、工艺品、各种建筑物、各类用品装饰图案大量出现，各类兰花组织、兰事活动、兰花贸易形态也日渐多样，这方面近十多年来出版的书籍就有几十种。实物更见多多，这些均为兰花的衍生文化。

国兰的古籍中的兰文化、田野中的兰文化和国兰的草根文化

近二三十年来，国兰学者与国兰爱好者在对国兰古籍的整理和诠释上做了很多工作。如对国兰栽培史的考证，对国兰被人性化、人格化的诠释等。出版的书籍也很多，如陈心启、吴应祥、吴厚炎、陈彤彦等先生的著述。国兰古籍文化还包括对各地地方志中国兰记载的整理，包括对古籍兰书的整理。在整理古籍兰书方面，牟安祥、鲁子青、杨云、莫磊、朱和兴等先生也做了不少工作，出版了好几部国兰古籍整理的书。国兰田野文化、草根文化方面，浙江、四川、湖北、贵州等地均有人在做这方面的工作，可惜尚少有考古工作者参与其事，给予科学的考古论证。草根文化方面如对贵州苗族兰花民歌、对昆剧舞台动作“兰花指”,对云南大理以兰花催生的民俗等的发现均甚有意义。

国兰当代文化的建设

国兰界已意识到我们不能只停留在弘扬国兰的古文化、传统文化上，传统国兰文化是个根，要去粗取精、去伪存真，发扬这一伟大的国兰文化传统。但国兰文化也要与时俱进，要建设当代的国兰文化。国兰界在这方面也做了不少工作。如促进国兰融入当今的民风民俗，推荐国兰为教师花、敬老花、贺岁花。在兰展中，在国兰的商品化、赏品化上更充分展示了时代气息。如2005年春，四川乐山全国兰博会上设“兰之梦”馆；2006年秋大理兰博会上，根据在悠闲中参观、在参观中悠闲的新理念布置兰展等。不少兰苑、兰园的建设，不少国兰媒体的策划，也注意到了建设当代兰文化的问题。四川成都天府兰园策划设计展示的国兰展示的多样化的布展空间艺术和兰花人体造型艺术、兰花人体表演艺术等，均为很好的创意，值得推广。国兰当代文化的建设将是国兰进一步走向全国、走向世界的催化剂，任重而道远，国兰界尚需做出更大的努力。

2007年元月26日在首都北京人民大会堂举办了中国首届兰文化大展，盛况空前，中国兰花登上了大雅之堂。

刘清涌（教授、享受国家特殊津贴专家）
中国花卉协会兰花分会副会长
广东省兰协副会长
《中国兰花》、《兰花宝典》主编
广东省赏石文化专业委员会永远名誉会长
原广东韶关教育学院院长、党委副书记

国兰栽培史考

文· 刘清涌

关于我国兰花栽培的起源主要有以下十种说法：

一、勾践种兰说。据明代《一统志》载，远在春秋末期，越王勾践已在浙江绍兴渚山种兰。渚山即东晋大书法家王羲之与友人四十二人修祓禊之礼的山阴兰亭一带。

二、《诗经》载兰说。《诗经》中有三处与“兰”有关。《诗经·溱洧》中有“方秉蕑兮”句，蕑即兰，香草也。《诗经·防有鹊巢》中有“邛有旨鷊”句，鷊即绶草，为兰科植物盘龙参，广东山区溪边偶见。《诗经·芄兰》中有“芄兰之支”句，据清代毛宗冈《毛诗品物图考》考证，芄兰不是兰，是萝摩科植物。

三、孔子赞兰说。《乐府诗集》载：“孔子自卫返鲁，隐谷之中，见香兰独茂。喟然叹曰：‘兰当为王者香，今乃独茂与众草为伍！’乃止车援琴鼓之，作《猗兰操》一曲。”孔子还有“与善人居，如入芝兰之室，久而不闻其香，即与之化矣”的话。

四、燕姞受兰说。《左传》载：“郑文公有贱妾，曰燕姞，梦天使与己兰，曰：余为伯鯈，余而祖也，以是为而子，以兰有国香，人服媚之。文公与之兰而御之。辞曰：妾不才，幸而有子，将不信，敢徵兰乎？公曰：诺。生穆公，名之曰兰。”

五《礼记》持兰说。如上述《礼记》有“大夫执兰”说外，尚有“妇人或赐之茝（即芷—引者）兰，则受，献诸舅姑”之说。

六、屈原颂兰说。屈原在其《离骚》等诗篇中多处以兰喻君子、美人。

七、《易经》兰言说。《易·系辞传上》：“二人同心，其利断金，同心之言，其臭如兰。”两人心思话语相通，其味像兰花一样香。

八、蜀主锄兰说。《蜀志》记载先主将杀张裕，诸葛亮请免其罪，先主答曰：芳兰生门，不得不锄。

九、陶潜咏兰说。东晋陶渊明有咏兰诗云：“幽兰生前庭，含薰待清风。清风脱然至，见别萧艾丛。”

十、太宗赏兰说。唐太宗《芳兰》诗云：“春晖开紫苑，淑景媚兰场。映庭含浅色，凝露泫浮光……”

以上是自春秋战国至唐初古籍中出现“兰”字、出现“兰”这种植物的几种较有代表性的记载。这些记载在后来历代咏赞兰科观赏植物的诗文中被广泛引用，并常被用以证明我国栽培今天所称的兰花（如春兰、蕙兰、建兰、墨兰、寒兰等）已有悠久的历史。这种引用直至近一二年海内外出版的关于兰花的书还在引用着、争论着。可以说，关于中国兰花栽培起于何时，至今仍未定论，还有待更多的出土文物、史籍作证。

古往今来，同物异名或同名异物者多。就拿今天的花卉来说，名之曰兰的就有广玉兰、米仔兰、金栗兰、丝兰、凤尾兰、白玉兰、吊兰、葱兰、韭兰、蟹兰、龙舌兰、虎尾兰、文殊兰、君子兰、紫罗兰等，这些就都不是我们今天所说的兰科观赏植物中的兰花。

古代人对植物的定名、分类和记载远没有今天这么精确，往往记载得很笼统很简略，所以后人容易产生误会。如汉代许慎撰的《说文解字》中“兰”条，就只说“香草也，从草阑声。”可见古人是把有香味的草泛称为兰。有的人从屈原诗中的绿叶素枝、绿叶紫茎，可纫佩、可扎为冠，全草皆香，生、干俱香的描写中，论证其“兰”不是我们今天所说的兰科植物的兰。我们今天所说的兰并没有素枝、紫茎，只有球茎，叶是簇生子于球茎上的。且花香叶不香，生香干不香。大概是由于屈原的名气大，他的高洁的品格和灿烂的诗篇脍炙人口，所以后世的人在谈论到香冠群花、清幽高雅的兰时，就很容易会想到屈原《离骚》中的兰，也许是为了附丽，也许是文学上的比况，言兰必牵屈原才有品味，只要同样是高洁清芬，此植物是否就是那植物就没怎么去计较了。如北宋大文学家，苏东坡在一首叫《春兰》的诗中写到：“春兰如美人，不采羞自献。时闻风露香，蓬艾深不见。丹青写真色，欲补离骚传。对之如灵均，冠配不敢燕。”苏东坡也是名气甚大的人，他的诗篇广为流传。他的胞弟苏辙在一首叫《种兰》的诗中也是这么写：“兰生幽谷无人识，客种东轩遗我香。知有清芬能解秽，更怜细叶巧凌霜。根依密石秋芳早，丛倚修筠午阴凉。欲遣蘼芜共堂下，眼前常见楚辞章。”前面写的尽是兰花，结句却也落在屈原的《楚辞·九章》上。

既然有人说当今的兰不是屈原时代的兰，那么，屈原时代，包括与之同时或前后出现的《礼记》、《左传》、《孔子家语》、《诗经·溱洧》、《易经》所记载的“兰”又是哪一种植物呢？（上列各书所记载的兰，其生态和象征意义大抵相同，时代也相近）这个问题南宋理学大师朱熹已有考辨。朱熹在其《（离骚）辨证》中说，古之香草必花叶俱香，而燥湿不变，故可刈佩。今之兰蕙，但花香而叶乃无气，质弱易萎，不可刈佩。必非古人所指甚明。古之兰似泽兰（菊科植物——笔者注），而蕙即今之零陵香（唇形科植物——笔者注）。今之似茅而花有两种者（一茎一花、一茎数花——笔者注），不知何时误也。提出同样看法的还有熊太古、范正敏、陈止斋、方虚谷等。范还把后世的兰正名为“幽兰”，方则从药物学出发，把后世的兰称“土续断”（以根名为名，根入药）。李时珍也从药物学角度出发，认为古代的兰早已入药，为避免医家错用，还应保留其原名，认定它才是真正的兰，而认为后世的所谓兰是盗名，实则非药用之兰也。为区别此两种植物，他把古兰称为兰草，把后世的兰称为兰花。

李时珍是明代的大药物学家，他在其历时二十七年、参考文献八百余种、经过实地调查研究、三易其稿的巨著《本草纲目》中，对兰的考辨尤为详明。他说，近世所谓兰花，非古之兰草也。又说：“兰（指古兰——引者）有数种，兰草、泽兰生水旁，山兰即兰草之生山中者。兰花（指后世的兰　　引者）亦生山中，与山兰迥别。兰花生近处者，叶如麦门冬而春花；生福建者，叶如菅茅而秋花。……兰草与泽兰同类。……《离骚》言其绿叶紫茎素枝，可纫（结续成索—引者）、可佩、可籍、可膏、可浴。郑诗言士女秉蕑应劭风俗通言尚书奏事，怀香握兰。《礼记》言诸侯执薰，

大夫执兰。《汉书》言兰以香自烧也。若夫兰花，有叶无枝，可玩而不可纫、佩、籍、浴、秉、握、膏、焚。”他还考证出古之兰草、蕙草乃一类二种，即均为香草。兰草又名蕳水香、大泽兰、省头草、都梁草（都梁有山，下有水清浅，其中生兰草，因名都梁草。其叶似菊，女子、小儿喜佩之）。蕙草又名薰草、零陵香。古者烧香草以降神，故曰薰、曰蕙。薰者熏也，蕙者和也。屈原《楚辞》中所说的“既滋兰之九畹，又树蕙之百亩”者即指兰草、蕙草也。据清代《植物名实图考》作者吴其浚的考证并通过当代植物学家初步鉴定，古代所说的兰中的兰草即现在的菊科植物佩兰、泽兰、华泽兰等。古代所说的兰中的蕙草（薰草）即现在的唇形科藿香之类的植物。两者均不是今天的兰科植物的观赏兰——兰花。

另，有的人从孔子自卫返鲁见幽兰独茂语，论证孔子当年所见的兰不是今天我们所说的春兰之类的兰，因鲁地气候较冷，今天没发现有此类兰。但有古气象学家又论证2000年前鲁地气候较暖，完全适宜今天的春兰、建兰之类的兰花生长，孔子所见的兰有可能就是今天的兰花。这些说法均未有出土文物的佐证。近年来有出土文物的为浙江河姆渡出土的陶片，上面有盆栽植物的刻纹，有人说是当今的“虾脊兰”，以此证明7000多年前浙地的古人已栽培兰花。但又有人从此植物的叶脉观察，说是网状叶脉，不应该是兰科植物。至于春秋战国时的越王勾践是种兰于渚山，还是在兰渚山耕种，也存在不同意见。勾践种兰隐其复国之志，也可说得通。但也要有更确切的文物印证才能成立。

至于陶潜的诗，说的是生在庭前（野生的），易与萧艾混淆的植物，看来不大像今天的兰。唐太宗的诗所写的兰是春天开花的（“春晖开紫苑”），但因全诗写得很简约，也很难据此即断定唐初已有种兰（现代兰花）供观赏的风习，但可供参照论证。

关于古代典籍中所说的兰是否为今天所说的兰科观赏植物的兰，作为一种文化，可不必拘泥，兰花在中国已是一个文化的符号。

究竟中国后世兰花的栽培历史起于何时？陈心启研究员有一个说法。他举了唐代末年文人唐彦谦写的一首《咏兰》诗：

清风摇翠环，凉露滴苍玉。

美人胡不纫，幽香蔼空谷。

谢庭漫芳草，楚畹多绿莎。

于焉忽相见，岁晏将如何。

他认为从诗中所写的植物的特征看，为现在所说的兰花无疑。他并举了唐末杨夔的《植兰记》为佐证，证明现代兰花的栽培历史至少起于唐末。

如果古兰与今兰有不同的话，屈原时代的兰与现代兰花的被发现栽培欣赏。其历史演变也不可能是划时代的，即其中会有一个相当长的时期两种兰在史籍诗文中并存。各说各的。即在唐末之前还会有一个既有人谈兰说的是屈原时代的兰，也有人谈兰说的是现在的兰的时代。这个时代应在魏晋、南北朝、初唐中唐时代。魏晋时期曹子建的《清夜游西苑》诗中有“秋兰被长堤”句，陶潜的《咏兰》诗有“幽兰生前庭”句，傅玄的《秋兰篇》有“秋兰映玉池，池水清且芳”句。这些所写的兰或生前庭或长池边或被长堤，《西京杂记》载汉时池苑种兰以降神，从这些诗文所言的兰的生长环境看，很难断定是什么兰。

但在稍后的南北朝时期，陈朝（公元557～589年）一个叫周弘让的写了一篇《山兰赋》，其中却有这样的文句：爰有奇特之草，产于空崖之地。仰鸟路而载通，视行踪而莫至。挺自然之高介，岂众情之服媚。宁纫结之可求，非延伫（长久伫立——引者）之能泊（及——引者）。禀造化而均育，与卉木而齐致。入坦道而销声，屏山幽而静异。独见识于琴台，窃逢知于绮秀。——（唐·欧阳询·《艺文类聚》）

这篇赋写在隋唐之前，篇名直书为《山兰赋》。“山兰”这个名称是春秋战国、秦、汉古籍中所没怎么见过的。屈原时代的那种兰多生于泽畔、池边、堤上、旷野，屈原行吟泽畔，常见这种兰，触景生情，乃有佳句。即或后世李时珍所说的兰分兰草、泽兰和山兰，说是生于山，其实也是山下或山路旁，也不是这篇赋中所写的生于深山空谷的这种兰。这篇赋中所说的山兰，从其生态环境“产于空崖”、“屏山幽而静异”看，很可能就是今天的兰花。这篇赋的作者周弘让，始终不得志，隐居句容（今江苏省句容县境）之茅山，这里靠近太湖，产铁矿，茅山、宝华山也正是当今春兰的著名产地。看来作者写这篇赋是以春兰的高洁自况。他所写的“山兰”很可能就是著名的茅山春兰。现代的兰花就有“山兰”、“幽兰”等别名。以此推测，唐太宗那首《芳兰》诗中所写的春天开花的兰也就有可能是今天我们所说的兰花了，如果此说成立，中国兰花的栽培史至少也已有一千四五百年的历史了。近年来，四川各地还发现一些有类似兰花图饰的文物，这些文物为汉代之物，是否汉时川地已栽培兰花作为观赏物，也有待作进一步的考证。

原载1991年1月广东旅游出版社《兰花》

兰花可作为教师节的敬师花

文· 刘清涌

笔者在2004年初浙江绍兴首届兰文化博览会的座谈会上谈到兰花的推广应融入民风民俗的问题时，曾说应将兰花推荐为某个节日的用花。现在有些花卉已在世界范围内或某些国家、地区中成为约定俗成的节日用花。如香石竹（康乃馨）之成为母亲节用花，玫瑰之成为情人节用花，年桔、桃花之成为广东一带的春节节日赏物等等。一种花卉一旦成为某个节日的用花，即有其节日市场和顾客群落，而且有可观很旺。如红玫瑰平时在深圳每支是一元几角的，碰上情人节，有时可卖每支十元八元的。

兰花的推广其中一个很好的落脚点，就是使其成为某个节日的节日用花。这样，每年就有一个节日性的很大的消费市场，可使兰花有个稳定的消费量。兰花作为中国的国粹、东方文化象征性的花卉，应该，而且可成为我国某个节日的节日用花。作者当时想到有端午节，端午节是纪念屈原的。屈原是我国兰文化的源头之一。但端午节影响不大，那时也没有多少兰花是开花的，不是兰花的开花季节。前月看到好几份报纸刊载教师节学生、家长向教师献花的报道。其中也有提到献兰花的（多指洋兰）。又看到台湾省的消息，那里的教师节是每年的9月28日孔子的诞辰日子（大陆的教师节是每年的9月10日，最近也有学者提出改为9月28日孔子诞辰日较适当，取孔子是我国、也是世界最早最有影响的教师之一、所谓弟子三千贤人七十），也有学生或家长向教师献花的习俗。我想，如果将国兰推动为每年教师节的节日用花应该说是很有意义的。其一，是与孔子联系起来，孔子倡导王者香，儒家常将兰花称为君子之花、善人之花、德人之花，这些都与教师的职业很相称。师德兰德也是兼容的。其二，是每年9月正式秋兰盛开的季节，有花可献。

基于以上想法，笔者希望全国兰友在每年教师节到来之前（8月份），即发动向特级教师、先进教师、模范教师、优秀教师献香兰，并在全国各地媒体广加报道，一旦条件成熟，可联名向国家教育部和中国花卉协会建议官方加以倡导，使兰花真正成为我国教师节的节日用花敬师花。

本文源于2004年12月《中国兰花》第6期

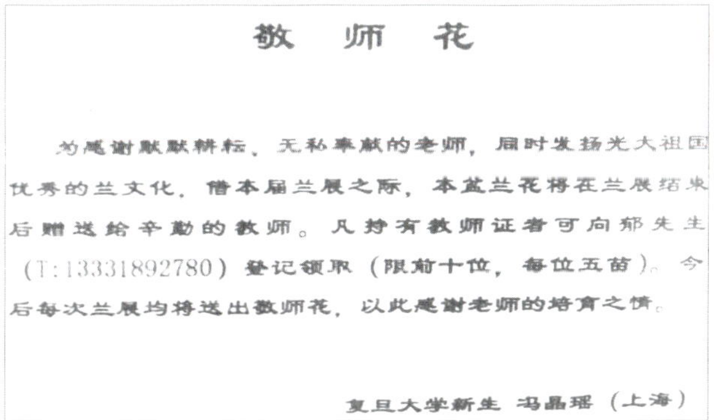

敬　师　花

为感谢默默耕耘、无私奉献的老师，同时发扬光大祖国优秀的兰文化，借本届兰展之际，本盆兰花将在兰展结束后赠送给辛勤的教师。凡持有教师证者可向郁先生（T:13331892780）登记领取（限前十位，每位五苗）。今后每次兰展均将送出敬师花，以此感谢老师的培育之情。

复旦大学新生　冯晶瑶（上海）

蘭花——一个文化的符号

文· 刘清涌

从人类对大自然、对客观世界的认识过程，以及在这个认识过程中的自我体验这个角度来考察，中国人对兰花的认识应该说先是对兰的认识开始的。最初对兰的认识是从对一类草的认识开始的。这类草开花能散发出香味。兰草之清芬，令人感到精神十分畅快，大家都对这类植物有共同的感觉、共同的反应，对这类植物有一个共同的感性认识，为了交流彼此的这种认识，就有使用语言的需要，于是大家就约定俗成地把这类有香味的植物称为兰，于是就出现语言中的“兰”这个词。从对一类植物的共同认识，到出现语言中概括这共同认识的一个词，这是人类认识过程的一个飞跃。至此，人们不但认识了一类植物，而且对于这类植物已有了一个共同的称谓：“兰”。此时的兰，对于人的认识来说，已从植物中的“兰”到语言中的“兰”了。

语言中的词有其广泛的概括作用，而这种概括是以其所表示的事物的最根本、最突出的特征为基础的。人们对于兰这类植物，从它与人类的密切关系出发，习惯地把它的最根本、最突出的特征确定为是一种会散发香味的草。所以多种会散发香味的草，人们均可以把它称为“兰”。在古代，人们还不会像今天的植物学家那样，从植物的生长、进化的角度去给植物进行分类，只从植物和人类的主要关系之点去认识一种植物。兰同人的关系最重要之点是它能散发香味，而它是一类草，所以把会散发香味的各种草，笼统地都称为“兰”，也为人所接受。在东汉时代，许慎在其《说文解字》里就把兰解为“香草”，“从草，阑声”。这样，作为语言中的一个词的“兰”，就为其他有香味的植物留下了可均纳入的概念外延域。这就造成后来人们把兰科草本、花有香味的植物乃至其他科的一些植物，不管是草本、木本还是藤本的植物，只要花有香味的也有称之为“兰”，如玉兰、米仔兰、木兰、金粟兰等等。而更由于兰科中的观赏植物，其花的香味为其他各种花的香味所不能比，即兰科的植物中的某些植物的花的香味最能显示“兰”这个词的本质含义，所以，发展到后来，“兰”这个词就变成主要称兰科的观赏植物了，乃至在当代植物学家划分植物的科属时，也自然而然地以“兰”这个词来作为这一科植物的名称。其他科的植物沿袭原来的称谓，有要称为“兰”的，也不能只有“兰”一词，而必须在这个词的前面加上表示其植物特征的其他的识别词，如木兰、珠兰、泽兰、君子兰等等，使其有别于兰科植物的兰。这种词义的历史变化的现象在古汉语乃至其他民族的语言中均颇为普遍的存在着。如古汉语中的“脸”一词，在先秦时期主要是指眼睛底下的部位，后来发展到整个面部，现在我们说“脸”就是指人的整个面部，不再专指眼睛底下的一小部分了。这是从古代植物中的兰，到语言中的词的“兰”，再到后代兰科植物中的兰的一些基本情况。

如上所述，由于出现了语言中的词的“兰”，而作为词语的“兰”，就要比植物兰复杂丰富得多。它已经不只是单纯地对兰的植物特征的概括，而且是从其香味，到其给予人的感受，加上人的由此而产生的各种联想、想像等，均可被不断地纳入这个词的内涵中，而使其具有越来越丰富的内涵了。这里面起最大作用的是中国最早的思想家、教育家、儒学鼻祖孔子和中国浪漫主义抒情诗的鼻祖屈原。他们从兰的生态中发现可借以抒发自己的思想感情的东西，于是借物抒情、借物言志，而使兰这种植物具有人们情志的色彩。正是由于他们赋予兰以崇高的象征意义，对兰的推崇，才使兰从它的植物性升华到它的语义性，并进一步升华到它的文化性从而使兰成为一个具有一定的理想内容、感情色彩的文化观念，成为一个文化的符号。

正是由于孔子的“芝兰生于幽谷，不以无人而不芳”和“兰当为王者香”，屈原的“绿叶兮素枝，芳菲菲兮袭余”和“秋兰兮青青，绿叶兮紫茎 ”、“余既滋兰之九畹兮，又树蕙之百亩”等名句被广泛地袭用、传播并在儒家的各种典籍中被广泛地作典故引用，才使“兰”这个词成为“君子”、“善人”、“德人”、“美人”、“佳人”（政治上、思想上、德行上）的代称，并由此而衍化成为很多事物的理想境界、美好情感的褒词。至此，“兰”已完全离开了它本身的植物性，而完全成为一个色彩绚烂的文化符号了。以至在后世，我们在具有文学色彩的诗文中读到有关“兰”的语言（不管是引用孔子、屈原、苏东坡还是朱熹的）时，我们都不去追究它说的是哪一种植物，而只是把它当成表达一种理想境界和美好情感的语言来读，只当成一个文化符号来理解。即这些诗文中的“兰”已不只是单纯表示其本身的植物属性，即不只是一种植物的名称，也不只是一个简单的语言中的词，而是已经成为一种具有文化属性的符号了。

我不知道在中国还有哪一种植物的名称像“兰”一样，作为一个植物名称的词，竟然可以作为一个词根、词素去同许许多多的词构成众多的具有崇高理想色彩、美好情感色彩的新词。“兰”这个词已被历史地广泛地用于各种各样的美称。以至使它已笼罩着一层浓重的文化色彩，东方的文化色彩。有的人曾提到中国的桃、桃花的文化。桃固然在中国的历史上具有普遍性广泛性的文化意义，如“寿桃”、“仙桃”、“桃符”、“桃花源”、“桃花运”、“人面桃花”等已成为众所周知的群众用语。但桃之于兰，起码在历代知识分子阶层中，其文化观念、文化色彩就没有兰那样影响广泛而深刻。兰是一个更具有东方观念色彩的符号。以“兰”为词根、词素构成的词，从现有的各种词典中累计就有150个以上，还不包括用于表示作为植物的兰的词如“兰花”、“兰根”等。不包括用于表示兰的生长地的词，如“兰溪”、“兰圃”等等，这就大大地超过用“桃”作词根、词素而构成的词的数量。从文化学的角度看，一种动物或植物，以它的名称构成的词语越多，说明这种动物或植物的象征意义在使用这种语言的地方的文化影响就更大。也很可能这些地方就是此种动物或植物的原生地。在中国古代，动物的名称以“龙”和“凤”最具有东方的文化色彩。植物的名称，“兰”应是主要的一种。在这里不管是否真的有“龙”和“凤”这两种动物，至少有蛇、有羽毛和体型相当美丽的鸟。同样，不管是那一种植物的兰，反正有能散发香味的草，重要的是“龙”、“凤”、“兰”已各是一个超越动物、超越植物的，具有特定含义的文化符号了。

现在，我们可以来检视一下用兰作词素构成的词语，以领略一下作为一个文化符号的“兰”的文化概貌。

这些词语约略有这么一个群落：“兰宇”，谓宫室之美。“兰交”，知心之交。“兰兆”，喻生男之兆（反映封建社会里重男轻女的思想）。“兰言”，同心之言。“兰豆”，精美礼器。“兰心蕙性”，心性清高风雅。“兰友”，良友。“兰玉”芝兰玉树，喻佳子弟。“兰石”，兰芳石坚，喻姿质之美，“兰味”，气味相投。“兰芳”，喻美德。“兰芝”，兰草与灵芝，喻美德。“兰芷（兰）”，喻美德。“兰芬”，喻美德。“兰帖”，帖之美称。“兰肴”，菜肴的美称。“兰杜”，兰草杜若，喻美质。“兰秀蕙芳”，清秀芳香，喻美质。“兰卮”，盛美酒之器。“兰房”，兰芳之房，或妇女居室之美称。“兰夜”，七夕之夜。“兰姿”，称姿容之美。“兰郁”，言芳盛。“兰思”，谓思致之美。“兰茂”，谓如兰之茂。“兰茁”，谓如兰芽之茁。“兰服”，衣服之美称。“兰室”，谓善人或美人所居之室或谓香闺。“兰客”，贵客、良友。“兰音”，音之美称。“兰书”，篇章之美称。“兰桂”，喻贤人君子资质之美。“兰时”，春天。“兰俎”，俎豆之美称。“兰风”，指代香气。“兰讯”，对他人书简之美称。“兰秘”，兰香之幽密。“兰席”，席之美称。“兰堂”，堂之美称。“兰裙”，美裙。“兰琴”，美琴。“兰尊”，美的酒樽。“兰章”，谓文章之美。“兰旌”，谓旌之美。“兰馐”，食物之美称。“兰陈”，行列之美称。“兰涂”，道路之美。“兰筵”，宴席之美称。“兰寝”，华美之寝宫。“兰期”，相会的日期之美称。“兰阶”，宫殿之美称。“兰驭”，喻妇女车骑之美。“兰幄”，帏幄之美称。“兰街”，四达道路之美称。“兰态”，优美之仪态。“兰魄”，清美之精神。“兰质”，清美之气质。“兰闺”，皇妃居室，或泛指妇女居室。“兰畅”，如兰花香气之远逸。“兰蒸”，美食。“兰觞”，酒杯之美。“兰醴”，美酒。“兰藻”，喻文章之美。“兰检”，诏敕。“兰襟”，喻衣襟之美。其他作为美好事物的代称还有“兰椒”、“兰麝”、“兰若”、“兰橘”、“兰蒲”、“兰茔”等等。于产名兰或栽兰地的名称的专用词语也比其他任何植物的同类词语多得多，如“兰溪”、“兰圃”、“兰苑”、“兰榭”、“兰径”、“兰汀”、“兰屿”、“兰圃”、“兰田”、“兰谷”、“兰甸”、“兰亭”、“兰渚”、“兰除（台阶）”、“兰野”、“兰园”、“兰路”、“兰畹”、“兰泽”、“兰隰”、“兰场”等等。

从一类植物到一个词到一个文化的符号，作为文化符号的兰已经过两度超越，因而离开了兰的植物体，人们有时在用这个词的时候已不去考究它究竟是菊科植物的兰还是兰科植物的兰；是指兰草，还是指兰花了，这在人类文化史中是常见的（即实物不一定清楚，文化观念是清楚的），只是把它当成一个美称或者一个理想化的美称而已。而以之为美称的来源还是在植物兰本身存在的某些特点，即它的某些中国自古以来人们就对它喜爱的能象征理想的人的某种品德、姿质、情操的特点。即它的香气、姿态。这就形成了兰之具有东方文化心态的浓重色彩的特色。理解兰的这一文化背景，对于今天我们对国兰的品赏、国兰价值的认识国兰文化的传承很有好处。对今天人们理解东方的民族心理、审美意识的特点也有帮助。这就是我们为什么要把兰花作为一个文化符号来探讨的原因。

（本文曾获广东省社科联优秀学术论文奖，原载1991年1月广东旅游出版社《兰花》）

把国兰打造成世界文化品牌

文· 王重农

几千年来，我国人民莳养兰花、欣赏兰花，使国兰成为了一种具有灵性的花卉。国兰以其独特的魅力，吸引着世界各国人民。国兰是一种民族的文化。中国这种内涵丰富的兰花文化，也应传播到世界各国人民中去。国兰应当成为世界的花卉，国兰应当成为世界的文化品牌。

国兰应成为世界文化品牌

“可怜江边百种草，不及幽兰一箭香。”国兰独领百花之风骚，成为一切美好事物的寄寓和象征。在大自然这个百花园里，兰花自古至今，深受人们喜爱，被无数人歌颂、咏叹。

■ **国兰具有独特的魅力。**兰花的色、香、姿、韵，无不让人惊叹、倾倒。它的色，万紫千红，多姿多彩，有的洁白如玉，恰似凝脂；有的灿如朝霞，美妙传神；有的翠绿迷人，宛如翡翠，真是令人叹为观止。它的香，时断时续，飘飘忽忽，若隐若现，充满神秘；它的香，清新悠远、淡雅弥久，令人百闻不厌，心旷神怡。兰花的香气至今无法人工合成，成为了科学界的一道难题。它的姿，千姿百态，百媚千娇：有的状若梅荷水仙；有的状若牡丹菊花；有的恰似蜿蜒的树型；有的好像飞舞的蝴蝶，实在令人陶醉如指掌。它的韵，凝聚了中国人的一切优秀品质：它淡泊、高雅、素洁，清骨自傲；它不怕艰难险阻，默默无闻，团结战斗，无私奉献。它是真正的君子之花，代表了中华民族的优秀品质，体现了中华民族的人文精神。

■ **国兰具有丰富的文化内涵。**两千多年前的孔子、屈原为兰花写下了光辉的篇章，奠定了中国兰花文化的基础。此后，历朝历代，人们莳养兰花、吟咏兰花、书画兰花、欣赏兰花，成为一种时尚，且愈来愈盛，极大地丰富了人们的精神文化生活，也极大地丰富了兰花文化的宝库。仅兰花著作一项，自唐代至明清，就有50多部，成为中国人值得骄傲的一大文化遗产。新中国成立后，特别是改革开放以来，艺兰大军浩浩荡荡，大江南北、长城内外，处处飘荡着兰花的幽香。兰花书籍、兰花报纸、兰花杂志、兰花电视、兰花光碟、兰花广播、兰花歌曲、兰花诗词、兰花书画、兰花展览、兰花论坛、兰花节庆、兰花音像、兰花市场、兰花组织等更是层出不穷。当今盛世，兰花文化异彩纷呈，令人目不暇接。兰花文化是中华民族优秀文化的一个重要组成部分。向世界人民宣传中国兰花文化，让世界人民同我们一起共享兰花文化的魅力，是我们义不容辞的责任。

■ **国兰为友好的使者。**国兰作为对外友好交流的使者，在中外文化交流史上写下了光辉的一页。当年，日本友人小原荣次郎，走遍中华大地，收集中国名贵兰花带回国内，让它们在日本开出了友好之花。他还写出了专著《兰花谱》，为中日友谊谱写了重要的篇章。1962年，日本友人松村谦三先生来华访问，受到周恩来总理的热情接待，并向他赠送了一盆中国名贵兰花“环球荷鼎”，松村谦三先生视为珍宝，一直精心养护，并代代相传，成为中日友好的一段佳话。现在，国兰通过各种渠道出口到了国外，受到了外国朋友的热爱和珍藏。可以相信，今后，国兰将继续作为对外文化交流的友好使者，走向五湖四海，为加强我国与世界各国人民的文化交流做出了更大的贡献。

■ **国兰有着极高的价值。**国兰是一种具有多元化价值的花卉。它可欣赏，陶冶情操；它可食，增加情趣；它可入药，促进身体健康；它可交易，增加经济收入。仅经济价值一项，兰花交易额在众多的花卉中名列前茅，是一种颇有前途的出口花卉。因此，兰花在我国的对外贸易中，一定会有广阔的前景。

怎样把国兰打造成世界文化品牌

国兰这种凝聚着中华民族文化内涵的花卉，受到了世界各国人民的喜爱，许多人开始莳养、欣赏这风情万种的中国兰花，为了让更多的外国人喜欢中国兰花，要采取措施，把国兰打造成世界文化的品牌。

加大对外宣传的力度。宣传工作在各项事业的发展中立下了汗马功劳，在把兰花打造成为世界文化品牌方面也应发挥其重要的作用。通过宣传，让外国人了解兰花、认识兰花；了解兰花的栽培和管理；了解兰花文化的历史和内涵；了解兰花的价值与功效；了解兰花所代表的人文精神。让中国兰花和它所代表的人文精神，走出国门，对外传播，在外国人心中扎根、发芽、开花、结果。

对外宣传、传播国兰和兰花文化，要讲究方法，注意对象，符合外国人的口味，避免说教式，不要用对内宣传的方式方法去进行。

加大文化交流的力度。兰花是一种文化，兰花也是一种文化的符号，应通过走出去、请进来，加强与国外的兰花文化交流。可到国外去办兰花展览，开设兰花店铺，出外考察交流，对外播放兰花广播、电视，对外发行兰花图书和音像制品等。也可以邀请外国人到中国来参加展览、进行学术交流、考察等。这样，世界各国人民会进一步了解兰花、莳养兰花、热爱兰花、欣赏兰花，进一步了解博大精深的中国兰花文化，让中国人喜爱的兰花走进他们的千家万户，让幽香的中国兰花开放在世界各国人民的心中。

加强经贸，扩大国兰出口。兰花是一种出口创汇的花卉。多年来，兰花就在外贸战线上占有一席之地。今后，应继续加大工作力度，向世界各国出口兰花。这样，不仅可以换取外汇，更重要的是让国兰走出国门，走向世界，传播兰花文化，让国兰走进世界千千万万个家庭，走向世界的每一个角落。

把国兰打造成世界文化品牌，这是我们兰友们的既定目标。我相信有广大兰友的共同努力，这个目标一定能够实现。

王重农
中国花卉协会兰花分会副会长
中国野生植物保护委员会兰科植物保育委员会名誉主席
湖北省兰花学会会长
国际节庆协会中国委员会（筹）副主任
湖北省节庆研究会会长
湖北大学旅游发展研究院特聘教授
中国会展经济研究会顾问
中国公共关系协会副会长
湖北省公共关系协会会长

蘭者
当以诚实守信为荣

文·潘兆清

纵观中国花卉协会兰花分会的20年，是中国花卉协会兰花分会和全国各地兰协做了大量卓有成效的工作，在促进两个文明建设中取得优异成绩的20年。一是爱兰、养兰者日益增多，兰花正逐步走向千家万户，一些地方出现了蓬勃发展的态势；二是产兰地区基本上都建立了兰协，使广大兰友有了自己的社团组织；三是兰花产业已成为新兴开发农业的重要内容，为当地农村经济的发展注入了新的活力；四是兰花产业的发展帮助了一些农民脱贫致富；五是20年中成功举办的十六届中国兰博会，向国内外展示了国兰的风采，赢得了社会各界的广泛好评；六是兰花交易市场发展迅速、异常活跃，正向着健康有序方向发展；七是兰友中先富帮后富、讲奉献、回报社会、扶贫济困、争做善事和好事的先进典型不断涌现，展现了养兰者高尚的道德风范。

上述成绩的取得，中国花卉协会兰花分会功不可没。中国花卉协会兰花分会的20年，真是不平凡的20年，可喜可贺！

在发展兰花产业的同时，绝大多数养兰者都注重了自身素质的提高，积极参与了社会许多公益事业，值得倡导和广大兰友学习。根据当前形势的要求，艺兰者需要进一步加强自身素质提高。

胡锦涛总书记提出的以“八荣八耻”为主要内容的社会主义荣辱观，强调要“以诚实守信为荣、以见利忘义为耻”，这既是对中华民族优秀传统美德的精辟概括，也是对我们这些爱兰者和兰花从业者提出的品格要求和道德准则。

“人而无信，不知其耻。”在我们传统的做人道德里，诚实守信是至高无上的准则。“背信弃义”、“轻诺寡信”都被认为是损害合作和交往的可耻行为。“诚信是社会最普通也是最基本的伦理价值需要”，这已经成为古今中外一条颠扑不破的真理。中国传统文化中的许多思想揭示了诚实守信的生活态度和人际交流的关系。古人曰：“诚信者，天下之结也。”他们把诚实守信看成是社会联系的纽带和社会生活的基础。司马迁在《史记》中写道，楚人季布重信义，时人评之为“得黄金百斤，不如季布一诺”。后来此话提炼成“一诺千金”的成语，千百年来广为流传。中国几千年来倡导人无诚信不立、家无诚信不和、业无诚信不兴、国无诚信不稳、世无诚信不宁，体现了诚实守信的价值。现在，诚实守信不仅是处理人际关系的道德规范，而且成为了普遍认同的交往准则，是人类社会普遍推崇的一种思想道德观念。

诚实守信，是立世之道、为人之本、经商之道。讲诚信，兰友要提高自身修养，做到自我约束之外，对兰友进行引导也是非常重要的。这样的引导，作为兰友的组织者兰花协会，应当发挥重要作用。协会应该通过组织兰友学习、交流等形式宣讲“八荣八耻”的主题思想，在兰友中掀起学习胡总书记关于“八荣八耻”讲话精神，树立起诚信为本的经营观念，诚信待人、诚信经营，使诚实守信在兰界蔚然成风。

诚实守信是一种高尚的品德，养兰交流者应坚守的基本道德水准，也是一种社会责任。诚实守信更是发展兰花经济的信用保障。因此，兰者当“以诚实守信为荣，以见利忘义为耻”，爱兰人都做到说话可信、做事可信，经得起时间的检验，做诚实守信的人。

养兰，贵在修身养性，陶冶情操。首先要养人品、讲诚信，养道德、讲包容，养廉洁、讲奉献，养环境、讲和谐。这是新时代对我们的要求，也是我们开展兰事活动，促进兰花事业发展的行为规范。我们倡导的是勤劳致富、科学致富、守法致富、文明致富。要坚决摈弃那种采取不正当手段，用欺诈加哄骗的不良行为。养兰者一定要有高雅的人文内涵和道德风范。赏兰，要有高尚的品位和优雅的情趣。兰品即人品；品兰即品人。做人要有高尚的情操、做事要公道正派；要堂堂正正做人、老老实实做事。养植要讲科学、管理要讲水平、交易要讲诚信、为人要讲和谐、处事要讲公平。兰者，要争做德艺双馨的成功人士，为构建和谐社会努力奋斗。

潘兆清
中国花卉协会兰花分会副会长
中国花卉协会理事
四川省花卉协会副会长
四川省兰花协会顾问
成都市花卉协会名誉会长
成都市兰花协会会长

兰协，当以服务兰友为己任

文·潘禄高

兰协是广大爱兰、养兰者志愿参加，并经林业主管部门认可和民政部门审核登记的社团组织。它的根本宗旨是竭诚为广大兰友服务。因此，在开展兰事活动中，要充分发挥兰协的重要作用。

兰协是兰友之家。兰协荟萃了兰界的精英和人才。要广开才路、招贤纳士，充分发挥其聪明才智，为发展兰花事业多做贡献。兰友要关心、支持和依靠兰协；兰协要想兰友所想、急兰友所急，积极为兰友办实事，排忧解难。彼此要合作协动、内外互同、团结共事、共谋发展、实现双赢。

兰协要争做发展兰花经济的“大力神”。爱兰、赏兰可以陶冶情操；养兰亦可脱贫致富。兰协要把保护和合理开发利用兰花资源、发展兰花经济作为高效农业和新的经济增长点，常抓不懈，抓出成效。一是要为农民脱贫致富、奔小康开辟一条致富门路；二是要为当地农村经济的发展注入新的活力和生机。

兰协要为兰花展示风采和交易搭建好平台。要积极发动和组织兰友参加兰展，以展示本地兰花的风采，赢得声誉；要开拓兰花交易市场，打开销路，引导兰花市场健康有序发展。高、新、精、尖兰花精品和名品销境外；传统兰花进千家万户，促进兰花产业可持续发展。

兰协要当好弘扬和传播兰文化的信使。国兰文化历史悠久，源远流长。博大精深。古代和现代许多名人、雅士被兰花冰清玉洁的风姿所吸引，为兰花的幽香、高雅所陶醉，创作了很多诗词歌赋或绘画来赞美国兰，誉之为“王者之香”、“兰中君子”和“空谷佳人”。我们当代人要很好地继承兰文化的光荣传统，并使之发扬光大。

兰协要积极引导兰友提高自身素质。一是要大力倡导善举和义举，为社会多做贡献，积极回报社会。要发扬奉献精神，多做善事和好事、多支助弱势群体、多办社会公益和慈善事业，才能赢得社会的敬重；二是提倡先富帮后富，团结、帮助和引导兰友脱贫致富、共同致富奔小康；三是树立先进典型，要学有目标、赶有方向，形成良性互动，构建和谐兰界，使高尚的道德风范在兰界蔚然成风；四是要以人为本、诚实守信，讲文明、树新风。要用社会主义荣辱观来规范自己的言和行，严以律己、宽以待人，和衷共济，共同为发展兰花事业做贡献。

余不才，谨以《国兰颂》赠兰友同仁。但愿兰友同仁都像国兰一样清纯高雅、永远幽香。

冰清玉洁花中王，高雅幽香世无双。

百花丛中齐争艳，空谷佳人竞芬芳。

潘禄高
四川省兰花协会常务理事
成都市兰花协会常务副会长兼秘书长
原成都市林业局局长
成都市人大常委会委员
成都市人大农委副主任委员

中国兰花20年科技成就

文·朱根发

1 兰花资源与分类学

中国兰科植物的研究始于20世纪20年代，**胡先驌**、钱崇澍、左景烈、唐进和汪发缵等植物学家做了开创性的工作。1999年，《中国植物志兰科》三卷（第17—19卷），分别由□楷永、陈心启和吉占和教授主持完成并正式出版，记载兰科植物171属1247种，对我国兰花资源的分布和调查做了详细的总结。资源较丰富的省份如广东、云南等也完成了地方性兰科植物专志即《广东植物志》（第7卷）、《云南植物志》（第14卷）。尽管如此，由于我国幅员辽阔，生态类型复杂，近年仍不断有新种被发现，2001～2004年国内新发现31个兰科植物新种和5个新变种，包括兰属的6个新种，有福兰（*Cymbidium rigidum*）（刘仲健和陈心启，2000）、少叶硬叶兰（*Cymbidium paucifolium*）（刘仲健和陈心启，2002）、二叶兰（*Cymbidium rhizomatosum*）(刘仲健和陈心启，2002)、金蝉兰（*Cymbidium gaoligongense*）（刘仲健等，2003）、多根兰（*Cymbidium multiradicatum*）（刘仲健和陈心启，2004）和夏凤兰（*Cymbidium acstivum*）（刘仲健和陈心启，2004）等。2007年元月科技出版社出版了刘仲健、陈心启、茹正忠兰科兰属著作《中国兰属植物》，为我国兰属植物分类学的权威著作。

兰属植物全世界约有50～60种，我国是兰属分布中心之一，约有31种，占全球兰属的一半以上（吴应祥，1993）。我们通常讲的国兰（日本、韩国称之为东洋兰），是指兰属植物的地生兰种类，包括春兰、墨兰、建兰、寒兰、蕙兰、春剑、莲瓣兰等。对于兰属的分类，1988年英国Du Puy和Cribb在其专著《The genus cymbidium》中将全世界的44种兰属植物分为3个亚属15个组，其中包括了分布在我国的兰属植物22种，分别归入3个亚属10个组。1993年，我国著名兰花专家吴应祥先生将我国兰属31种分为5个组2个亚组。1998年，陈心启和吉占和教授根据Du Puy和Cribb的分类方法，将我国分布的29种兰属植物和一些变种分成3个亚属11个组。目前兰属分类主要采用Du Puy和Cribb的分类系统。

对于兰属种间的亲缘关系和分类地位，学术界存在一些分歧，特别是莲瓣兰（*C. Lianpan*）、春剑（*C.Longibracteatum*）、峨眉春蕙（*C.omeiense*）和送春（*C.szechuanicum*）这几个广为栽培的分类群。它们虽然在国兰界受到广泛的承认,但从分类学角度看,究竟是种还是变种,或者只是品种,则一直未有定论。吴应祥（1993）将莲瓣兰、春剑作为两个独立的种，但刘仲健和陈心启（2003）将其作为菅草兰的2个变种，莲瓣兰拉丁文为*C.tortisepalum Var.tortisepalum*、春剑为*C.tortisepalum var.longibracteatum*。由于国兰拥有为数众多的爱好者,贸易额巨大,正确处理其分类学问题具有重要的经济意义。

2 兰花生理学

尽管国兰在我国有2000多年的赏培历史，但对其生理特性人们仍知甚少。国内最早从事兰属生理研究的是北京大学曹宗巽教授，于1951年报道了兰属授粉前后水分和呼吸的变化。20世纪80年代后，对国兰水分生理、矿质营养、光合作用、呼吸作用、营养生长和开花的生理研究才逐渐增多，取得了众多研究成果，如了解了国兰种子不易发芽的原因及共生真菌的作用，明确了国兰的光合特性以及氮、磷、钾对兰株生长、开花和抗病性的影响，了解了国兰耐旱特性，叶片和根的形态结构和水分亏缺对兰株的伤害，明确了影响国兰根状茎繁殖的主要因子，了解了植物生长调节剂对国兰生长和开花的影响等，这些研究成果对国兰的繁殖和栽培管理起着重要的指导作用。在此领域取得丰硕成果的主要有华南师范大学的潘瑞炽和叶庆生教授，20多年来在国内外发表了相关研究论文40多篇，并根据国内外最新研究成果于2006年由科学出版社出版了国内首部《国兰生理》专著。

3 兰花细胞学

细胞染色体作为一种比较性的资料在分类学上起着特殊的作用，不同属、种或品种的染色体常有不同程度的分化，可作为属间和种间的进化和变异的分类鉴别依据。李懋学（1991）报道了建兰、墨兰、春兰的染色体数目，发现墨兰体细胞的染色体数有2n=40、60、80三种情况，春兰有2n=40、46两种情况。2000年，隆有庆等对春兰的染色体核型进行了研究，得出其属于2B型，核不对称系数为64.22，认为春兰是形态特化、进化程度较高的植物。李玉阁等（2002a、2002b、2003）研究了建兰、墨兰、珍珠矮、兔耳兰、邱北冬蕙兰、春兰、春剑、线叶春兰、蕙兰、送春、寒兰、莎叶兰、果香兰、碧玉兰、文山红柱兰、虎头兰、独占春、莎草兰等兰属17种和1变种的染色体数目，发现除线叶春兰存在种内染色体数目变异现象外，其他均为2n=40，在墨兰中未发现2n=60、80的情况；并认为兰属植物的染色体数目是比较保守的，变异不大，核型具有较高的对称性，为2A或2B型。广东省农业科学院花卉研究所吕复兵和朱根发等人（2005）研究了企剑白墨、企剑黑墨、银边、金嘴4个墨兰品种的染色体核型，发现国兰染色体的结构主要由中部和近中部着丝粒染色体组成，除银边墨兰为1B型外，其他均为2B型，并首次在墨兰的线艺品种银边、金嘴中发现2n=41的非整倍体。国兰品种染色体数目和核型的变化，可能是栽培中产生变异的原因之一。

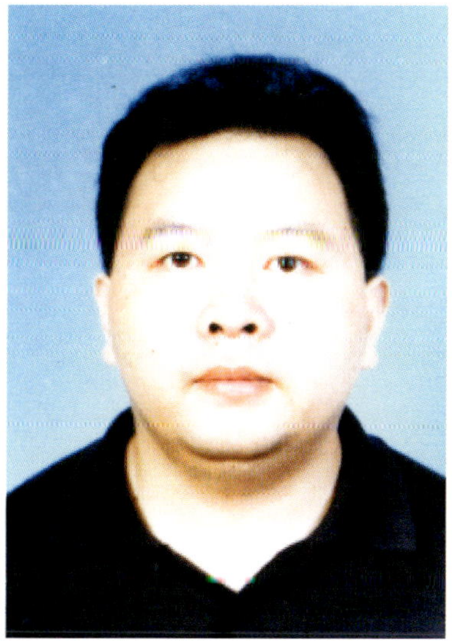

朱根发
中国园艺学会常务理事
中国花卉协会理事
中国花卉协会兰花分会副秘书长
广东省兰花协会常务副会长
广东省农业科学院花卉研究所副所长、研究员

4 兰花分子生物学

国兰分子生物学的研究主要集中在利用分子标记、同工酶等技术进行分类、种间或品种间亲缘关系的鉴定（梁红健等，1996；文李等，2001；孙彩云等，2002；张明永等，2002；王慧中等，2004；孙彩云等，2005）。分子标记对于种的划分与形态分类取得完全一致，但对属下亚属、组的划分及种与种之间的亲缘关系存在一定的争议。高丽和杨波（2006）对湖北野生春兰的种群遗传多样性进行研究，认为春兰比其他兰科植物物种有更丰富的遗传多样性。

对于种内品种间的遗传多样性，文李等（2001）对5个墨兰品种和3个建兰品种进行了RAPD分析，认为建兰品种间的遗传距离较墨兰品种间的距离大。孙彩云等（2005）认为种内不同品种间的遗传多样性不高，不同种的品种间的遗传多样性不同，春兰品种间的变异较高。朱根发等（2006）利用RAPD和AFLP两种分子标记技术对墨兰的遗传多样性进行研究证明，墨兰品种间的遗传多样性丰富，多态性率达96.3%。分子标记不仅可将所有品种区分开来，并可将内地产和中国台湾岛产墨兰品种分别聚类，内地同一省份来源的品种也基本上可聚在一起；研究还发现，墨兰达摩系列芽变叶艺品种的也具较高的多态性，多态性率为76.6%，证明芽变是由于核基因突变产生的。

利用分子标记也可以对杂种后代进行鉴定。谭文澄等（2000）利用RFLP以LZF-1为探针对大红朱砂与红蝉的杂交后代进行了鉴定，发现在1-24kb的谱带中，大红硃砂的谱带为15条，红蝉为12条带，而大红硃砂与红蝉杂交的二倍体后代'醉妃'的谱带为11条，其四倍体后代'富丽红'的谱带为13条。

5 组培快繁技术

兰花的组织培养技术始于20世纪60年代，首先在大花蕙兰中取得成功，其后推动了整个洋兰（蝴蝶兰、大花蕙兰、文心兰、石斛兰等）产业的发展。对于国兰的组织培养，20年来我国众多科技工作者经过不懈的努力，积累了丰富的知识和经验，在一些品种如'金嘴达摩'、'隆昌素'、'宋梅'、'珍蝶'、'红玉素'等上取得了突破，实现了小规模的生产。但整体而言，国兰在组培方面仍存在较大的难度，主要是建兰无性繁殖难、繁殖速度慢、出苗率偏低，影响了产业化生产。中央和一些产兰省市的地方政府也很重视，立专项进行研究，如四川省农业科学院魏亚鉥研究员、中国科学院武汉植物研究所杨波研究员等主持的国兰组培研究课题也获得了国家"863"项目资助。

从发表的研究文献看，国内对墨兰（26篇）、建兰（16篇）、春兰（7篇）和蕙兰（7篇）的组培快繁技术研究报道较多，对寒兰、春剑、莲瓣兰的研究报道极少。从外植体来源看，大部分研究者采用种子萌发的根状茎进行研究，茎尖培养的研究报道不多。当然也存在一些民间或企业的研究由于保密的原因，没有公开报道。

6 兰花试管开花

1981年，中国科学院上海植物生理研究所王熊研究员发现建兰'大一白'品种在组织培养中出现试管内开花，这是国际上首次报道兰属植物试管开花的现象。其后她又报道了'建兰秋兰'(1984年)、'金丝凤尾素'和'铁骨素'（1988年）的试管开花现象。贾勇炯等(2000)报道了'彩心建兰'的试管开花。张志胜等也发现在建兰'小桃红'×寒兰的杂种后代组织培养中也存在高频率的试管开花。郑立明（2006）在春兰×大花蕙兰的一个杂种株系原球茎无性系培养中发现31%的花芽形成率。兰花试管开花技术的研究与开发，可为缩短兰花杂交育种周期快速培育新品种、研究兰花成花的机理与调控提供实验手段和材料，也可开发出试管开花兰花商品，具有科学研究和实际应用的价值。

7 兰花育种

新品种是兰花经济持续发展的动力。对于高端精品兰花，更需追新求异。由于我国幅员辽阔，气候、生态类型多种多样，孕育了丰富的野生兰花资源，2000多年来，国兰的新品种都是从野生资源或驯化栽培产生的变异中筛选而来的。最近的20年是我国国兰品种的大发展时期。1991年3月，中国兰花协会和中国兰花学会的负责人及两会理事在浙江省绍兴召开联席会议决定，两会共同组成全国兰花品种登录委员会，对新选育的兰花品种进行登录，目前登录的品种已有272个。除此之外，还有大量的品种被发现或培育出。2003年刘清涌主编的《中国兰花名品珍品鉴赏图典》收录了品种1288个。据估计，目前有名称的国兰品种可能超过2000个。

对于在国外盛行的杂交育种，我国开展不多甚至被忽视了。四川省农业科学院吴汉珠研究员在20世纪80年代中期曾进行了国兰杂交育种工作，培育出多个兰花杂交品种，选育出的'晓春'、'寒春'获第二届中国兰花博览会金奖，'富丽红'获第四届中国兰花博览会金奖，'醉妃'于1998年获得了国际品种登录。可惜由于各种原因，杂交育种工作没有坚持下去。近几年，广东省农业科学院花卉研究所朱根发研究员、华南农业大学张志胜副教授利用我国的墨兰、建兰与商品性的大花蕙兰进行杂交育种，做了大量的工作，期望培育出有香味、易产业化的中间类型新品种。由于兰花杂交育种周期长、工作繁琐，需要细心、耐心、恒心。

8 兰花栽培技术与病虫害防治

在栽培技术方面，在引进日本、韩国等先进技术的基础上，研制出提高繁殖率的催芽素、催芽肥，研制出一些适应不同气候条件的兰花栽培温室；根据国兰的生理特性，改进和开发多种适宜国兰生长的培养土。栽培技术的进步，推动了一些传统国兰品种实现规模化的生产，如墨兰的'金嘴'、'银边'、'企黑'、'企白'、建兰的'小桃红'、'铁骨素'等等，不仅成为国兰出口的主力军，也促进了国兰走入千家万户。

在国兰菌根真菌方面，开展了墨兰、建兰、春兰、莲瓣兰的菌根真菌的分离以及效果的研究，成功开发出以兰花共生菌为有效成分的兰花肥和培养基质。在兰花病毒病方面，建立了建兰病毒病的分离和检测技术，利用茎尖培养结合化学处理成功地脱除了墨兰的建兰花叶病毒。

陈心启

中国植物学会兰花分会名誉会长

中国科学院植物研究所研究员

中国植物志编辑委员会副主编

IUCN国际兰花专家组成员

《兰》刊主编

ORCHID

中国兰科植物研究的 回顾和前瞻

文·陈心启

摘要：中国有丰富的兰科植物资源和悠久的栽培与观赏兰花的历史。在我国古代的文学艺术著作中，人们得知:早在公元前6~10世纪就有兰科植物的记载，北宋时期就有兰花画卷问世，13世纪就有兰花专著出版。近年研究表明，兰属植物在中国的栽培始于唐朝后期，大约在公元800~890年之间，而不是孔子时代。

第一位给中国兰科植物以科学命名的是林奈（Species Plantarum,1753）。在那以后，许多欧洲植物学家开始研究中国兰科植物，其中R. A. Rolfe、R. Schlechter和近代的G. Seidenfaden及P. Cribb是特别值得称颂的。他们的论著至今仍是研究兰花不可或缺的参考文献。

在1925年，胡先骕成为第一位研究中国兰科植物的中国植物学家。紧接着，在20世纪30年代，钱崇澍、左景烈、唐进和汪发缵也开始研究兰科。此后，唐进和汪发缵坚持不懈，继续从事中国及其邻近地区兰科植物的研究达数十年之久，并发表了许多有价值的论著，为尔后的中国兰科研究打下了坚实的基础。

在初期，研究工作主要集中于对兰科植物的采集、鉴定和分类方面。继之是编写《中国植物志·兰科》。研究者在野外工作中采集到大量的兰科标本和拍摄到数以万计的彩色图片。在此基础上发表了许多著作和论文，包括三卷《中国植物志》（17~19卷）。

在兰科植物区系与地理方面，对一些地区与山系开展了研究，如四川、西藏、中国台湾、云南南部的西双版纳和横断山区等。主要成果包括：标定石上附生兰的北界和西界，它与亚热带的北界与西界大致相符；划出中国—喜马拉雅与中国—日本亚区在四川境内的分界线，称楷永线；建议中国台湾划入植物区系分区中的古热带区马来亚区；提出：附生兰属占该地区全部兰科总属数的50%以上者，应视为热带植物区系的标志。

我国对兰科微观状态和研究始于20世纪80年代，大约对40属150种的兰科植物进行过细胞学、孢粉学、解剖学或生理学的研究，其中大多是我国原产植物，如石斛属（*Dendrobium*）、兰属（*Cymbidium*）、白及属(*Bletilla*)、万代兰属（*Vanda*）、独蒜兰属（*Pleione*）、杓兰属（*Cypripedium*）、舌喙兰属（*Hemipilia*）、兜被兰属（*Neottianthe*）、天麻属（*Gastrodia*）、开唇兰属（*Anoectochilus*）、鹤顶兰属（*Phaius*）和兜兰属（*Paphiopedilum*）中的一些种类。只有少数为引种的植物或杂种，主要的是香荚兰属（*Vanilla*）、蝴蝶兰属（*Phalaenopsis*）、树兰属（*Epidendrum*）、卡特兰属（*Cattleya*）和文心兰属(*Oncidium*)中的一些种类。

兰花涉及重要的产业。长期以来，试管繁殖在我国受到很大的重视。在许多属中，对组织培养、种子萌发和种苗培植的试验已取得成功，诸如兰属、石斛属、开唇兰属、苞舌兰属（*Spathoglottis*）、五唇兰属（*Doritis*）、香荚兰属、蝴蝶兰属、卡特兰属和树兰属等。人工杂种也已在兜兰属、兰属、石斛属、蝴蝶兰属、鹤顶兰属和虾脊兰属（*Calanthe*）中培育成功。但许多工作主要是科研性质的，而非商业性质的。只有极少数杂种推向市场。

兰属植物是我国最受欢迎的观赏兰花。目前在大陆、台湾省与香港特区已建有数百个国兰种植场和数目更加庞大的家庭兰园。已出版了数十部有关国兰品种的通俗著作。兰花展览会也在频繁地举办。此举虽然使数百万的兰花爱好者从中获益，但负面影响是使多种兰属植物变得极度濒危或十分稀有。

天麻（*Gastrodia elata* Bl.）作为民间药物在我国已使用了约2000年之久，今天仍然在传统中药中占据重要的地位。已对天麻进行了综合研究，包括试管繁殖、栽培和生产等，均已取得成功。其关键是在种子萌发时加入紫萁小菇（*Mycena osmundicola* Lange）和在原球茎生成后加入蜜环菌（*Armillariella mella*（Vahl. ex Franch.）Karst）。

在我国，已对兰属、石斛属、石豆兰属（*Bulbophyllum*）、羊耳蒜属(*Liparis*)、万代兰属、拟万代兰属(*Vandopsis*)、毛兰属（*Eria*）中44个种进行过菌根研究。已有13属真菌被分离和鉴定出：*Ceratorhiza*、*Eulorhiza*、*Moniliopsis*、*Fusarium*、*Mycena*、*Cylindrocarpon*、*Myceliophthoreae*、*Cephalosporium*、*Ceratorhiza*、*Chromosporium*、*Rhizoctomia*、*Gloiocladium*和*Petalotina*。对天麻和真菌，特别是小菇属（*Mycena*）与蜜环菌属（*Armillariella*）之间的共生萌发和生长，已有深入的研究。

中国植物学在20世纪90年代开始研究兰花传粉生物学。鸟足兰属（*Satyrium*）、舌喙兰属、独花兰属（*Changnienia*）、槽舌兰属（*Holcoglossum*）、杓兰属和兜兰属中的某些种被观察过，但至今仅发表过2篇关于舌喙兰属和独花兰属的论文。据报道，扇唇舌喙兰（*Hemipilia flabellata* Bur.et Frch.）是依靠欺骗以吸引访问者。它的花与唇形花科的痢止蒿（*Ajuga forrestii* Diels）颇为相似。后者似乎是惟一传粉者提供辅助蜜源的植物。

近年来，我国对兰科植物的保护甚为重视，提出了总的方针，并采取措施以图改善野生种的保护。事实上，保护是一个复杂的问题，不仅取决于教育和经济的发展，相当大程度上还取决于兰科植物自身的生物学特性。需要对其生态学、居群生物学、传粉生物学、繁育生物学以及其他生物学分支学科进行研究。近年已对独花兰属、金佛山兰属、兜兰属和杓兰属中的某些种开展了研究。但是，我们依然面临的是，对植物自身情况的了解甚为贫乏或十分有限，特别是引起兰花濒危的生物学原因。

中国自20世纪20年代以来，对兰科植物的研究已取得了长足的进展。展望未来，主要目标应当是：在科学上进一步综合研究中国特有、亚特有类群，或是主要产于中国的群类；在商业上对有重要观赏或药用价值的种类进行应用研究。其中最重要的是：兜兰属、石斛属、杓兰属、兰属、独蒜兰属、槽舌兰属、开唇兰属以及兰亚族中的一些类群，以及从国外引进的观赏属。当然，将来需要更多的国际合作。

国产兰属多样性及其保护

文·潘光华

兰属植物

兰属植物（*Cymbidium*）是地球上庞大的兰科植物（*Orchidaceae*）的一个小成员，全世界约50—60种，主要分布于以喜玛拉雅山为核心的亚洲热带、亚热带地区。我国南方，尤其是西南地区是兰属植物的分布中心，以地生兰为主，其中纬度偏南和海拔较低的地区也有一些附生种类。喜玛拉雅山南麓的印度、尼泊尔、缅甸以及向东南方向延伸至中南半岛及印尼、菲律宾和澳洲的北部，主要分布着一些附生种类。在我国大陆向北可分布至秦岭以南，包括陕西南部、甘肃南部和河南的南部，向东分布至韩国和日本的南部，以地生种类为主。

由于兰属植物超过一半的种类原产于我国，人们习惯栽培的传统国兰即被日、韩称之为“东洋兰”的，仅是兰属中常见的地生种类和部分半附生种类，所以人们也往往泛指兰属植物为中国兰花。

尽管兰属植物在整个兰科植物大家族中仅仅是一个很小的成员，在植物学分类上也仅五六十种之多，却由于已有上千年的引种栽培历史，通过人们人工选择，筛选出了很多自然杂交的种、变种、变形和各种具有观赏价值的遗传变异。其中有些早已被选育成著名的传统品种，更多新的优良品种则尚未命名，形成国产兰属植物异常丰富的多样性种质资源，成为我国传统花卉丰富多彩种质资源的重要组成部分。

兰属多样性的主要表现

植物学形态和物种的多样性

国际上通常根据兰属植物的花序、苞片、蕊柱、唇瓣等特征进行分类。20世纪80年代初，吴应祥、陈心启两教授发表的《国产兰属分类研究》，采用P-F-HUMT系统，将国产兰属分为六个组，即长苞组—苞片较长，常达子房长之1/3—1/2，至少基部一枚长于子房；短苞组—苞片较短，花序基部一枚短于子房，常退化成三角状；长柱组—蕊柱长于2cm；垂花组—花序下垂，花朝下开；宽叶组—叶椭圆状披针形，有长柄；腐生组—无绿叶，寄生在别的动、植物尸体上生活。这是根据国产兰属植物而拟定的第一个较为全面、科学合理且便于操作的分类系统，为摸清国产兰属资源，进行合理分类奠定了基础。

1998年，陈心启、吉占和著《中国兰花全书》则改用DU PUY和CRIBB系统，将兰属分为三个亚属和14个组。除3个组外，国产兰属共有3个亚属、11个组。它们是:

大花亚属—包括斑舌兰组（新分布种如斑舌兰）、莎草兰组（莎草兰、垂花兰）、大花组（西藏虎头兰、黄蝉兰、长叶兰、虎头兰、滇南虎头兰、碧玉兰、美花兰、文山红柱兰）、腋花组（独占春、大雪兰）。

兰亚属—包括硬叶组（纹瓣兰、硬叶兰）、带叶组（冬凤兰）、多花组（多花兰、果香兰）。

建兰亚属—包括腐生组（大根兰）、兔耳兰组（兔耳兰）、建兰组（建兰、墨兰、落叶兰、珍珠矮）、春兰组（春兰含春兰、线叶春兰、春剑、菅草兰等变种，蕙兰含蕙兰、送春、峨眉春蕙等变种以及寒兰、莎叶兰、邱北冬蕙兰）等。

2002年，我接陈心启先生来信，介绍了关于国产兰属的一些新的订正，指出莲瓣兰应作为种予以承认，以及关于保山建兰、福兰、奇瓣红春素、豆瓣兰、峨眉春蕙等的修订意见。

近期，陈心启先生正在对国产兰属进行新的订正，补充了较多的新种和新分布种，更加丰富了国产兰属资源的宝库。

兰属是异花授粉植物，只要分布在同一地区的不同种类兰属植物花期相近，极易因昆虫的异花授粉产生种与种之间的杂交后代。如春兰与豆瓣兰之间的香豆瓣、各种色彩鲜艳的豆瓣，春剑和莲瓣兰之间的杂交种，寒兰与秋墨兰之间的杂交种等等。这些自然杂交种进一步丰富了国产兰属的基因库。

弄清每种兰花的植物学性状是区分兰花种、变种和各种变异的基础。

生态类型的多样性

兰属植物按其生态类型可分为地生兰、附生兰和腐生兰三类。国产兰属包括了这全部三种生态类型。地生兰是人们常见和传统栽培的种类，多数观赏价值较高，有香气的均为地生兰。附生兰中包括很多大花类型的种类，不仅本身具有较高的观赏价值，可以用于盆栽观赏或庭园绿化，有些还可用于杂交育种的原始亲本。腐生类型仅大根兰一种，国内南方一些省份都有分布，因没有绿叶，一般都不用于栽培。

物候期的多样性

不同的兰属植物都有各自不同而相对固定的开花期。就全属而言，它们的花期几乎遍布全年，我们通常将其分为：冬春季开花类、夏季开花类和秋季开花类。

冬春季开花类，花期从12月～次年3月（两广、福建、中国台湾、海南和云南），而江、浙、川、黔、湘、鄂、皖、赣等省要稍晚约一月。主要种类有春兰、豆瓣兰、莲瓣兰、春剑、墨兰、蕙兰、送春等，常见栽培的主要种类都在此季节开花。

夏季开花类，花期4～8月。主要种类有虎头兰、碧玉兰、文山红柱兰、独占春、珍珠矮、蜜蜂兰、多花兰、果香兰、夏寒兰、兔耳兰、硬叶兰、纹瓣兰、大根兰等。多数大花类型、多花类型和附生、斗附生类型的在此季节开花。

秋季开花类，花期9～11月。主要种类有建兰、大雪兰、套叶兰、长叶兰、秋墨兰、寒兰、莎草兰、西藏虎头兰、黄蝉兰、斑舌兰等。其中寒兰、建兰、秋墨兰为常见栽培的种类。

掌握各种兰花的不同花期，是我们引种利用的基本条件。

花色的多样性

传统栽培的春兰、蕙兰、寒兰、建兰等花色较单调，常以黄、绿色为主。但就整个兰属而言，它们的花却是绚丽而多样的，花色非常丰富。红、黄、绿、白、紫、橙、墨等各色应有尽有。每种不同的兰属植物大致都有各自固定的花色，但也会因分布区海拔高度、地理纬度、光照强弱、土地状况等而发生差异。以春兰、蕙兰为例，分布在东部江、浙、皖、赣等省的多数为绿色或黄绿色，而进入湖北、湖南、贵州、云南的这两种兰花往往会出现红、黄、橙、白、紫等多色变化。

由于自然选择的原因，多数香味浓郁的种类则色彩单调，都偏黄绿色；而无香味的很多附生种类不仅花大，且多数花色艳丽，与叶片的颜色形成强烈的反差。一个特殊的例子则是主产于云南的莲瓣兰，它不仅香气浓郁，花色也格外丰富多彩，明快俏丽，鲜艳悦目。花色往往是用来命名品种的重要依据之一。

瓣型的多样性

兰花花瓣的瓣型是欣赏兰花和区分兰花品种的主要标准之一。兰花的花被数为六，由两轮组成。外边一轮三枚是瓣化了的花萼。花萼瓣化形状、颜色变成和花瓣一样，是兰花的重要特征。自古以来，人们根据外三瓣的形状而将兰花的瓣型分为梅瓣、荷瓣、水仙瓣、竹叶瓣等。又根据外三瓣主、副瓣互相搭配的姿态而分为平肩（也称一字肩）、飞肩、落肩和三脚马等。

里边一轮三枚为真正的花瓣，上方两枚称捧瓣（或捧心），下方一枚变得宽阔而呈水平状，称唇瓣（或称舌）。而根据捧瓣的形状又往往分为硬捧、半硬捧、蚌壳捧、豆壳捧、蚕蛾捧、观音捧、剪刀捧等；而根据唇瓣的形状又可分为圆舌、半圆舌、刘海舌、大铺舌、卷舌、龙吞舌、雀舌等。所有这些瓣型上的差别都是区分品种的重要标志。

遗传变异的多样性

复杂的地理环境和气候条件孕育出了丰富多彩的生物物种的自然变异，加之分布区土壤内各种重金属，包括一些含放射性元素的稀有金属丰富而多样，促使兰属植物发生的各种遗传变异更加绚丽多彩。

兰属植物叶的变异，包括叶片色彩和叶片形状变异两个方面。

色彩变异是指叶片上出现黄色或白色等有规律的变化，国际观赏园艺界称之为“斑入植物”。这种色彩的变化通常可以分为条状变异和斑块状变异。

条状变异已发现的有边（覆轮）、缟、中透、嘴草等。

斑块状变异有虎斑、曙、扫尾等。

叶片形状变异有宽叶、圆头、矮草、瓢匙划草等。

花的变异有：

（1）素心：唇瓣上没有紫色斑点、斑块或线条，根据唇瓣的色彩分别称为白素、绿素、黄素、红素等。素心是兰花最常见的变异，几乎出现在兰属植物所有不同种上。

（2）红舌：唇瓣中央为红色，仅周围一圈为白色。

（3）蝶瓣花：即在主、副瓣或捧瓣上出现类似唇瓣上的斑点、斑块、线条和乳化现象，状如蝶翅，这是兰花上特有的蝶化现象。蝶瓣花可分为主瓣蝶、副瓣蝶、捧瓣蝶三类。

主瓣蝶化现象较少见。目前仅见莲瓣兰中的“苍山奇蝶”、“乳化蝶”等少数几个品种。

副瓣蝶化多出现在副瓣的下部，所以也称为副瓣下蝶，江、浙一带称“蝴蝶”，如莲瓣兰中的“剑阳蝶”。

捧瓣蝶化可分为捧瓣内蝶和捧瓣全蝶，前者如莲瓣兰中的“碧龙奇蝶”、“苍山奇蝶”；捧瓣全蝶也称“三星蝶”或“蕊蝶”，如莲瓣中的“丽江星蝶”、“玉兔”、“星海蝶”等。

蝶化程度的高低是区别蝶瓣花品质优劣的主要依据。以“三星蝶”为例，若两捧瓣蝶化程度高，则捧瓣形状、色彩、线条、斑点甚至连摺片、喉管等都和唇瓣一样，区分不出哪个是捧瓣、哪个是唇瓣，变成了三个舌头。而有些捧瓣仅出现一些紫红色线条，没有出现类似唇瓣的乳化现象，这样的唇瓣只能称为彩捧，不能称为蝶瓣花。

有些蝶化现象蝶化程度高，彩色的斑点、斑块甚至会出现在新叶的前端，出现所谓“叶蝶”的现象，如莲瓣兰中的“大唐凤羽”、“二凤”、“玉兔”，春剑中的“桃园三结义”等。这种在植物生理学、植物形态学上至今无法解释的“叶蝶”现象，给原本奇异的中国兰花更增添了无限的神秘和不可思议。目前我们仅能从众多的这类现象中去寻找它们的规律，这种“叶蝶”现象大多出现在蝶化程度很高的“三星蝶”品种上。

（4）多瓣花，即一朵花有多达十余、二十余甚至更多的花瓣，状如菊花或牡丹。其中部分花瓣出现蝶化，出现集多瓣、多舌、多蕊柱于一身的现象，如莲瓣兰中著名的“剑湖菊”。有的多瓣花则主要表现为多舌花，如莲瓣兰中的“黄金海岸”、“玲珑春”等。

（5）蕊柱分裂瓣化成多个小的花瓣，如莲瓣兰中的“奇花素”。

（6）六出花，即唇瓣没有特化，形状和捧瓣一致，和主、副瓣一起呈六出状放射排列，如莲瓣兰中的“剑湖奇”、“碧龙奇莲”。

（7）花朵紧抱花葶，呈现无花柄、无子房状，如莲瓣兰中的“粉荷”等。

（8）少瓣、无瓣、戟开瓣，如莲瓣兰中的“雁南飞”。

（9）子母花，即在每朵花的花柄基部又长出了1—2朵小花，这些小花也会正常开花，且多为蝶瓣花，只是花要小一些。有些小花不仅出现在花柄的基部，还会出现在花萼，即主、副瓣的基部，且主花出现多瓣、蝶化等现象。如莲瓣兰中的“奇花王”、“锦上添花”、“合家欢”、“母子情深”、“奔驰牡丹王”等。

（10）树型花。树型花近年在春兰、春剑、莲瓣兰、寒兰、墨兰、套叶兰上时有发现，花葶上出现分枝，每朵花有数轮苞片，苞片呈花瓣状，多数花瓣的数量也明显增多，成菊瓣状。如莲瓣兰中的“金沙树菊”、“仙女散花”、“天外天”等。

多样性资源的保护

野生兰属植物有些种类具有很高的观赏价值，有些又是进行杂交育种的原始亲本，是进行开发的宝贵资源。但是，兰花在自然界的自我繁殖发展速度极慢，仅靠挖掘野生资源远远满足不了日益扩大的市场需求。首先，国产兰属的一些特有种，由于高山峡谷的地形地势的影响，分布范围狭窄，这些物种的资源蕴藏总量十分有限，极易因乱采滥挖而造成这些珍稀兰种的灭绝。其次，由于兰花种子发育不全，野生兰花自我繁殖能力十分有限，种群一旦被破坏就很难恢复。最后，兰花生长在森林里，随着森林的不断被破坏，过度开垦造成的水土流失，兰花赖以生存的环境也急剧地遭到破坏。因此，野生兰花资源非常容易遭到破坏。而兰花种质资源，或者叫遗传资源，包括物种资源种、变种、变型和各种遗传变异等的破坏是无法弥补和不可挽回的。国产兰属植物资源的多样性急需得到有效保护。为此，我们建议：

（1）建立野生兰属植物保护区。在一些特有珍稀种类分布较集中的地区，划定一定的保护范围，进行原产地保护。委托当地林业部门进行管理，保护区禁止任何人上山采挖。或者将一些特有珍稀种类有目的、成批量地引入邻近已划定的国家级或省级自然保护区内，让它们在保护区内繁衍发展。

（2）建设野生兰花种质资源保存圃。在现有植物园、植物、园林、园艺研究机构及各种形式的兰圃、花圃内建立规模不等的野生兰花资源保存圃，进行有效的迁地保护，以保存野生兰花种质资源。并有计划地繁殖发展珍稀、濒危、特有种类，以免因对野生兰的过度采挖而造成物种的灭绝。资源圃内还可开展有目的的杂交育种，培育兰花新品种。也可利用现代科技手段对兰花进行辐射育种、航天育种等方面的试验，以期产生新的变异，甚至可以开展兰花转基因技术方面的试验研究。国家扶持的生物物种种质基因库要把兰花种质资源的保存作为重要内容之一。

（3）建立兰花产业基地，再选择某些基地培植、繁育各种商品兰花，提供国内外市场需要。今后要逐步做到野生兰不准投放市场进行交易，用以交易的兰花必须是经过兰圃数年培育、繁殖发展后的兰苗。建立兰花产业基地，是发展兰花产业，让兰花能真正进入千家万户的必经之路。

（4）严格控制珍稀、濒危兰花物种的流失。包括兰属的一些特有种、新种和各种兰花的珍稀变异，应禁止这些野生兰的交易，严防走私出境。

（5）回归自然，变家种为野生。要采取措施，鼓励对兰花进行迁地保护的科研或生产经营机构，将通过组培、无菌播种或常规繁殖的人工种苗，重新栽种到相应的自然环境中去的试验研究，获得成功后再有计划地逐步加以推广，使一些濒危的兰花物种回到自然界中，这既是对自然的一种回馈，也是摆脱濒危困境的一种途径。

（6）普及兰花知识，积极保护兰花资源，让更多的群众认识兰花、了解兰花、喜爱兰花、培植兰花，寓兰花资源保护于人民群众的广泛栽培之中，让丰富多彩的野生兰花资源得以可持续利用。

（7）对现有国兰品种进行系统整理。建议由中国野生植物保护协会兰花保育委员会牵头，会同兰花两会即中国花协兰花分会、中国植物学会兰花分会组织专家对国兰，包括春兰、蕙兰、墨兰、建兰、寒兰、春剑、莲瓣兰等的传统品种和新品种（包括已登录的和未登录的）进行系统整理，在此基础上编辑出版《中国兰花品种图志》。此项工作应争取政府支持，设立专项基金，或争取国家自然科学基金立项，成立项目专家组和图志编委会。整个图志可分别设立春兰、蕙兰、墨兰、寒兰、建兰、春剑、莲瓣兰等若干卷册，分别聘请国内有专长的专家按照编委会统一确定的原则和要求负责编写，统一由编委会负责出版。通过品种图志的编辑出版，可以摸清我国国兰种质资源的家底，同时可以进一步规范各种形态描述和遗传变异的称谓用语，统一品种名称，为中国传统花卉的保护和利用做出应有的贡献。

潘光华（教授级高级工程师，享受国务院特殊津贴专家）
中国花卉协会兰花分会副会长
云南省兰花协会会长
云南省风景园林学会专家委员会主任

国兰生理研究的成果

文·潘瑞炽、叶庆生

顾名思义，《国兰生理》一书讨论的是国兰的生理活动。国兰（中国兰）是指我国传统栽培的兰属（*Cymbidium*）植物，主要集中在春兰、蕙兰、建兰、寒兰、墨兰等；大花蕙兰（*Cymbidium hybrids*）虽属于洋兰，但它是兰属的杂交种，所以也在本书讨论之列。严格来讲，本书应名为《兰属生理》（*The Physiology of Cymbidium*），但此名过于学术化，不易为大众接受，故采用“国兰生理”一名。

国兰花香馥郁，叶姿飘逸，深受人们喜爱。国兰主要分布在我国，品种众多，其中不乏名贵品种，积累了丰富的栽培经验。距今700多年前宋代赵时庚的《金漳兰谱》就记载了兰花种类和养兰经验。新中国成立之后，国兰得到重视，养兰人士众多，研究单位日益增加，规模不断扩大，有关的书刊也陆续出版，市场十分繁荣。可是其内容多偏重于栽培管理、快速繁殖和品种特性等，而未深入到植物体内在的生理生化变化实质，使得国兰生产不易于工业化和商业化，影响其进一步发展。

潘瑞炽
中国植物学会兰花分会名誉理事长
华南师范大学生命科学学院教授、博士生导师

叶庆生
华南师范大学生命科学学院教授、博士生导师
广东省植物发育生物工程重点实验室副主任

据我们所知，我国研究兰属生理最早的是北京大学曹宗巽教授，她在1951年就报道过兰属授粉前后水分、呼吸和呼吸酶的变化；到20世纪80年代初，中国科学院昆明植物研究所段金玉、中国科学院植物研究所王伏雄、中国科学院华南植物研究所叶秀粦等研究员开展了种子发芽研究工作；中国科学院上海植物生理研究所王熊研究员创建了兰花试管开花；中国台湾植物研究所王博仁和台湾大学李哖等教授进行了幼苗发育和开花生理的工作。

华南师范大学国兰研究中心从20世纪80年代起，与新加坡国立大学合作，开展了国兰生物学特性的研究，包括营养器官解剖、种子与菌根真菌共生、快速繁殖、水分生理、矿质营养、光合作用、光合产物运输分配、呼吸作用、生长控制、生殖生理和兰属品种间的亲缘关系的研究，已在国内外发表文章约40篇。本书是以我们的工作为基础，并吸收国内（包括中国台湾）和日本、韩国及荷兰等国有关兰属生理生化的研究成果写成的。

本书各章排列按生长发育顺序，先讲种子发育成幼苗，后讲基本代谢（包括水分、矿质营养、光合、呼吸等），最后讲生长开花。本书最后附录《兰科植物的分子生物学研究进展》，旨在介绍兰科植物的分子生物学工作，特别是在基因转导、培育新品种方面，拓宽了视野，为开展国兰分子育种提供了重要参考。

本书内容既在理论上阐明兰属植物的解剖、生理和生化特性，又紧密联系生产实践。例如：了解了种子不易发芽和与菌根真菌共生的特性，就可设法加快种子发芽和提高种子发芽率；明确了影响原球茎和根状茎繁殖的因子，就可满足它们的要求以增加繁殖系数；了解了根和叶结构耐旱特性和水分亏缺对兰株的伤害，就可合理给水和利用化合物提高耐旱性；明白了氮、磷、钾对兰株生长和生化、开花和抗病的影响以及判断各种养分水平的生理生化指标，就可以合理施用肥料；查明了光合作用的光补偿点、光饱和点以及CO_2饱和点，就可供兰棚遮阳设计和CO_2施肥参考；了解了生长延缓剂对国兰的影响，就可利用它调节叶片生长和开花；根据影响开花和衰老的因素，就可为调节花期提供可能途径等等。

《国兰生理》是我国首次出版的兰花生理专著，内容丰富，文献翔实，可供兰业科研人员和养兰工作者参考，也可供兰花爱好者阅读。本书虽然只讨论兰属的生理生化问题，但其基本理论是与其他花卉一致的，所以亦可作为大专院校花卉专业教材和供花卉工作者参考。

生物技术在国兰发展中的现状

文·魏亚鉥

20多年来,生物技术在国兰的研究和生产中顽强地走过了艰苦的不同寻常的道路，今天已经在名兰组培苗的规模化生产上做出了成绩。在初步形成的集兰花资源有效利用和高科技现代化农业生产技术综合应用为一体的高科技产业中，生物技术已是一项必不可少的核心技术。

实际上在1960年，国际上即已有人报道自兰花茎尖组织成功地培养出了小兰苗。但那不是咱们的国兰，那是洋兰。生物技术用于洋兰的快速繁殖已经非常成功，技术非常成熟，应用十分广泛。国兰生物技术研发迟、难度高、阻力大，是洋兰所不能比的。

一、关于国兰的概念

“兰花”是一个宽泛的概念。

按大家的习惯（而非学术分类）说，兰花可以粗分为中国兰（如春兰、春剑兰、莲瓣兰、蕙兰、建兰、寒兰、墨兰等地生兰）和洋兰（即附生兰，如常见的蝴蝶兰、兜兰、卡特利亚兰、万代兰、大花石斛等，也含大花蕙兰）。而伟大的教育家孔子和我们的老祖先们所推崇的“王者香”、“国香”是指中国兰，是指有清幽素雅香味的中国兰，绝非洋兰、绝非大花蕙兰。

兰花界人士只有在这些概念上取得共识，才能具有必要的共同语言，加强沟通，减少误解，科技工作者也才便于为养兰朋友服务。

二、生物技术在国兰研究上的主要进展

20世纪70年代 中国科学院上海植物生理研究所首先突破建兰的组织培养，做了卓有成效的工作。

自80年代初开始，四川省农科院在兰花杂交育种、名贵兰花茎尖培养快速繁殖及兰花无性繁殖系诱变叶艺新品种方面做出了不小成绩；1984年成功诱导著名春兰品种“宋梅”（号称春兰“四大天王”之首）的茎尖分化出小苗；1986年成功诱导出四川春剑当家品种之一、朱德亲自命名的软叶春剑素心——“隆昌素”茎尖组培苗；获取了“富丽红”、“醉妃”等杂交新品种和“线艺隆昌素（中透）”、叶艺套叶兰“万芝”、“洪奇”等叶艺新品种，开创了人工诱变创造叶艺新品种的先河；90年代初，《中国花卉报》头版正面报道了中国台湾兰界集体烧毁试管苗事件，工作压力非常大。但我们在困难的条件下顶着非难、冲破阻力，走上了小规模商品化生产之路，得到了中国花卉协会兰花分会及中国兰花学会主要负责人的关心和支持。于是，坚冰被打破，航道已开通，出现国内外许多人有兴趣于此类兰花发展的新局面。

国家科技部徐冠华部长(右一)、四川省柯尊平副省长视察四川省农科院“863计划”国兰项目示范基地

研究工作的进展受到了国家的关注，“十五”期间“国家高技术研究与发展计划”（“863”计划）课题支持了中国兰的规模化组织快繁与产业化技术研究工作。

三、生物技术服务于国兰的几种途径

1.用于名贵品种的繁殖和脱毒。 所使用的部位是嫩芽的茎尖上极小一点体细胞团块，诱导它进行细胞分裂繁殖而建立无性繁殖细胞系并由之产生小苗子。利用生物的体细胞（而不是生殖细胞，更不是种子）培育成一个成体的繁殖方法，称为茎尖培养，也可称为“克隆”（即无性繁殖之意），克隆出来的苗子可保持品种原来的遗传特征不变。它适用于名品兰花这种繁殖系数不高的珍贵材料或不易用常规方法繁殖的其他植物。它还可以与热处理技术相结合，帮助去掉常年靠无性繁殖方法繁衍的植物体内的病毒。

2.用于种子无菌发芽进行兰花杂交育种。兰花是单子叶植物，而它的种子极细小，又没有单子叶植物种子应具有的物质储备仓库——胚乳，所以如果得不到必要的帮助是无法萌发成一棵小植株的。在无菌的条件下播种种子并使之长成小苗，这就是种子无菌发芽。但种子长出来的植株不是青一色的，有如龙生九子，九子各不同。兰花的遗传基础是高度杂合的，而种子是有性生殖过程的产物，通过有性生殖，遗传物质重组，后代遗传性状会发生分离，不能保持原品种特性不变。所以，不能用此法繁殖名贵兰花，但能用于选育杂交新品种。

3.用于兰花材料的低温保藏和遗传操作。

四川省农科院中国名兰克隆试管苗栽培室

四川省农科院克隆名兰“隆昌素”试管苗开花

四、生物技术对兰花产业的贡献

1.克隆名兰技术与热处理技术相结合是唯一能给兰花脱毒的技术。名兰是靠无性分株繁殖世代相继的，植物病毒易在体内积累而无药可医，因为能杀死病毒的药物也能杀死植物本身。所以只有脱毒方可使名兰复壮。

2.克隆名兰技术可加快其繁殖，使“昔日王谢堂前燕”今日“飞入寻常百姓家”。它可以平衡市场价格，防止过分炒作，使广大爱兰者有处买、买得起，从而提高群众兴趣，扩大养兰队伍，促进兰业健康发展，有利农村生产结构的调整，使更多农民和养兰人走上致富之路。

3.由于兰花个性强，茎尖培养需要相当的技术水平、实践经验和专业设施，加之培养周期长，不可能在该品种进行茎尖培养之后三五年内对常规栽培的同种名兰造成市场冲击，相反会给品种投入者带来更长期、更稳定的收获。

4.克隆名兰的工作得到了国家的支持，是四川花卉界进入“国家高技术研究与发展计划”（“863”计划）的唯一项目，并受到党和国家领导人的关心和重视，在很大程度上提升了兰花产业的地位。

纵观兰花市场，真正进入小批量交易阶段的克隆出来的名兰品种并不多，只有十来个（其余是些由自交种子发芽而来的似是而非的东西和大量假货），说明这项工作是有较大难度的，不是想搞什么就能得什么、想搞多少就有多少的，故不要把它当成洪水猛兽，谈虎色变。

四川省农科院克隆名兰<宋梅>试管苗开花

魏亚鉥

四川省农业科学院园艺研究所研究员

国家“863计划”中国名兰组培快繁课题首席科学家

中国兰花学会常务理事

四川省花卉协会常务理事

四川省兰花协会副秘书长

什么是营养？所有的生物都必须不断地从外界索取各种物质，以合成自身的物质，并提供能量和在新陈代谢中起调节作用。生物所索取的这些物质就是营养物质，吸收和利用这些营养物质的过程叫营养。

国兰营养

文·傅华龙 黄毅

不同的生物其营养的方式不一样，营养方式的差异，使生物的生活习性也大不一样，因此，从营养方式角度来研究兰花，就能更深入地了解兰花各种特性的本质。

兰花同所有绿色植物一样，在适合的生态环境下，就能以太阳光为能源，利用各种营养物质而生长繁殖。所不同的是，兰花吸收营养物质的器官一根，与其他绿色植物不一样，无根毛，是靠根中共生的菌类提供营养物质而生存的，所以我们称兰花的根为“菌根”。正因为兰花吸收营养的方式特殊，所以兰花对营养和生态环境的要求也大不相同。下面结合兰花的生态习性进行讨论：

1 兰花对光的要求： 由于兰花的根没有根毛，根部与营养物质的接触面积就相对小得多，因此对营养物质的吸收也慢得多。与此相适应，兰花对营养物的输送也就慢得多，因此兰花的生命活动也就缓慢得多，这就是兰花生长缓慢的根本原因。如果将兰花种植在强光照条件下，希望提高它的光合效率，不仅各种营养物质不能急速输送到，而且在高效光合作用中，所产生的有毒氧因不能及时排出体外，还会将兰花毒害致死，这就是兰花喜光而怕暴晒的根本原因。

2 兰花对栽培基质和水的要求： 由于兰花是靠菌根吸收营养的，因此兰花的栽培基质和水份既要满足自身正常生长的需要，又要满足菌根中的菌和根际间微生物正常生长的要求，与普通绿色植物相比，多了一个限制条件。由于根内外菌的正常生命活动都离不开氧气，所以兰花的栽培基质要求疏松透气。由于菌类多行异养生活，所以兰花的栽培基质要求富含有机质。由于菌类的生命活动离不开水，所以兰花的栽培基质要求具有良好的保水性能。但如果水分过量，又会影响栽培基质的透气性，对此人们在长期的养兰实践中，对兰花栽培基质的水湿总结出了“干而不燥，湿而不涝”的精辟论述。

3 兰花对营养（肥）的要求：给植物施肥最终要达到的目的是，营造一个适合绿色植物生长的土壤微生态环境。对兰花而言，人们在长期的观察和实践中，较为注意的是光照和水湿的情况，而对施肥和根际微生态环境的关系却讨论不多。因此这里着重就兰花的施肥与其根际微生态的关系，谈谈兰花的营养问题。同所有植物一样，适合的根际微生态环境，是植物获取各种营养物质的宝库，它能满足植物正常生长所需要的各种营养物质，这种微生态环境就是我们常说的“微生态平衡”，或者称“土壤微生态平衡”，在这种环境中，不同种类的微生物协调一致，互利互惠，形成了一种相互依存的生物集群。而这些微生物的代谢产物，都是一些小分子的简单物质，也正是植物生长所需要的营养物质，这些微生物不断地生长繁殖，就能不断地为植物提供所需要的各种营养物质，植物就能保持正常生长。以这种方式为植物提供营养，既不会因营养过剩而造成浪费，又能保证植物生长所需的各种营养物质，施下的这种肥，它实际上是一种廉价的缓释肥。当然，如果土壤中这些微生物相互不协调，或其中缺乏某些类群，就会出现微生态不平衡，植物生长所需要的各种营养物质就得不到满足，植物的生长当然会受到影响。因此，施肥的目的应该是，恢复或调节植物根际的微生态平衡。然而肥料的种类很多，同一土壤施用不同的肥料，效果也不一样。例如传统的农家肥，施用后确实具有恢复植物根际微生态平衡的作用，其过程是：施下的农家肥首先作为植物根际微生物的营养物，使这些微生物得到迅速的繁殖，这些微生物生命活动中所产生的代谢产物，就正是高等植物生长所需要的营养物质。由于整个过程需要一定的时间，所以农家肥见效慢；又由于微生物分解这些有机物需要较长的时间，所以这种肥的肥效长；同时，这个过程对培养根际微生物种群，维持根际微生态平衡也非常有利。

自19世纪人们研究发现，植物所吸收的营养物质，都是一些简单的化学物质后，便开始采用化工手段，生产出一些成分单一、植物需要量大的化学肥，如人们熟知的各种氮肥、磷肥、钾肥等。由于这些成分单一的化学肥能直接被植物吸收利用，而不经过微生物分解的环节，所以这种肥见效快，受到了当时种植业界的广泛欢迎，在整个种植业中发挥了重要作用，产生了深远影响。随着时间的推移，在连年施用化肥之后，人们发现土地对化肥的需求量在逐年增加，更严重的是，经过几年施用化肥之后，土质开始板结，团粒结构遭到破坏，土壤微生物数量降到最低，愈来愈不适合植物生长，由原来的优质土壤变成了劣质土。经研究发现，这是由于这些成分单一的化肥只能满足植物所需的大量元素，对于植物所需的微量元素和土壤微生物所需的有机营养却一概缺乏，一年又一年，土壤中有机营养耗尽，土壤微生物被饿死，土壤微生态失去平衡，不能形成土壤的团粒结构，土壤的透气、保水能力下降，逐渐变得板结或沙化而成为劣质土。在经过沉痛的教训之后，人们才进一步认识到有机肥的重要性。同时人们还发现，土壤的肥沃与贫瘠同土壤微生物的数量直接相关，这一发现促使人们开始了生物肥料的研究。

生物肥的关键技术在于施用这种肥后，能否使土壤中的微生态迅速达到平衡，而且能较长时间地维持这种平衡。市售的“兰菌王”系列产品，就是一种生物肥，它的微生物集群组成合理，并能发挥自养微生物在生物肥中的作用，也就是说，施用这种肥后，其中的自养微生物能不断地制造有机物，以此来调节和维持其中的微生态平衡，它能不断地为兰花的生长提供所需的各种营养物质。因此，这种肥实际上就是肥料的“种子”，它可以不断地产生肥料，所以这种肥用量少，肥效长。

傅华龙
中国花卉协会兰花分会理事
中国兰花学会常务理事
四川省植物学会兰花分会会长
四川大学生命科学学院教授

黄毅
中国花卉协会兰花分会副秘书长
中国兰花学会常务理事
成都市兰花协会常务副秘书长
成都市兰花协会鉴评委员会秘书长
成都市温江区人大常委
成都华奕企业董事长
《魅力兰花》杂志运营总监

20年来中国兰花市场概述

文·郑宇晖

中国兰花交易活动由来已久，据史料记载，东晋时期，交换与出卖兰花、兰苗的活动就已相当广泛。到了唐代，出现了专门以植兰和售兰为生的花农。清代的兰花已经有具体成交的事例记录在史书上。20世纪前70年，受中国大陆经济发展和社会稳定等因素的影响，中国兰花市场处于一个发展的停顿期。1987年中国花卉协会兰花分会成立后，中国兰花市场的发展进入了一个全盛时期。在协会领导的正确领导和全体理事的共同努力下，中国兰花市场在精品交易、统货出口和消费经营方面都呈现出良好的发展势态。本文将就当前中国兰花市场的现状进行概述，不当之处请广大兰友和专家们批评指正。

各地兰市精品市场现状

从总体上讲，目前我国的兰花市场大致可以分为五大片区，其中包括江浙沪皖鄂片区、粤闽桂赣片区、云贵川渝片区、台港澳片区和北方片区。各个片区的赏兰玩兰热点各有侧重，具体情况如下:

江浙沪皖鄂片区

目前兰花市场主要以春兰和蕙兰为主。江苏省从2003年举办首届蕙兰展开始，蕙兰市场的主导地位更加突出，蕙兰的传统品种庆华梅、江南新极品、老极品、大一品等价位呈现稳步上涨的趋势，老品种中的老朵云在2004年宜兴兰展上传出5苗草成交110万元的天价。目前，江苏省的无锡、常州、镇江、南通、太仓、常熟等城市的兰事活动比较活跃。南京作为省会城市，虽然集体的兰事活动不多，但这个城市本身养兰者多，新品种的精品沉积量大。

浙江是传统的春兰大省，杭州市（含萧山区）、宁波市（含余姚市、慈溪市、宁海县）、绍兴市（含诸暨市、上虞市、嵊州市、绍兴县、新昌县）、丽水（含缙云县、遂昌县、景宁县）等地的兰事活动都比较频繁，衢州市、湖州市、嘉兴市和金华市的兰花爱好者也不少。台州（含椒江区、黄岩区、温岭市、临海市、天台县、仙居县）目前可以说是浙江最热的交易市场之一，除了传统的春兰品种，浙江乃至四川、贵州、安徽出产的春兰新品种也有很多都被台州的玩兰者收入园中。卢秀福先生、项志刚先生都是台州地区非常有影响力的兰花种养大户。舟山市是浙江最重要的春兰产区之一，近30年来，舟山出产的新品种令人目不暇接，该市已经奠基的佛国兰园是一个佛教和兰花的美妙结合，将对素有“禅花”之称的兰花的推广产生深远影响。温州市（含乐清市、永嘉县、泰顺县）也是一个新兴的市场，除了春兰以外，寒兰的欣赏和收集已经和杭州、丽水形成三足鼎立之势。（以上城市后所加的区、县、县级市为该市的重点兰花市场，下同）

上海是一个大都市，从2003年上海市花卉协会兰花分会成立以来，在周国华先生等领导下，兰协通过举办兰展和各种交流活动，使上海的兰事活动呈现出一派欣欣向荣。春兰、蕙兰至今仍然是上海兰花市场的主流，初学者玩墨兰和建兰的也不少，随着少数兰友和日本交流的增多，寒兰（特别是紫秀寒兰）、豆瓣兰的市场也在升温，另外，建兰也逐步为一些成熟的玩兰者所接受，一些高档的品种如君荷、仙山牡丹等已经融入上海兰市。目前，上海兰花协会主办的上海兰花网已经成为中国人气最旺的兰花专业网站之一。

安徽是一个产兰大省，由于近现代的玩兰者人数不多，实力相对薄弱，很多春兰、蕙兰的好品种都流到了浙江、江苏和上海。从去年开始筹建安徽省兰花协会之后，安徽兰花发展呈现出良好势头，据安徽兰花协会常务副会长郭炳传老师介绍，目前省兰花总价值已达五亿元之多。淮南、淮北兰友以春蕙传统品种为主，养植技术、兰园规模甚好。六安、合肥兰友以收集本省下山新种为主，名贵珍品不时显现。安庆、马鞍山、宣城、芜湖兰友则对传统种、下山新种兼收并蓄。

湖北省地处中原，兰花资源丰富。在发展养花产业方面，已经初步取得了一些明显的成效。湖北省花卉协会兰花分会和湖北省兰花学会2004年以来活动频繁，组织了调研、兰展和各种形式的研讨会。湖北省政协原常务副主席王重农同志在担任湖北省兰花学会会长之后，为湖北的兰花文化建设和产业建设做出了重要贡献。湖北随州市林业局把种养兰花列为当地八大特色产业之一，制定优惠政策，积极引导农民种植。随州市万河镇、广水镇一部分农民靠经营兰花盖起了楼房，买上了小汽车，走上了致富之路。据不完全统计，湖北省人工种养兰花达250多万盆，其中种养万盆以上的大户有80多户，阳台种养名贵兰花的有1000多人，种养的中高档名花2万多盆。

粤闽桂赣片区

这个区域的国兰市场传统上以墨兰、建兰为主，目前寒兰市场也开始升温，其他春兰、蕙兰、春剑、莲瓣兰等都存在一定的市场。广东的国兰市场基本上有两大块，一是珠江三角洲的传统墨兰、建兰出口，主要有企剑黑墨、企剑白墨、金嘴墨兰、小桃红等；另一块是粤东地区的新品种集散地，以陈少敏先生的远东国兰有限公司为代表的粤东养兰企业和兰花种养户收集了各种兰花新品种中的佼佼者，如春兰的美苏荷，蕙兰的新种荷瓣，建兰的光登梅、仙山牡丹，莲瓣兰的金沙树菊，春剑的奥迪牡丹王、五彩麒麟，寒兰的工格梅瓣，墨兰的南海素奇等最尖端的品种。珠三角市场中，佛山的顺德、南海是龙头，除了出口苗之外，墨兰新品种交流也很活跃，南海素奇等名贵品种在如今的墨兰低潮期成交价都在一苗2万元左右。春蕙兰的传统品种在潮汕地区也有比较好的市场，全国春兰、蕙兰传统品种的返销苗很大部分是从粤东地区二次输出。

福建市场比较集中在闽西南地区，产兰区中，永福由于部分兰花经营者在20世纪90年代存在不良的经营行为，现在已经逐渐没落。南靖市场如今还比较活跃，除了在这里安家落户的中国台湾种养户之外，当地以刘宏远为代表的经营者如今都向种养户转型，依靠得天独厚的自然条件和相对先进的管理水平向平稳的低价位墨兰、建兰和春兰品种要效益，基本上走上良性循环之路。龙岩的连城县朋口镇的低价位建兰种养规模也比较大，这里的种养户利用互联网进行兰花销售取得良好的效益。厦门在海峡两岸的交流中仍然起到了比较重要的作用，林伟文先生等实力派的复出和一批新种养户的崛起，使得闽西南兰花市场呈现一片光明。武夷山区的寒兰在2004年底的福建寒兰热潮中凭借先走一步的优势，统货苗价格优势明显。随着厦门、南靖养兰者对寒兰关注的深入，福建兰花市场很有可能依靠寒兰再创辉煌。

广西兰市虽然由于墨兰市场的沉沦而受到影响，但在龙起明等老一辈兰家的领导下，各地方兰花协会都在寻找着出路。容县通过开展尊师爱兰活动，使兰花种养在该县形成了一个新高潮。江西省也是一个产兰区，这几年随着经济的发展，兰花产业也逐步受到重视，2003年中国（南昌）海峡两岸兰博会盛况空前。2003年春，江西省南昌市兴建了一个高品位的园林新景区“兰苑”。2004年9月，江西省花协兰花分会在南昌市青山湖区召开了成立大会，翻开了江西兰花产业的新篇章。

云贵川渝片区

这一兰区是我国兰花市场近年来的新热点，从2000年贵州贵阳市白云区举办第十一届全国兰展之后，四川成都市彭州、云南大理、云南玉溪、四川乐山等地又先后举办了四次全国兰展，2006年的第十六届全国兰展又在贵阳举办，这样，连续6届兰展都在祖国的大西南举行，极大地推动了这一片区兰花事业的发展。

云南市场以莲瓣兰为主，大理兰花协会秘书长马志宏先生介绍，云南兰市经过2001、2002两年的强势走高，到2003逐步趋于平稳并一度走向沉寂。到2004年，随着宏观经济的调整，兰市于稳中有回升。2003年云南兰市由顶峰回落，曾经使投资者信心遭受巨大打击，但四川与贵州兰市却表现得无比活跃。特别是一些川兰品种如“西蜀道光”、“桃园蝶”、“天彭牡丹”等被四川兰友回收后，使整个云南兰市出现转机，在某种意义上可以说四川兰市在关键时候对云南兰市起到了“输血”与“救市”的作用。目前，大理、玉溪两地在整个云南兰花市场中仍占据领头位置，昭通市、楚雄市的兰花市场静中有动。其中，大理的兰友李光宏、杨开、杨爱国等在最近一年多来，多次前往浙江等地收购春兰新老种，如虎蕊、知足素梅、天龙奇蝶等，大力拉动了浙江的兰花市场。最近一段时间来，大理兰友对墨兰一些名贵品种的收购，也使得广东、中国台湾兰市大为兴奋。昆明的兰花市场在销售野生兰方面出现了新的气象，紫秀寒兰、套叶兰、送春、石斛、虎头兰等都有兰友追捧。思茅的榜墨也在崛起，但这个分支能否形成大气候，目前还不明晰。

四川市场近几年火暴而平稳。成都（含郫县、都江堰、彭州、崇州、邛崃、温江、双流）、乐山（含峨眉山、马边、犍为）、德阳、泸州、雅安等一串地名都是兰友所熟知的。四川兰市与全国市场的融合程度进一步加深，最近两年来四川建兰市场成交活跃，建兰瓣型花尤其是名种，如光登梅、君荷、一品梅等在内外市场的强大购买力下价格一路上扬，老品种价格涨幅在50%—200%之间，新品瓣型花价格屡创新高，整个市场呈现出明显的供不应求状态。春剑是四川国兰市场的主流品种，其高端名品桃园三结义、玉海棠保持购销两旺态势。总之，当今的四川市场呈现着一派火暴。

受四川、云南市场的影响，贵州市场近年来逐日升温。2001年的贵阳兰展可谓是打响了头炮，盛大的场面、数十万的观众令人震撼。兰花可以脱贫致富，兰花是一支绿色股票，在经济发展总体相对滞后的贵州，养兰被普通百姓看成只是一条发财的捷径，被政府部门认为是一条发展的好路子。贵阳是全国唯一一个把兰花定为市花的省会城市，贵阳市政府专门成立兰花产业办公室，这在全国所有城市中也是绝无仅有的。贵阳举办2006年中国兰花博览会，这是全国唯一一个两次申办全国兰花博览会的城市。目前，贵州毕节等产兰区推出的春兰奇花乌蒙牡丹、乌蒙雄狮等品种成为四川泸州和浙江台州一些兰友大力收购的对象。

重庆成为直辖市的时间不长，2006年10月16日重庆市兰花协会成立，为重庆兰花市场翻开新的篇章。目前，重庆的下山草的价格越来越高，主要还是喜欢春兰和春剑。新手一般偏向于传统品种，喜欢宋梅、集圆、汪字、大富贵等品种的人最多。一些新兴的兰花种养基地本着务实的创业态度，把目光投向建兰素心系列等低价位、普通老百姓能广泛接受的品种，仅近两年来就从潮汕地区引进了一大批种苗。

台港澳片区

台港澳兰花事业的发展一直走在全国的前列，我国大陆当代兰花市场的发展可以说是从1987年中国花卉协会兰花分会成立前后开始的。在当时，毗邻台港澳的广东在兰花市场上先走一步，墨兰市场的一度兴旺无可否认是台港澳兰花市场辐射的结果。中国台湾目前的国兰市场已经基本转向细叶兰。所谓的细叶兰是相对墨兰来讲的，主要是指春兰、蕙兰、莲瓣兰、春剑、建兰等。墨兰的水晶现在已是风光不再，花艺双全也是热一阵冷一阵。中国台湾的台北、宜兰、桃园、新竹、苗栗、台中、彰化、南投、云林、嘉义、台南、高雄、屏东、台东、花莲、澎湖十六个县都有大批兰友，兰花协会多得无法一一列举。

中国香港的兰花市场以墨兰和建兰为主。目前有5个重要的兰花协会。中国香港兰友对高端品种的购买能力比较强，一般市场上刚出炉的新花，如当年的达摩、荷王、白玫瑰，中国香港的兰友都是比较早介入的。一年一度的大埔兰展一届办得比一届红火。中国澳门兰花协会的活动频繁，几十位核心成员非常团结，庆祝中国澳门特区成立五周年两岸四地兰花博览会在全国引起了轰动。

北方片区

中国的北方虽然是一个新兴的兰花市场，但这市场已经为很多兰花经营者看好。北方市场目前以北京为代表，其他比较活跃的省份依次是山西省、辽宁省、黑龙江省、甘肃省和陕西省等。

北京中山公园的蕙芳园是我国的著名兰园之一。20世纪70年代末，绍兴的兰友将山上采的兰花贩运到北京，与其他南方花卉一同出售。20世纪80年代末，河南信阳新产兰区的兰农和兰商，开始来北京卖兰。自1992年春节期间，北京兰花研究会在中山公园举办北京第一届兰花展览开始，每年春季的兰展活动成为了北京兰市的一个重要组成部分，部分北京兰友手中的传统品种或新品就是引种自兰展上外地兰家的兰种。其他北方兰花市场相对成熟的城市有辽宁省的沈阳市、大连市、鞍山市；吉林省的长春市和吉林市；黑龙江省的哈尔滨市、齐齐哈尔市、佳木斯市、大庆市、绥化市和牡丹江市；山西的太原；陕西的西安；内蒙古自治区的呼和浩特和包头；新疆的乌鲁木齐和伊犁等。这其中值得一提的是辽宁省鞍山市魏克影先生投巨资兴建了现代化国兰种养基地。此外，沈阳和大连的兰友交流也比较活跃；山西省和太原市已经成立了自己的兰花协会。整个北方片区可以说是兰业方兴未艾。

国内兰花出口情况

中国花卉协会兰花分会成立20年来，顺应我国商品经济快速发展的大好时机，大力推动国内兰花繁殖和出口工作。目前国内兰花出口呈现国兰进步、洋兰飞跃的良好态势。

据了解，目前国兰最大的消费国是韩国，其货源主要来自中国广东省和台湾省等地。而陈村兰花专业市场则是国内最大的国兰销售集散地。广东是国兰出口量最大的省份，年出口量200多万株，出口品种主要是小桃红、金嘴墨兰、企黑墨兰、银边墨兰等十几个品种。

顺德出口的兰花除了每年固定数额的国兰外，大多以洋兰为主，其中蝴蝶兰占有相当比重。据悉，2006年，仅蝴蝶兰种苗的订单就从去年的200万株增长到近450万株。2006年除了对原有以韩国为主的几个亚洲国家出口量增长外，对美欧一些国家的出口额也开始增加，据订单统计，2007年顺德将有近700万株兰花出口，较2006年350万株的出口量整整翻了一番。进驻陈村花卉世界的中国台湾今日公司负责人陈昌龙表示，目前荷兰客商进口数量虽少，但是陈村有土地和人力成本的优势，今后肯定能取代中国台湾蝴蝶兰生产地位，在欧洲市场站稳脚跟。 据悉，荷兰几家花商已经与其签订了2007年出口协议，届时他们将为荷兰花商提供180万株瓶苗，总金额约为700万元人民币。

以蝴蝶兰为代表的热带兰在国际花卉交易中逐渐成为宠物，形成数以十亿美元计的庞大市场，仅蝴蝶兰全球每年消费就超过1.8亿株，贸易额超过3亿美元，且继续逐年递增。近年来，兰花在我国也拥有了越来越广阔的市场，未来3年我国高档兰花年需求量将达2000万株，10年内将达到20000万株以上。

除了广东顺德之外，另据2005年新华社报道，近年来，江苏昆山地区外向型经济迅猛发展，以生产出口兰花为主的农业企业在当地悄然兴起。中国台湾地区的一些著名花卉企业为了节省生产成本，将大量兰花苗生产基地转移至昆山。据统计，仅2005年前9个月，当地的兰花苗出口就达26批98万株，分别比2004年同期增长73.33%和250%。预计年内出口量将首次超过100万株。目前，昆山兰花主要出口美国、荷兰、韩国、印度等地。

敬师花与拉动国内国兰消费市场

中国兰花市场的稳步发展，其关键不是精品国兰的交易，也不是单纯依靠出口，而是国内市场对普通兰花的消费，尤其是国兰普通品种的消费。而消费市场的建立，关键又在于引导人们的消费观念。2004年的第六期《中国兰花》杂志上，中国花卉协会兰花分会副会长刘清涌教授著文提倡把兰花作为敬师花。这一高瞻远瞩的提议，迅速在全国各地得到广泛认同，从而也为中国普通国兰内销市场的开拓埋下了坚实的奠基石。

儒家将兰花称为“君子之花”、“善人之花”、“德人之花”，“兰德”与“师德”相融，刘清涌教授提倡把兰花作为敬师花后，得到不少响应和支持。2005年10月在湖北省宜昌市举办的首届中国兰文化高层论坛上，中国花卉协会兰花分会正式确定将兰花作为教师节敬师花的宣传方向，并在每年的教师节期间组织开展以兰花敬师活动。2005、2006年两个教师节前后，广州华南师范附中番禺分校“把兰花献给优秀教师”；广西容县的“中国首届尊师爱兰大会”；武汉市“2006庆祝教师节大会”上向5000名优秀教师敬献兰花；苏州市委、市政府、精神文明办和教育局举办“万盆敬师花，幽香飘苏城”大型送花敬师公益活动；孔子故里曲阜师范大学的敬师花赠送活动和江苏太仓新城开业赠兰敬师活动等，在全国引起了强烈反响，国兰的幽雅正在进一步深入人心。

中国花卉协会兰花分会成立20周年来，已经为推动中国兰花产业的发展做了不少工作，也取得了巨大的成就。在今后的兰花市场开发中，兰协将继续通过推动中国兰文化建设，正确引导爱兰人的消费观念，努力使中国兰花真正以一种平民化的姿态走进千家万户。

郑宇晖
中国花卉协会兰花分会副秘书长
中国兰花网和《兰花宝典》杂志创办人之一

陈少敏
中国花卉协会兰花分会副会长
中国大陆台商国兰联谊会荣誉理事长
广东省兰花协会副会长
广东省澄海远东国兰有限公司董事长

大力拓展中国兰花的海外市场

文· 陈少敏

对于中国兰花在古代何时开始传向海外各国，至今尚有争论。中国台湾兰界学者彭双松先生曾考证过，认为早在秦始皇时，为到海外寻找长生不老之药，秦始皇派徐福率三千童男童女东渡日本时即将我国建兰带往日本，在日本骏河这个地方繁衍，日本今天的骏河兰（如建兰大青类）即为秦时传过去的中国兰花建兰（此说法国内学者尚存疑）。另有一说是明代时中国兰花已传往欧洲，此说也只是字面记载的传说，未有确认。江浙春兰、蕙兰在民国时期，特别是抗日战争时期大量传入日本、韩国，与日本、韩国本土出产的兰花同受欢迎，被统称为东洋兰。东洋兰至今仍为日本、韩国人的特殊花卉赏品。据中国台湾兰家吴森源先生介绍，1972年秋，在德国慕尼黑举办奥运会时，中国台湾兰友曾将一批建兰送往会场作为当年德国奥运会用花，其香味引起了欧洲人的喜爱，荷兰花卉专家曾同中国台湾兰友洽谈过大批量生产建兰、终年供花的事，后来因存在各种困难，此事没有办成。

改革开放以来，中国内地百业俱兴，各种资源得到了广泛开发和利用。在中国台湾省兰友的引爆下，内地出现了一波波的国兰热潮，国兰交流日渐频繁。国兰或从内地经中国台湾省或直接输往日本、韩国。日本东洋兰（包括当年从内地引进的和日本本土出产的）也直接或经过中国台湾省输入内地。内地地广，兰花品种也多，但一直未能打开大量输出海外的新局面。有鉴于此，近些年来，为让海外兰友共享国兰的芳香秀雅，为使国兰有更广阔的海外市场，我调查了一些国家，做了一些工作，现将国兰海外市场的情况介绍如下：

日本市场

中国兰花在日本有十分广阔的市场，春兰、蕙兰、春剑、莲瓣兰、寒兰等，日本人都十分喜欢，每年大量从中国进口。近几年，他们也爱起了中国的高价精品兰花，有很多日本兰友开始大量引种。如春剑五彩麒麟、春兰知足素梅、锦绣中华等，日本兰友最近从远东国兰公司引进了几十苗。日本兰花的精品市场主要是日本本土所产的春兰，以瓣型花及色花为主。高端品种价格也有每苗几万元至两百多万元人民币的，但他们对中国兰花不是十分了解。远东国兰公司为向日本兰友推广当代丰富多彩的中国兰花，在日本福冈开设了中国兰花专卖店，效果不错。近期准备在日本东京再开设一家，为当代中国兰花进入日本市场搭桥铺路。

欧美市场

中国兰花的欧美市场主要是在欧美华人聚居区，消费者大多是华人或日、韩侨民。远东国兰公司在美国纽约开设有国兰专卖店。这个工作刚开始时从一些中低价位的、消费性广的国兰做起，后期也有欧美华人及日侨要求进几万元人民币一株的精品国兰。远东国兰公司通过在美国的华人报纸上登广告及在电视台做专题介绍，取得了很好的效果，越来越多美国人对中国兰花越来越有认识，越来越喜欢国兰。近期，美国纽约的华人及中国兰花爱好者（多为律师、医师等白领人士）组织成立了"美国中国兰协会"，成员已有几百人。他们也准备开办兰展宣传中国兰花。加拿大华人早已有中国兰花协会的组织，主要从中国台湾省兰友那里引进国兰。中国兰花正从美国、加拿大传往欧洲的英、法、德等国。中国兰花的欧美市场大有可为，有待我们进一步去拓展。

韩国市场

中国兰花在韩国的市场越来越广阔。韩国人有在居室、客厅、办公室、商店乃至其他公共场所（如车站、机场、礼堂）摆设中国兰花的习惯，其兰花的消费量非常大，每年从中国台湾及内地进口国兰约3000万株。高档中国兰花在韩国也有相当的市场。目前韩国本土广春兰精品价格每苗也有从人民币几万元至200万元的，但他们习惯于养、赏本土出产的兰花，对中国出产的高端兰花尚在观察中。如果我们能够主动与他们交流并接受韩国春兰的高端品种，则他们也一定会接受中国兰花的高价位品种。对此，远东国兰公司正在努力中。

国兰拓展海外市场要做的几件工作

可以肯定，国兰的海外市场空间非常之大。但任何市场都不是天上掉下来的馅饼，市场需要培育，市场需要拓展。目前，我们为拓展国兰的海外市场必须认真做好这几件事：

(1)与日本、韩国的兰界逐步建立互动双赢的关系

日本、韩国兰界由于其本土也产这类兰花，在欣赏习惯和地方保护主义的驱使下，特别是韩国兰界，他们对高端中国兰花不大容易接受。甚至有人还宣传赏兰主要在赏花的姿色、株型、叶姿，不在赏香，无香才好赏。在兰展评奖时不重花香不香，只管姿色。我们如果逐步接受其不香品种，通过高端兰花的交换，他们也会接受我们的高端有香味的国兰。毕竟兰香是个很好的东西，不管什么国家的人都应该会喜欢兰香的。我们要有信心，以我国兰文化的深厚、资源的丰富，在交流交换中最终我们会赢的。但目前，我们要先接受他们的某些赏兰观念，以便交流、交换。古兵法说：欲取之，必先予之。

(2) 选好国兰出口的高、中、低价品种，培育壮苗

在海外各地贸易中，我们会发现他们喜欢什么，可根据他们的赏兰心理来遴选国兰出口品种。我国兰花品种非常多，总会有海外兰友喜欢的。另外，兰苗一定要壮，这是兰花作为商品的必备条件。

(3) 加大国兰欣赏文化的宣传力度。

近几十年来，随着国兰资源的大量开发，新奇品种越来越多，国兰品赏知识、品赏理论也越来越丰富，对于这些，在海外的他们知道得不多，如各类奇花、蝶花品种等，要进行他们可以理解的简要介绍，并通过兰展来展示，使他们能跟我们一起玩国兰。

(4) 要在海外媒体多登广告

这方面存在一个成本问题。海外媒体广告费很高，动不动就数万元乃至数十万元人民币。但不多登广告，就难以推动国兰进入海外市场的步伐。这笔钱始终是要出的。前些年，日本的精工表，在我国电视台上打广告，天天播。他们扬言要让中国的三岁小孩都知道精工表。他们就是这样去拓展市场的。我们的国兰要进入欧美、日韩市场，也需要有高明的广告策划人，需要有广告资金。

以上几点如能够做得好，大量国兰将输出国外，中国兰花的市场将越来越广阔，前景将更加美好。

▶ 陈少敏先生参加中、日、韩展览会

▶ 中国香港兰友参观广东远东国兰公司兰场

▶ 中国台湾省国民党代表团参观广东远东国兰公司兰场

▶ 日本兰友参观广东远东国兰公司兰场

中国热带兰花产业发展概况与前景

文·朱根发　王碧青　何清正

热带兰又称洋兰，通常是指从国外引进、人工杂交选育的商品性兰花品种，主要包括蝴蝶兰及其近缘属间杂种、大花蕙兰、石斛兰、卡特兰及近缘属间杂种、兜兰、文心兰及近缘属间杂种、万代兰及近缘属间杂种等7大类，大部分属气生兰，但亦有地生兰，如大花蕙兰和兜兰。除文心兰、卡特兰在我国尚未发现有原产种外，其余5种洋兰在我国都有不少原生种，不少洋兰品种是利用我国原生种作为亲本选育出来的。我国原产种兜兰占世界的65%，著名的杏黄兜兰、硬叶兜兰与麻栗坡兜兰等广泛受人们推崇的原生种被用于杂交亲本，培育出诸多商品性兜兰新种。我国台湾省产的白花蝴蝶兰培育出众多的蝴蝶兰品种，我国原产的五唇兰是培育红花系蝴蝶兰的重要亲本。利用我国原产的独占春、碧玉兰、虎头兰、美花兰、墨兰、建兰等国产兰属植物也培育出了大量的大花蕙兰品种。目前上述7大类商品洋兰已发现有原生种1675个，在英国皇家园艺学会兰花品种登录委员会上登录的兰花杂交种超过11万个。全世界的洋兰产值约70亿美元，以蝴蝶兰为主的盆栽兰花产销热潮席卷全球，高居荷兰盆花排行榜的首位、美国盆花排行榜的第二位，我国台湾省更是号称世界蝴蝶兰的育种和生产中心。以石斛兰为主的兰花切花成为泰国、新加坡、马来西亚等东南亚国家花卉出口的主力军。

我国热带兰花产业发展概况

我国洋兰起步较晚，20世纪初期才有出国人员或华侨先后零星引进，分散在著名的大区植物园或大城市中的豪宅里。广东是国内较早开展洋兰的引进及栽培的省份。80年代初开始，广东农科院花卉研究所从泰国、新加坡、马来西亚、日本、美国引回卡特兰、文心兰、石斛兰、蝴蝶兰、万代兰等10多个属600多个园艺品种，并专门建了一个玻璃温室种养这批洋兰，并编著了品种资源目录，对文心兰与石斛兰进行了生长发育规律的研究，1987年与中国台湾兰艺协会合作，进行商品蝴蝶兰试管苗开发。深圳农科中心也通过各种途径引进了12个属近1000个洋兰品种。兰州大学生物系、中国科学院华南植物研究所等单位亦积极开展了洋兰的引种和组培技术研发，取得了诸多成果，为我国发展洋兰生产提供了比较丰实的技术储备。

20世纪90年代，开始有了商品洋兰的生产。广东省农科院花卉研究所、广州市园林科研所、深圳农科中心花卉研究所等单位分别设立了高山基地，研究催花技术，对蝴蝶兰、大花蕙兰等栽培和花期调控技术有了相当的研究和掌握。蝴蝶兰、文心兰、石斛兰、大花蕙兰、卡特兰等洋兰的组培技术研究在学术刊物上屡见发表，洋兰的组织培养快速繁殖技术基本上成熟。尽管此时社会经济迅速发展，但洋兰的消费未成潮流，生产仍处于小打小闹，未成规模。国内虽然建立了一些大型与小型的洋兰公司或生产场，如北京燕郊洋兰公司、昆明庆成洋兰公司、昆明京正洋兰公司等，但由于当时栽培条件、品种、栽培技术的落后，资金、管理和花卉产业的发展水平等局限，此一波的洋兰发展热潮，大部分单位都以失败告终，只有少数单位坚持下来。

至90年代后期，随着我国港、澳、台三地以及韩国、日本等外资进入广东和国内花卉业，推出了蝴蝶兰组合盆栽，从南到北，兴起了新一波的洋兰热潮。一些外资在广东、云南、福建、北京等省市建立了有一定规模的洋兰生产场，引进或在当地生产开花商品，都取得了较好的投资回报，对洋兰的推广和发展起到重要的作用。蝴蝶兰产业发展相当迅速，在2005年春节达到了生产高峰，全国的蝴蝶兰产量达1200—1500万株，不少中国台湾兰界人士认为，内地仅用了5年左右的时间就实现了中国台湾20年的发展道路。但由于生产过度发展，产品质量良莠不齐，消费跟不上，一度造成大批产品滞销、价格大幅下跌。此后国内蝴蝶兰进入调整时期，由过去的以实生苗为主转向种植分生苗，以盲目扩张数量转向提高产品质量，由单纯依赖年花转向周年生产供应分担销售压力，目前全国蝴蝶兰的生产单位有200多家，多数的年生产能力为3—20万株。

大花蕙兰方面，20世纪90年代后期，广东、云南、浙江、山东、北京、四川等地相继进行了大花蕙兰的引种栽培，2005年全国大花蕙兰的产量约200万盆，但由于品种选择不当、栽培技术薄弱，能应春节上市的数量只占30%，且大部分产品主要在低端市场销售。目前尚未建立完善的栽培技术体系，除外资企业外，大部分大花蕙兰生产企业仍处于摸索阶段。

石斛兰方面，切花秋石斛兰在我国引种较早，伍尚忠和何清正先生曾于1984年从泰国带回了一批熊猫试管苗由广东农科院花卉所增值，分配全国各地科研单位试种，可惜由于气候与泰国差异较大，生长表现不佳。90年代有企业家到海南三亚市试产，表现不错，花朵质量与泰国大体一致，近几年产销规模不断扩大，成为我国秋石斛兰的主产区。20世纪90年代后期，国内华南师范大学、深圳农科中心、浙江的森禾公司、广东省农业科学院花卉研究所等一些单位也开展了春石斛兰的引进栽培研究，但由于对春石斛兰的花期调控技术还未完全掌握，大批量生产高品质的应春节开花的春石斛兰产品仍供不应求。

早在20世纪80年代中期，广东省农业科学院花卉研究所率先在国内开展了文心兰的引种试验，90年代初在国家农业部的支持下建立了文心兰、大花蕙兰等热带兰花的脱病毒组培快繁技术。广东省农业厅与泰国合作成立了广州金兰花卉有限公司，专门引种切花文心兰'南茜'品种，实现了规模化的生产，后来因品种退化、经营不善而停产。近几年，除广东、山东有几家生产文心兰外，海南的切花文心兰发展迅速，与秋石斛兰一道成为海南兰花产业重点发展的种类，主要品种为'南茜'、'黄金2号'等。盆栽文心兰在国内年宵花市上大受消费者喜爱，由于主产期不在春节，产品也供不应求。

我国热带兰花科技发展概况

组培技术

组培技术的成功开发，是实现规模化、商品化、产业化的关键。蝴蝶兰、大花蕙兰、文心兰、卡特兰、石斛兰等热带兰花的组培技术已较完善，而兜兰的组培快繁仍有较大难度，品种间差异较大。蝴蝶兰组培中由于原生茎诱导和增殖易产生变异，在生产中常采用从生芽方式，因而在繁殖速度方面要较其他热带兰低，也在一定程度上影响了产业发展。国内不少从事蝴蝶兰种苗生产的台资企业和部分内地企事业单位生产的种苗出口到欧洲、美国、日本和韩国，并且订单越来越多，我国有望成为世界热带兰花种苗的世界加工厂。

栽培技术

在7种主要商品洋兰中，栽培技术研发得最完

善的也是蝴蝶兰，借鉴中国台湾蝴蝶兰生产经验，建立了从1.5寸到2.5寸再到3.5寸的苗期管理模式，建立了高山催花或空调催花的花期调控技术，基本上达到了应春节的开花生产，产品质量逐年提高。大花蕙兰的栽培技术在摸索中前进，在借鉴日本和韩国技术的基础上，产品质量也有大幅度提升，缩短了与韩国产品的质量差距，但与日本仍有较大差距。石斛兰、文心兰等热带兰花由于种植时间不长，栽培技术均有待进一步提高，特别是在花期调节方面，尚未能实现周年均衡供应。

育种

育种是我国热带兰花产业中最薄弱的环节，目前国内生产上采用的热带兰花品种基本上来自进口，蝴蝶兰品种主要来自中国台湾，大花蕙兰、春石斛兰来自日本，文心兰来自泰国和中国台湾，自主知识产权的品种基本上没有。可喜的是，在各级政府有关部门重视和支持下，热带兰花的育种已储备了一定的基础，广东省科技厅在全国率先设立了兰花育种重大专项，广州市农业局也投入较大资金进行大花蕙兰、春石斛兰等兰花育种的招标项目，国家"十一五"科技支撑计划也首次将热带兰育种列入资助范围。广东省农业科学院花卉研究所在蝴蝶兰、大花蕙兰、春石斛兰、卡特兰等热带兰花的杂交育种方面走在全国的前列，与国家花卉工程技术研究中心合作建立了全国兰花研发与推广中心。

展望

兰科植物是世界上开花植物最大的科之一，拥有6个亚科725属25000多种。除已实现商品化的7大类外，绝大部分兰科植物均未得到商品化开发。我国的兰花资源也比较丰富，已知有173个属约有1240种，在野生兰中不乏世界级的名品，如兰属、兜兰属、石斛兰属、杓兰属、虾脊兰属、独蒜兰属和万代兰属中的一些种和品种，具有较高的观赏价值。兰科植物特有的魅力，正吸引越来越多的人们去研究和开发新的兰花种类，选育出更多的容易商品化的品种。

以蝴蝶兰为代表的热带兰已连续多年在荷兰、美国的盆花市场上掀起了兰花热潮，平均每年以约30%的速度增长，带动了全球热带兰花种苗市场的需求。我国经过近十年的热带兰花产业发展，储备了较好的技术和设备设施，加上充足的人力资源，具备发展为全球热带兰花种苗生产中心的条件，在政府有关部门的大力支持和行业协调下，我国热带兰花种苗产业必将持续健康快速发展。

热带兰花产业在我国仍处于起步发展阶段，虽然面临结构调整，随着国民经济的持续快速发展，人们生活水平的进一步提高，庞大的国内和国际市场，都在不断刺激我国热带兰花产业的发展，潜力巨大，前景光明。

兰花的对外交流

文·何清正

改革开放是一切事业发展的指导方针。兰花分会自成立以来的二十年，一直遵循这个指导方针开展工作，在加强对外交流方面取得了明显的进步，对促进兰花事业的发展起了积极的作用。

对外活动

在成立兰协前，20世纪80年代初期，兰协的一些领导就曾经被农业部派往欧洲进修与调查。1984年夏，农业部又专门指定伍尚忠、何清正、吴汉珠等到泰国，与当时的世界兰花大会副主席、泰国兰花之父沙加利教授了解有关泰国兰花发展之路，考察泰国兰花的科研、生产、贸易等情况。此次泰国之行为期一个多月，自南到北走遍了各个兰花生产基地，在曼谷的兰花科研部门和最大的兰花出口集团公司，引进了一批商品性的兰花种质资源。中国兰花协会成立以后，我们通过全国兰博会这个平台以及参加国外的一些大型兰展，与欧美、日本、韩国、东南亚以及我国台湾的兰花同行建立了广泛的联系与交流。甚至莫斯科兰花协会都曾致函邀请我会领导去考察。由于我会早期工作重点放在国兰上，对外交流主要侧重于日、韩以及我国的台湾省和港、澳两个特区，与这些国家和地区交往较多。进入新世纪后，各省兰友自行组织到境外交流。我会的一些领导先后在国际兰花学术活动和兰花杂志上发表过多篇论文与报道，对外介绍中国国兰发展状况与学术动态，组团参加过世界兰花大会五次、日本大型兰展东京兰花大赏六次、亚太兰展二次。对我国台湾省与港澳特区交流更多。其中组团人数最多的一次是2005年春赴中国澳门参加回归六周年的兰花大展，有十省市数以百计的兰友参加，与中国澳门兰界建立了深厚的友谊。

上：1994年5月，美国农业部助理部长柯先生（美籍华人）来访，本会何清正秘书长在协会接待并向来宾介绍本会概况、赠送资料。

中：1984年7月，受农业部委托，伍尚忠（右2）和何清正（右3）、吴汉珠等人前往泰国考察兰花。图为与泰国专家一起座谈。

下：1987年1月，中国兰花协会成立后不久，3月中旬伍尚忠会长（中）和何清正秘书长赴日参加LZWOC期间，与日本三兰友种苗公司洽谈合作问题。

互相交流

协会先后应邀到美国、日本、韩国、法国、英国、新加坡、马来西亚、泰国等进行业务考察。特别是日本交流最多，有几次他们还派专家参加我国兰博会的评审工作。协会还聘请了日本两位著名的东洋兰专家为本会的荣誉顾问。为日本兰友出版兰书提供资料与文章。二十年来，兰会先后接待过有计划的和临时来的数十个国家的兰花学者、业者与社团领导人的来访，特别是日本、韩国来得最多，与我国台湾地区和港澳特区的互访在80年代就已经开始。事实上，自20世纪90年代开始，两岸四地已经有了国兰、洋兰的共同市场，中国台湾兰花主要业者都已来内地办厂、办公司。

成绩显著

通过交流，对我国内地开展兰花科研、生产、贸易各个方面，都起了积极的推动作用，使兰花事业随着新世纪的到来，呈现出国兰、洋兰并肩崛起的可喜局面。我国内地主办的全国性兰花大展，都有许多境外的兰友来参展和洽谈贸易。2006年12月9日—12日在海南举办的首届中国（三亚）热带兰花博览会，本会全过程参加了策划。大会邀请了原世界兰花大会主席Petey R,Furmiss 马来西亚兰花协会会长林木海参加大会的评审工作，何清正、李昌发为副主任。参加本届兰展的有十一个国家与地区的代表共展出四十个兰花景观，其中有一个国兰景观（盛世花业），其余的均为洋兰景观。对我国今后大型兰展中拓宽兰花景观展出启发很大。

中国花卉协会兰花分会所属媒体综述

中国花卉协会兰花分会为弘扬国兰文化、打造国兰品牌、促进国兰科技发展、繁荣国兰经济，以兰会友，推广国兰，对国兰媒体的建设一向非常重视。早在1991年，当时的会长伍尚忠、秘书长何清正先生就亲自到广东韶关请韶关教育学院院长刘清涌教授出任《中国兰花》刊物主编。刘教授在原武汉《兰友》、成都《中国兰花》（均办了2期而停刊）的基础上，于1992年春创刊出版了内部刊物《中国兰花》（双月刊）。在后来几度兰市走向低迷，刊物经济困难的情况下，在热心兰友的资助下，一直坚持出版，获得了广大兰友的好评。这个刊物培养了一大批兰花爱好者，也培养了一批撰稿人，出版了几册书，为当今国兰杂志中历时长、影响广、贡献大的杂志。与此刊同期，为及时报道国兰界信息，中国花卉协会兰花分会还出版了内部刊物《中国兰花信息》（月刊），由何清正先生主编，两刊互动，发挥了正确的导向作用，为国兰界的健康发展做出了贡献。《中国兰花信息》2007年将停刊并入《中国兰花》中。

2000年，为扩大国兰的传播力度，中国花协兰花分会又在广东汕头帝远公司的支持下，由帝远董事长李廷福先生投资并任董事长创办《中国兰花网》，为国兰推广做出了很大贡献。本书有专文介绍。

2006年春，中国花协兰花分会又应广东南方报业集团和岭南文化的邀请，同意作为他们出版的国兰杂志《兰花宝典》的主办单位之一，并派出何清正先生、王碧青先生、陈少敏先生担任该刊总编审、副总编审、编审，派出刘清涌先生担任该刊主编。现该刊在兰界中也影响甚大，深受兰友欢迎。

1 首届中国（三亚）热带兰博览会上美国阿罗马兰园的洋兰景观。
2 1987年3月伍尚忠会长、何清正秘书长参加了兰・第12回世界会议的学术讨论会。
3 1989年美国农业部助理部长柯文程先生（右二）来访本协会办公室，伍尚忠会长（左二）、何清正秘书长（右一）。
4 1998年2月何清正秘书长率团前往日本参加东京兰花大赏，与平见和夫留影于日中友好大厦奥地兰花展览花廊。
5 2005年5月中国花卉协会兰花分会应邀组团前往中国台湾调研，与中国台湾兰友魏木霖（中）、日本兰友奥直人（右1）等合影。
6 日本兰友参观广东远东国兰有限公司兰场。
7 2006年12月9日～12日，由本会参加策划的首届中国（三亚）热带兰花博览会，邀请本会何清正（左2）和原世界兰花大会主席Petey R.Furniss(右2）为大会评委。图为二人在盛世花业国兰景观前与本会宋世平常务理事（中）合影。

点滴爱心 无限真情

——中国兰花网爱心活动回顾

文 · 中国兰花网

从2004年7月到现在，由中国兰花网网友自发组织的爱心义拍活动已经历时两年。两年间，共举行各类义拍活动100多场次，募集善款（包含捐钱、捐物）20万元左右，资助贫困生300余人次。

首善之举

2004年7月22日，经过半个月左右时间的酝酿，首先由张育渠先生（网名素心草堂）捐出第一件拍品中国画《荷花》。在短短三天时间内，有10位网友19次举牌应拍，期间更有陈平先生（网名花如掌灯）和郑宇晖先生（网名克克）分别追加一件拍品。最后，三件拍品以5000元的高价被李廷福先生（中国兰花网董事长）拍得。李廷福先生在参加竞拍的同时声明，竞拍成功后将把拍得的拍品全部捐出。

从爱心第一拍的过程中，我们可以看出，中国兰花网的爱心义拍活动能够成功，是和网站管理层的大力推动密不可分的。李廷福先生和郑宇晖先生当时是中国兰花网的董事长和总经理，在爱心活动酝酿之时，就得到了他们的大力支持（李廷福夫妇捐款近10万元）。

一片冰心在玉壶

中国兰花网爱心活动也得到了广大网友的热情支持，在爱心活动一周年的时候，就有80多位热心支持此项慈善活动的爱心人士得到了网站的表彰。宜兴著名工艺美术师亲自为参与此项活动的爱心人士制作了“爱心壶”。中国花卉协会兰花分会副会长刘清涌教授特别捐赠了他收藏多年的心爱之物“绘兰古瓷瓶”，以示他本人和兰协对此善举的极大赞许和支持。还有屡次捐赠名贵兰花的虞灿银先生、陈学祥先生、许昂先生等兰界名流。值得大家记住的还有盲人义士吴鑫亨先生。在他们的身上，真真正正体现了广大爱兰人的博大爱心！

巴东之行

巴东地区是中国兰花网爱心助学活动的一个重点。

2005年10月16日，中国兰花网爱心助学考察组在李廷福先生的带领下，对巴东助学情况进行了实地考察。当地政府对此非常重视，考察组在巴东县宣传部长王坤德陪同下，走访了山区小镇绿葱坡镇，跟受资助的学生，还有他们的家长、学校老师进行了面对面的交谈。

在交谈中，李廷福先生深有感触地说：“改变贫困地区的经济情况，要从根本上抓起，从孩子们抓起，教育是重中之重，只有知识才能够改变一切。所以，每到一处，我都会宣传爱心助学的事。虽然我们的能力还是微薄的，但我们正在尽力做这些事，并希望带动更多的人、更多的网站，来参与爱心捐助。这也是对传承优秀民族文化，构建和谐社会有意义的事情，我们决定要继续做下去。希望通过爱心助学，挖掘孩子们的潜在能力，激发他们对学习知识的渴望，达到自强、自立、自尊、自信，走上共同富裕之路。”

当地政府有关官员也谈了他们对爱心义拍活动的看法。他们说：“感谢中国兰花网的大力支持，使我们的贫困学生能够得到资助，得到教育的机会，这可是解决几代人的大好事。在你们的关爱下，这些学生学习都很努力，对此，我代表镇政府和当地的老百姓，感谢李李廷福先生，感谢中国兰花网的所有有爱心的兰友们，谢谢！”

考察组还为绿葱坡民族中学的学生捐赠了大量书籍和文具用品，王坤德部长两次感谢我们国兰网的爱心。他说：“兰花是高贵的，爱兰花的人是富有爱心的，为了使我们的贫困学生能够顺利成长，你们千里迢迢来到这儿看望、捐助他们，使我们感受到亲人般的温暖，你们带给学生的是浓浓的爱！给予他们的是一生的受益！带给我们的是一生的感动！愿你们的爱在这巴东的山山水水永远开花飘香！”

这次巴东之行深深地打动了每个考察组成员。陈海蛟先生当即又捐赠了价值1150元的书籍。组员娅妮女士说：“面对这些淳朴贫穷的家长、天真可爱的孩子，我能够从他们渴望的眼神中，读到一种摄人心弦的生存欲望，一种对未来生活的期望，一种对命运的坚强！我深深地为之动容！”

这，就是我们爱心活动的意义所在。

星星之火已经燎原

爱心活动进入2006年后，全国几个著名的兰花网站相继都开展了类似的爱心板块，慈善公益活动如火如荼，深入人心，已经成为兰界一个标志、所有兰友的一种共性。

具有典型意义的就是发生在2006年5月份，由几家兰花网共同发起的“救助因车祸受伤的女大学生文洁”爱心捐赠活动。截止到6月8日，共募集善款49206元。各网站捐赠分别为：

中国兰花网：31701元(20000元为李廷福夫妇个人捐款)

中国兰花交易网：10000元

中国兰花在线：3000元

其他兰友：4500元

这是一次跟生命赛跑的爱心活动，虽然文洁最终因伤势过重而救治无效，但活动的意义就在于昭示了兰网的精神面貌、兰友的重情重义，更重要的是，表明了目前兰界的空前团结。

星星之火已经燎原！

点滴爱心，无限真情！

附爱心人士一览表:

素心草先生
花如掌灯先生
克克先生
李延福先生
一品龙井先生
魏昌先生
喻伯军先生
呆呆先生
HB先生
闻香先生
小岗先生
兰凤堂主先生
兰迷客先生
融融女士
飞香兰苑先生
虞灿银先生
新星先生
兰兄弟先生
夏山草先生
前后先生
老火先生
李真先生
杨开先生
戚旭馗先生
陈海蛟先生
许昂先生
刘清涌先生
赵山先生
陈学祥先生
杜国清先生
许沛波先生
隆君蝶先生
一缕寒香先生
叶军然先生
艺云兰苑先生
无极兰斋先生
马戈先生
老品种先生
兰惠明先生
听雪轩主人先生
枕香阁先生
小飞鱼女士
兰仙女士

浩天先生
张广磊先生
花有缺先生
李新天先生
啸石楼先生
丁建星先生
若扬子先生
凌伟春先生
牟安详先生
郑力勇先生
汪宇先生
曾庆亮先生
青山不动先生
三节草先生
峨眉山人先生
黄麒霖先生
娅妮女士
雾锁兰山女士
小白的刀先生
春无限先生
刘京秋先生
若兰女士
相见恨晚先生
怡情兰苑女士
龚伟成先生
周大伟先生
吴鑫亨先生
周建先生
踏雪寻梅先生
冰荷女士
JJH先生
HKMISSU先生
朱桂生先生
单冬年先生
寒兰先生
逐雪先生
春夏秋冬先生
董金浩先生
王昆先生
李希桐先生
八大之七先生
立伟先生
见贤思齐先生

吕建设先生
LMH先生
余牧雨先生
青云雅士先生
樱木先生
寒流先生
广陵兰苑先生
雁荡山先生
韩江水先生
草叶青青女士
火柴先生
庭前草先生
赵爱军先生
杨可先生
Xinping先生
鲈鳗先生
季涔先生
草田人先生
魁首先生
吴伯龙先生
如东兰先生
长河先生
等闲一笑中先生
逸夫女士
下山新兰先生
小识花开先生
希望草堂先生
徐进茂先生
寒三友先生
丹陈子先生
兰生先生
阿宝女士
山谷兰韵先生
郑海平先生
花哥先生
花嫂女士
谭红女士
平江女士
五云山先生
田水月先生
阮靖先生
冰雪先生

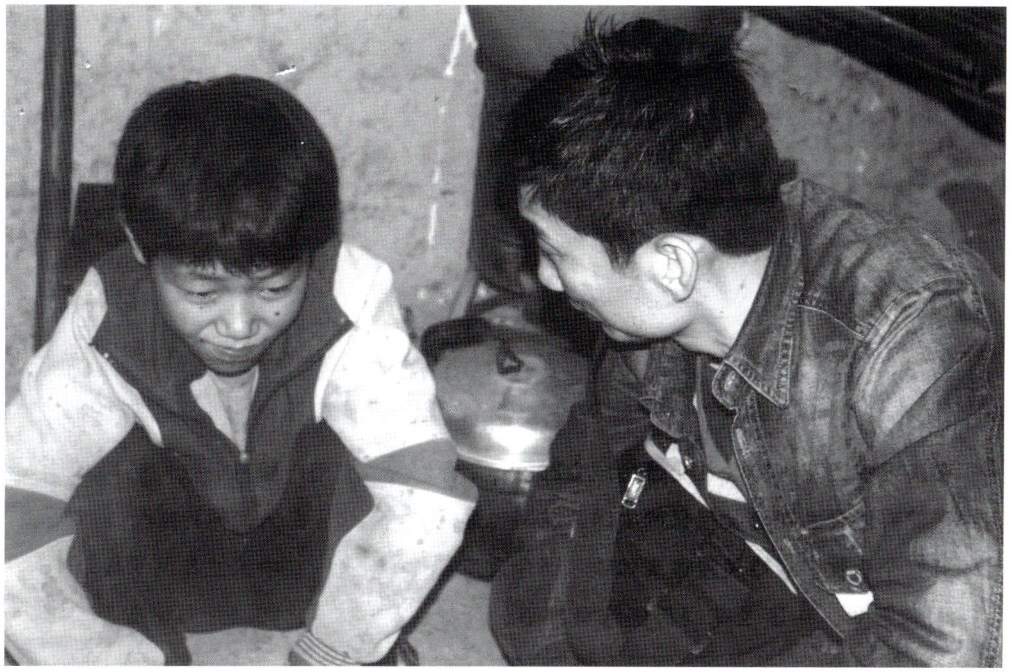

上: 中国兰花网董事长李廷福先生在鄂西南山区同受资助学童谈心
下: 中国兰花网多年来资助山区儿童就学, 收到各地寄来的感谢信

如蘭斯馨

——记中国兰花网

文·《中国兰花》社

在庆祝中国花卉协会兰花分会成立20周年之际，由中国花卉协会兰花分会授权的中国兰花网也迎来了她的第六个春秋。“雄关漫道真如铁，而今迈步从头越”。这五年，中国兰花网历经沧桑磨砺、风雨洗礼，在众兰友的共同努力下，现已逐步走向成熟。

2000年9月18日，中国兰花网试运行；2001年2月16日，在第十一届中国兰花博览会上正式宣布开通了中国兰花网。中央电视台、全国各地省级电视台、报纸、杂志等逾百家媒体迅速地对中国兰花网的成立进行了报道，美国的《华文报》、《美国国际日报》、法国《欧洲时报》、泰国《京华日报》等十余家国际媒体也纷纷进行了报道。这是全天下兰花爱好者最值得纪念的日子。

兰花是中华民族传统文化的一个杰出代表。五年来，中国兰花网坚定地承载着中华民族宝贵的兰文化精髓，承载着天下兰人的共同心愿，传播着兰花的芳香。五年来，中国兰花网注册会员已达到2万余人，点击率超过500万人次，成为了中国兰界的旗手。五年来，中国兰花网通过广泛的兰界交流，收集整理了大量的兰花信息，提高了兰艺的鉴赏水平，推广了兰花栽培技术，不断地推动着中国兰花事业的发展。目前，中国兰花网拥有丰富的兰花精品图片和名品档案，建立了新闻动态、名品推介、缤纷家园、拍卖热线、兰海书经、种养工具、爱心义拍、国兰文化、悠闲时光及其他等九大板块，建立起了兰文化的网络世界。兰花交易平台的建立还为广大兰友以兰养兰、交换品种提供了更便利的交易场所。兰友社区汇集了一大批研究兰花、探讨兰文化的爱兰人士，共同体会兰文化的博雅，推崇兰花“不以无人而不芳”的高尚气节，修身养性，感悟人生真谛。中国兰花网成为了天下兰人的精神家园。

中国兰花网积极地组织和参与国内重大的兰事活动，如“兰文化高层论坛”、“兰文化学术研讨会”以及全国性的兰花博览会等。在首届中国（南京）蕙兰博览会上，中国兰花网作为联办单位之一，以其快捷迅速的网络优势成为重要的博览会信息发布场所，并积极组织蕙兰参展，分别获得组织奖及金、银、铜奖。2006年4月7日，在南京凤凰台宾馆，中国兰花网还组织了几百人的中国兰花网兰友大聚会，以“和谐、共享与展望”为主题召开了中国兰花网兰艺大会，聚四方来宾，汇八方兰友，共忆沧桑岁月，共享博爱新声，共展美好未来。中国兰花网法人代表李延福董事长做了《南海凭兰天地宽—缔造一个和谐共享的兰友世界》的主题报告。中国花卉协会兰花分会的领导、兰花专家、兰界著名人士也都到会祝贺。

中国兰花网的创办者李廷福董事长秉承了兰花品格，将兰花网与希望工程爱心携手，开辟爱心义拍栏目，爱心扶贫助学，将筹集到的善款全部用于扶助失学儿童。从2004年7月到现在，由中国兰花网网友自发组织的爱心义拍活动已经历时两年。两年间，共举行各类义拍活动100多场次，募集善款（包含捐钱、捐物）20余万元，资助贫困生300余人次，李廷福夫妻就捐款近10万元。李廷福先生还亲自率领中国兰花网的

相关人员，溯长江，穿三峡，踏遍大巴山，为孩子们送去温暖的阳光，点燃了每个渴求美好生活的幼小心灵的希望之火。中国兰花网的爱心助学得到了中国花卉协会兰花分会副会长刘清涌先生的肯定：“李董事长发起爱兰扶贫助学活动，坚持不懈，这本身就是这个网站的特色，我为你们自豪，并期望你们将这一行动继续下去。”中国兰花网的爱兰扶贫助学得到了社会各界和广大兰友们的支持，并引领了整个兰界，众多兰网相继开展爱心活动，在祖国的大江南北，爱心捐助扶贫助学得到了传播和光大，更多的贫困学生受益。中国兰花网始终关注对社会弱势群体的救助，在得知重庆女大学生不幸遭遇车祸无力支付医药费用的消息后，积极筹措手术费3万多元。兰花的香气沁人心脾，兰花的精神传播四海，兰花的品格在此得到最完美的展现和印证。中国兰花网从虚拟的网络世界走向真实社会的价值取向，对“营建和谐社会，共创美好未来”也有着建设性的实际意义。

中国兰花网根据广大兰友们的要求，于2006年1月1日正式开办了中国兰花网网上兰花学校，经网站领导精心筹备、统一规划，并从资金和技术上提供全力支持，聘请中国花卉协会兰花分会的主要领导为名誉校长，聘请30余位国内兰界资深专家、学者、艺兰高手为学校的教师和特聘教师。目前教学工作已进行半年，现已有20余位教师开讲80余课，半年授课统计约在50—60万字左右（应以时间计）。教师治学严谨，经验丰富，教案规范，得到了广大兰友们的称赞。中国兰花网成功开办网上兰花学校是一个创举，其教材的内容不同于其他兰花书籍，是集天下四方的兰艺和艺兰精典，涉及种兰、养兰、艺兰、赏兰等诸多领域的知识，图文并茂，并融兰花知识和实践中的最新信息于一体，更贴近兰花世界新动向，是天下兰人必读之艺兰佳作。在中国花卉协会兰花分会的关心和支持下，在李廷福董事长夫妇的领导下，中国兰花网将一如既往地团结海内外天下兰人，传承几千年浓郁的兰文化，发扬兰花独特的人格魅力：品德高雅、坚持操守、淡泊自足、独立不迁，走向新的辉煌。

左页：中国花卉协会兰花分会副会长刘清涌教授为中国兰花网题词
右页上：中国兰花网记者采访中国花卉协会兰花分会副会长、湖北兰花学会会长王重农先生
右页下：中国兰花网参加第二届浙江普陀山文化节兰展活动

中国蘭花博覽会

China Orchid Expo.

首届中国兰花博览会会徽

主办单位：中国兰花协会
广东省花卉协会
广东省陈村花卉协会
举办时间：1988年9月 27日—10月5日
举办地点：广东省广州市文化公园

天下兰花香羊城
王者幽兰照乾坤

——首届中国(广州)兰花博览会印象

1988年秋，中国兰花协会在广州文化公园举办了首届中国兰花博览会。大会横额由当时的广东省委书记、省政协主席吴南生挥毫撰写。当时的省市领导吴南生、李兰芳（广东省副省长）、石安海（广州市副市长）以及港、澳、台三地兰协领导，日本东泽兰花协会会长、新加坡、马来西亚、泰国兰花协会会长以及广州市社会文化界名流廖冰兄、关山月、张琮等参加了隆重的开幕式。

据不完全统计，在展场内的兰花交易额为人民币60万元左右。当时的林业部物种濒危办亦应邀到现场办理限量出口证件，在大会期间签订的国兰出口合同使会后成交的兰花出口额亦十分踊跃。

首届兰博会开创了内地大型兰展的先河，是一次里程碑性的兰花大展，并且开拓了国兰批量出口的先例，为今后内地坚持20年举办全国大型兰展和促进我国兰花事业的蓬勃发展打下了牢固的基础。这标志着中国兰花文化进入了一个新的纪元!

（注：本文在中国花卉协会兰花分会副会长何清正先生提供的资料上整理而成。）

首届兰花博览会金奖

香馥蕙芳万花丛 风姿秀逸且郁葱

——第二届中国(厦门)兰花博览会印象

主办单位：中国兰花协会　福建省人民政府

　　　　　厦门市人民政府　厦门市园林管理局

举办时间：1990年2月15日—2月17日

举办地点：福建省厦门市园林植物园百花厅

第二届中国兰花博览会暨学术交流会于1990年2月15日至2月17日在福建省厦门市召开。据不完全统计，到会人员有千余人，共有7个国家和地区的兰花专家和爱好者参加，国内共有24个省、市参加的一场盛会，参观者十分踊跃。由时任福建省人民政府副省长刘金美同志受王兆国省长的委托出席开幕式并致词。会期三天，成交金额数百万元，收到论文近百篇，特别是中国台湾兰花专家及爱好者百余人到会参加。

本届兰花博览会召开、选举产生了中国兰花协会新一届的领导班子、开创了海峡两岸兰花学术交流的新局面，兰文化的影响变得更加广泛，更多的人走上了艺兰、养兰之路。

（注：本资料在福建省厦门市园林植物园刘志忠先生提供的资料上整理而成。）

1　首届兰博会四川展区获金奖的“红香妃”
2　首届兰花博览会现场
3　首届兰博会广东展区获金奖的“白墨”
4　春兰·余蝴蝶　获得首届兰花博览会金奖
5　第二届中国兰花博览会入口景观
6　第二届中国兰花博览会福建省展区
7　环球荷鼎　获第二届中国兰花博览会金奖

主办单位：中国兰花协会
中国植物学会兰花分会
深圳市园林处
承办单位：深圳市园林总公司
举办时间：1992年2月28日—3月4日
举办地点：深圳市东湖公园

幽幽兰香飘四海 深深兰谊传五洲

——第三届中国（深圳）兰花博览会印象

第三届中国兰花博览会于1992年2月28日至3月4日在广东省深圳市东湖公园举办。本届兰博会是一次促进我国兰花科研、生产、交易和祖国和平统一的园艺盛会。

据不完全统计，参加博览会的有来自国内十多个省、直辖市、自治区和中国台湾地区以及中国香港、中国澳门、日本兰花界的30多家单位。代表400多人，展出兰花有300多种共1000多盆。广东、福建和港台地区参展尤为踊跃。这次兰博会兰花交易盛况空前，成交额170余万元。

会议期间，各地交流了兰花科研、生产等方面的论文，专家和客商进行了广泛接触和交流。大会按观赏兰花的若干类项，对参展的兰花进行评比授奖。海峡两岸四地炎黄子孙，以兰会友，一起切磋兰艺，品味兰香，弘扬兰花文化，共叙手足之情，同谱联谊新篇。有中国台湾兰友即兴赋诗一首：“两岸兰花集一堂，争奇斗艳论芬芳。以兰会友磋园艺，统一和平谱乐章。”参加博览会的代表们深深感受到了属于世界性的兰花那种“天下奇秀，君子之风”的魅力。

这次博览会对推动我国兰花事业的发展发挥了积极的作用。爱兰、养兰之风在各地劲吹，兰花协会分会纷纷成立，队伍不断壮大。

（注：本文在深圳市兰花学会提供的资料上整理而成。）

1 兰博会展场外景
2 中国兰花协会会长伍尚忠在主席台上
3 第三届兰花博览会上吴应祥致词
4 玉蟾获金奖
5 滇梅获金奖

主办单位：中国花卉协会兰花分会
中国植物学会兰花分会
四川省人民政府
承办单位：四川省林业厅
四川省兰花协会
成都市兰花协会
举办时间：1994年3月3日—3月9日
举办地点：四川省成都锦江大礼堂

蜀都名兰出天姿 锦绣幽香平常思

——第四届中国（成都）兰花博览会印象

第四届中国兰花博览会于1994年3月3日至3月9日在四川省成都市锦江大礼堂召开。本届兰博会开幕仪式由时任四川副省长的李蒙主持，老领导杨超、刘海泉、杨万选等同志亲自剪彩，隆重而热烈，是中国最高规格的兰花展会，盛况空前，是一次史无前例、继往开来的盛会。

据不完全统计，本届兰花博览会既有全国15个省、直辖市、自治区兰花组织团参展，中国台湾、中国香港、中国澳门地区也组团送展品参展，日本、韩国、美国等国家的友好人士也莅临大会观光指导，使本届兰花博览会不仅是全国性的博览会，也是国际性的兰艺交流盛会。

四川各地、市、州兰花组织是这次展会的主力军，参展的精品4000余盆，参评代表品种1200余盆，打破了当时的全国记录，展出的兰花品位之高也是空前的。几天的展出，吸引了十多万人次参观，展会外交易区一直火暴，会场外相辅相成，人气兴旺，将四川省成都地区的兰花热潮推向了高潮。

由兰花界专家组成的评审委员会通过严格、认真、规范的评审，评出金奖50个、银奖80个、铜奖150个、栽培奖9个、组织奖5个、布展奖5个、贡献奖6个、资源保护奖3个共计308个奖牌。

这届兰博会首次在大西南举行，有力地扩大了国内外各种兰花品种和种植技术、科研成果、情报信息在中国西部的交流，充分发动了广大人民群众的养兰积极性，推动了西南地区各级兰花组织的发展和壮大，大力弘扬了祖国的兰花文化，有利于社会主义两个文明的建设，有利于城乡经济的发展，特别是为日后我国西部国兰产业的迅猛发展，起到了宣传组织和推动的作用。

会展期间，中国花卉协会兰花分会召开了理事会议，理事会决定1995年第五届全国兰花博览会在昆明市举行。

会展中，大会组委会还特别安排贵宾到九寨沟、峨眉山、都江堰去观光旅游，国兰文化与生态旅游有机地结合起来，借巴山蜀水的风光提高川兰的知名度。赏巴蜀名兰，游世界自然遗产，是人生最高最美的享受，让中外客人永远记住了四川。

（注：本文在中国花卉协会兰花分会理事、中国兰花学会理事、四川省兰花学会常务副会长、四川省兰花协会副秘书长陈岱开先生提供的资料上整理而成。）

1 众采荷 获中国（成都）第四届兰花博览会金奖
2 春兰·金荷鼎 获中国（成都）第四届兰花博览会金奖
3 灵岩金梅 获中国（成都）第四届兰花博览会铜奖
4 第四届中国兰花博览会开幕式

主办单位：中国花卉协会兰花分会
中国植物学会兰花分会
昆明市人民政府
协办单位：云南省建设厅
承办单位：昆明市园林局
举办时间：1995年2月15日—2月20日
举办地点：云南省昆明市西华公园

蓦然香来人尽知 春城名兰遍开时

——第五届中国(昆明)兰花博览会印象

第五届中国兰花博览会于1995年2月15日至2月20日在云南省昆明市举办。据不完全统计，本届兰博会有来自全国18个省、市、自治区的兰协组织和兰友代表前来与会参展，展览期间共有六万多人次前来参观。注册、报到的代表有三百余人。来自日本、韩国和我国港、澳、台地区的兰界代表和兰友百余人与会参观展览。昆明市政府为筹备本届博览会投资50万元，专门在西华公园新建展厅，又投资30万元用于兰展筹备经费。在承办单位精心组织、细致接待、大力宣传下，展览圆满成功，受到与会兰友和社会兰界的广泛称赞。

（注：本文在中国花卉协会兰花分会副会长、云南省兰协会长潘光华教授提供的资料上整理而成。）

1 一枝独秀（罗平剑） 获第五届中国兰花博览会特银奖
2 第五届中国（昆明）兰博会吴应祥教授宣布评奖结果
3 1995年李映龙与兰界泰斗吴应祥教授在第五届中国（昆明）兰花博览会上留影
4 九龙红 获第五届中国兰花博览会铜奖
5 全国人大常委、中国花卉协会会长、原农业部部长何康接见肖会长
6 在第六届中国（汕头）兰花博览会上，成都市兰花协会会长潘兆清（中）同东南亚兰界朋友合影留念
7 墨兰·眼镜蛇 获第六届兰花博览会金奖

主办单位：中国花卉协会兰花分会
中国植物学会兰花分会
汕头市兰花协会
举办时间：1996年3月4日—3月9日
举办地点：广东省汕头市潮汕体育馆

会徽

兰花荟萃友满堂 兰情依依谊久长

——第六届中国（汕头）兰花博览会印象

第六届中国兰花博览会于1996年3月4日至3月9日在广东省汕头市体育馆举行。据不完全统计，本届博览会设立展位百余个，国内15个省市、近70个单位送花参展，共展出各类兰花2000多盆。吴应祥、潘光华担任评审委员会顾问，陈心启担任评审委员会主任，何清正、沈雪宝、刘清涌、郑鹏建担任委员。本届兰展共评出金奖50个、银奖80个、铜奖120个、优秀奖30个及6个团体奖。通过评审，汕头送展的兰花获金奖14个、银奖29个、铜奖36个、优秀奖6个。

原广东省政协主席吴南生、当时的广东省政协副主席林兴胜、原全国政协委员王衡、当时的汕头市委书记许德立、市长周日方、市委常委、宣传部部长黄赞发，市人大副主任徐斯池，中国兰花学会名誉理事长吴应祥，中国花卉协会兰花分会副会长余之德、杨万烘、潘光华，中国兰花学会理事长陈心启，中国香港知名侨胞廖创兴、康荣章、陈乃荣、黄工莲等及中国港、澳、台三地、日本兰界的知名人士参加了开幕式。

汕头主办的这届兰展得到了国家和各省、直辖市领导，中国花协、中国花协兰花分会、汕头市政府、各区政府和有关企业、养兰户的大力支持，共收到赞助120多万元人民币，创下前六届兰展筹集经费的新记录。此外，经中国花卉协会兰花分会同意并认定后，本届兰展还首次制挂中国兰花博览会会旗，创作中国兰花博览会会歌《兰花之歌》，并且专门出版了《汕头兰韵》一书。

兰展结束后三个月，经过一番角逐，兰花终于不负众望当选为汕头市市花，与汕头原来认定的市花“金凤花”结成姐妹花。此后，兰花成为不少汕头市民闲聊的热点话题。作为汕头市花之一的兰花，不但在各个场合成为汕头市的标志，而且为汕头“创建优秀旅游城市”活动起到了积极的推动作用。

通过本次兰展的举办，一批对兰花有兴趣的新兰友投入兰界，成为了汕头兰市的生力军。

（注：本文在中国花卉协会兰花分会副秘书长郑宇晖先生提供的资料上整理而成。）

主办单位：中国花卉协会兰花分会
中国植物学会兰花分会
广西壮族自治区北海市人民政府

举办时间：1997年2月21日—2月24日

举办地点：广西壮族自治区北海市体育馆

幽兰奕奕吐奇芳 风度翩翩泛远香

——第七届中国（北海）兰花博览会印象

第七届中国兰花博览会于1997年2月21日至24日在广西北海市举行，在时任全国人大副委员长陈慕华等国家领导人的关怀下，得到了国内外兰友的支持，经过主办、承办、协办单位和组委会全体工作人员的努力工作，博览会取得了圆满成功。

据不完全统计，有来自日本、新加坡、韩国、越南、美国、泰国、澳大利亚、印度尼西亚、缅甸和中国台湾、中国香港、中国澳门等12个国家和地区以及内地的北京、上海、广西、云南、四川、广东、贵州、福建、江苏、浙江、安徽、湖南、湖北、河南、河北、山东、山西、甘肃、陕西、辽宁、西藏21个省、市、区的参展代表以及嘉宾2200多人光临盛会；博览会展出4天，参观人数45000多人次，天天超万人，盛况空前。展馆设130个展位，展出3270盆兰花精品，荟萃了华夏大地和东南亚地区兰花之大成。国兰、洋兰争奇斗妍，美不胜收。不少观众称赞："这个兰花展让我们博览了天下兰姿倩影，领略了异卉国香，品尽了秀色佳丽。"

远在夏威夷的张学良将军知道我们举办兰花博览会后，虽然他不能亲自莅临，但他仍委托我国台湾世界兰蕙交流协会会长黄秀球先生送来亲手栽培的兰花。我们对这位爱国老将军的义举非常感动，将他的兰花陈列在展馆大厅中央，衬以老将军养兰、赏兰照片。那兰花气质高雅，仿佛将军其人，吸引了众多观众，被参观者称为"帅兰"、"张兰"、"将军兰"、"爱国兰"。有位年过古稀的老人赞道："张学良是中华民族的好儿子，爱国的好将军，今天以兰传情，牵动海峡两岸心连心……"张将军除送兰参展外，还特意制作了30张镶有纯金牌的奖状，加赠金奖得主，为博览会增添了光彩。

本届博览会报评的兰花作品720盆。为把评奖工作做得更好，组委会首次邀请我国台湾的兰花专家加入评委。经过评委们认真的评选，评出金奖30盆、银奖59盆、铜奖90盆、栽培奖20盆、贡献奖2盆。为表彰送、布展等组织工作，评委会评出团体奖7个、组织奖9个。获奖的有广西、云南等14个省、市、区和中国台湾地区。

为提高兰界整体的学术水平，在博览会期间，组委会还组织了兰花文化研讨会。参加人员有来自日本、中国台湾和内地21个省、市、区的贵宾、兰花专家、书画家、作家和新闻工作者200多人。会上，中国兰花学会会长陈心启先生做了《中国兰花资源及其开发前景》的发言；中国台湾国兰协会秘书长王周琦做了《兰花的市场》的发言；北海市文联主席蔡道东先生做了《兰花与绘画》的发言；江西佛学院客座教授释常古做了《兰花与生命》的发言；同时，还印发了中国兰协秘书长何清正先生《粤产商品性兰花品种简介》的书面发言。与会人员静心倾听，感受深刻，情绪高涨，掌声阵阵。有代表在留言簿中写道："参加这次研讨会，是一次兰文化的享受，也是一次兰文化的升华。"外国朋友赞道：中国兰文化真了不起！中国兰花学会、协会的领导认为：这次研讨会规模之大、档次之高、内容之丰富、收效之好，实属罕见。会后，研讨会的报告内容为几家报刊争相登载，影响颇大。

博览会前后，商贸活动十分活跃。会前来自粤、浙、川、滇、闽和广西梧州、浦北等地的兰花，使北海花鸟市场出现了"兰花热"。博览会开幕后，全国各地的兰花摆满了展场周围，每天交易的兰花达数万株。据不完全统计，5天成交兰花、盆具、药物和植料等项的金额高达300余万元。

在博览会期间，北海市有32个单位提出了37个招商引资项目，投资总额18.98亿元，以上投资项目向国内外嘉宾发了600份宣传资料，这些项目将进一步推动北海市工农业生产和兰花事业的发展。

为丰富博览会的内容，提高兰花博览会的文化内涵，展馆内荟萃了一批著名书画家的作品、名人字画和艺缘漆画，点缀衬托在花香叶绿、生机盎然的兰蕙之中，更显博览会的高雅质朴。同时，在展馆出口处，举办了集雅藏珍展，使观众在欣赏鲜艳芬芳的兰花之后，再欣赏北海市收藏家们的古董珍品。

展场门外，还有北海市盆景协会精心组织的"97北海盆景展"。那数百盆"寸景万山，卷大千于一盆；骚人雅士，揽山林于一堂"的盆景精品，或苍劲虬枝，古色古香；或青翠欲滴，清幽典雅。游人置身其中，犹如回归大自然。这种兰花与盆景同时展出的做法，相得益彰，各具情趣，给观众留下了深刻的印象，评价很好。

为纪念本届博览会在北海举行，邮电部门首次为博览会发行纪念封，同时发行兰花邮票一套，深受国内外兰友、嘉宾的喜爱，认为纪念封设计精美，首次限量发售，很有收藏价值。

我们的兰花事业，正如陈慕华副委员长给本届博览会的题词："发展养兰事业，促进两个文明建设。"

（注：本文在北海市兰协提供的资料上整理而成。）

1	5	
2		
3		7
4	6	

1 开幕式会场
2 领导、嘉宾为开幕式剪彩
3 第七届中国（北海）兰花博览会兰花文化研讨会
4 在北海市召开的第七届中国花卉协会兰花分会理事会成员合影留念
5 金奖 白墨奇球 郭影（广西北海）
6 金奖 豆瓣兰 云南京正公司（云南）
7 金奖 魏素极品 黄德敏（云南巍山）

主办单位：中国花卉协会兰花分会　中国植物学会兰花分会
承办单位：中山市人民政府　中山市兰花协会
举办时间：1998年2月23日—2月27日
举办地点：广东省中山市体育馆

伟人故里迎国香　中山遍地兰谊情

——第八届中国（中山）兰花博览会印象

第八届中国兰花博览会在中山召开，是中山市有史以来承办全国性、具有世界性的首次大型博览会议。在市委、市政府的重视和支持下，在筹组委的直接指挥下，在中国兰协和各有关单位协助配合下，市兰协付出了全力，担负起大会的许多具体事宜，使各项工作做到思想早准备、计划早安排、行动抓得早、会务工作早落实、资金早到位、难点早请示、关系早疏通，从而使大会能按时于1998年2月13日上午10时在市体育馆内隆重举行。到会参加开幕式的有时任广东省人大副主任程誌青、凌伯堂，省人大常委谢明仁，省人大文教委主任；本市四套班子领导：中共中山市委副书记、市人大主任荀国森，中共中山市委副书记、市长黄子强，副市长吴章贺，市政协副主任韩泽生，市政府副秘书长苏伟强，市政府办副主任倫泉，中国兰协谢明权等多位领导出席了开幕式。还有外省市五个副省级领导干部及八个厅级干部到会。参加本次大会的还有我国港、澳、台三地代表，以及外国日本等九个国家代表团，合计4500人出席了开幕典礼。典礼开得庄严热烈、有序简洁，为整个大会顺利进行打下了基础。

大会发出邀请函1200份，邀请各省、直辖市、自治区24个，到会参展代表1500人（报到注册代表450人）；邀请我国港、澳、台三地代表6个，实到6个，代表200人，实到250人；邀请外国代表团10个，实到8个国家共67人。计划展位135个，实际展位145个，为历届最多的一次。大会设金奖52个、银奖90个、铜奖120个、栽培奖20个、布置奖3个、组织奖2个、贡献奖5个，是历届奖牌最多的一次。展出兰花种类有中国兰、日本兰、洋兰三大类，共展出3965盆，为历史上数量最多、品位最高、规模最大、拍照最多的一次。入场参观人数58000多人次，其中接待各个代表团12批，近4000多人次，免费进场参观人数达43000多人（大部分为中山本地人），让更多的群众了解了兰花价值、兰花文化这个精神世界。全国各地涌入馆场外围兰花一条街出售兰花档，最多一天多达500档，达1000多人，成交额约30多万元。参展成交活跃，据了解，成交总额达近500万元，到展洋兰全部销售一空。云南大理一位李姓代表，展会期间销售收入达20多万元。

为期五天的第八届中国兰花博览会，通过大会宣传中山，使更多的国内外朋友了解了中山改革开放伟大成果和文明建设风貌、投资环境，使更多的中山人民认识了兰花文化，增强了人民内部团结，发展了兰花事业，达到了预期目的。大会于1998年2月17日下午5时在一片好评声中安全、有序、胜利闭幕。

第八届中国（中山）兰花博览会的成功召开采用的方法和步骤，不论是“公助民办”还是“政府行为，群众来办”，实践证明是可行的，一个是可以减少政府负担、时耗，又可以发挥民间组织的积极性，是一个可行的新途径，有启迪作用。从兰博会的规模和进馆参观群众来看，人民群众生活水平得到提高之后，文化生活水平日益提高，也反映出人民喜爱兰花文化。兰花有潜在的魅力，以兰会友，团结港、澳、台同胞，具有一定政治意义；对团结人民，加强我市的两个文明建设，发展出口兰花事业，将起到推动作用。

（注：本文在中山市兰花协会提供的资料上整理而成。）

1	4	6
2	5	7
3		

1 大会会徽
2 第八届中国（中山）兰花博览会展场外景
3 市长黄子强接受采访
4 朱金红获第八届中国兰花博览会金奖
5 黄金袈裟获第八届中国兰花博览会银奖
6 东方之珠获第八届中国兰花博览会金奖
7 湄江红梅获第八届中国兰花博览会金奖

主办单位：中国花卉协会兰花分会
中国植物学会兰花分会
浙江省无锡市人民政府
承办单位：无锡市园林局
举办时间：1999年3月10日—3月15日
举办地点：江苏省无锡市锡惠园林风景区

江南三月雨晴时 兰吐幽香花弄姿

——第九届中国（无锡）兰花博览会印象

1998年2月在中山召开的中国花卉协会兰花分会理事会上，无锡市政府代表贾伟领回了兰博会的会旗，决定于1999年春季在无锡举办第九届全国兰花博览会。

由于在华东地区举办的全国兰花博览会是首次，既是全国兰界的盛会，也是充分展示无锡乃至江浙兰蕙精髓的机会。为此，兰展以“充分展示我国兰花业界成果，进一步扩大国内外兰花界的交流”为宗旨，着重于展示兰花名品，弘扬兰花文化，更好地为社会主义物质文明和精神文明服务，更结合江浙兰蕙历史悠久、文化内涵浓厚的特点，在展示兰花的同时，渲染兰文化，凸现兰花和地区艺兰的特点。承办单位首先对展场精心选择，几易场地，最终选定在锡城号称为“露天博物馆”的锡惠园林文物风景区举办，有意让锡惠园林文物风景区浓厚的历史沉淀来进一步凸现兰展效果。

在展览会承办过程中，得到了中国花卉协会兰花分会的悉心指导，杨五烘副会长、何清正秘书长和刘清涌、陈少敏等都曾亲赴无锡具体指导，检查落实各项展览事宜；其间也得到了其他兄弟省市兰协的无私帮助。经过精心的筹备，第九届中国兰花博览会于1999年3月10日起在锡惠名胜风景区举办，来自国内云南、贵州、四川、广东、广西、海南、福建、江西、浙江、上海、安徽、湖北、湖南、山东、北京、江苏和中国台湾等省市，以及日本、韩国、新加坡等国的近600位代表参加了博览会。近百家单位及个人送展的2000多盆精品兰花汇集公园，送展的兰花种类中有栽培历史悠久的国兰，如春兰、蕙兰、建兰、墨兰、春剑、莲瓣兰等传统珍品和新育的名品；也有新引进的洋兰，如蝴蝶兰、大花蕙兰、卡特兰、文心兰等新贵；更有近期驯化引种成功的珍贵的国产野生兰花资源成果的展示，如兜兰、石斛兰、贝母兰等。众兰异彩纷呈、幽香四溢，给三月的江南第一名胜增添了无限风光。同时在室外布置了数万盆的鲜花和各式景观，把公园装扮成了花的海洋。

10日上午9时，在古华山门前举行了隆重的开幕仪式。首先由市政府的陈林荣副市长代表市政府和全市人民对前来参展的海内外兰友表示了热烈的欢迎和衷心的感谢。同时，中国花卉协会兰花分会谢明权会长、兰花学会陈心启理事长、日本东洋兰花协会平见和夫理事长等都发表了热情洋溢的贺辞。

兰博会分设寄畅园、愚公谷、二泉、大同殿四个展区的13个展厅及一个科普廊、一个兰花交易市场。本届兰博会与前几届相比，在吸取了历届兰博会的长处和特点外，更突出了幽雅的环境布置、浓厚的文化氛围以及更注重了科普宣传。大同殿展区展出的是云南、四川、广西和湖北等地的展品，展出的丰富的兰花品种蕴含着深山幽谷的动人气息，其中云南著名的“太白素”、四川的“隆昌素”等名兰更是让人开了眼界；二泉展区的雨秋堂展出的是贵州等地的兰花品种，又以色彩多变而令人喜爱；陆子祠展出的是山东、江西、湖南的兰花，品种独特、艺兰精湛；漪澜堂展出的是广东深圳等地以高科技“克隆”的兰花，折射了时代的气息；而在惠麓草堂和荷轩中，福建、安徽、中国台湾等地的各类兰花散发着沁人的幽香，让人百看不厌。而在为纪念开发江南始祖泰伯而建的泰伯殿中展示的是江南兰苑的展品，其品种之丰富、栽培之精细，有许多是经过长期控制而反季节开花的兰花，更是让人折服。

创建于明正德年间的寄畅园是全国重点文物保护单位，距今已六百余年，在中国造园史上占有重要地位，造园艺术独树一帜，被业内人士视为江南园林经典精品。此园展示的是江苏、浙江的展品，也是博览会精华之所在。进入寄畅园，130多套历代兰花文献集中在含贞斋内展示，似在诉说我国兰花悠久的历史；送展的春蕙兰珍品布置在厅台楼阁，其中分设嘉树堂（浙江馆）、凤谷行窝（江苏馆）、秉礼堂（无锡馆），厅内配以艺术大师宋文治、李亚、尹少兰等先生的国画精品和历代艺兰兰盆。此时，名园在名兰、名画、古盆、红木家具和嘉木修竹的映衬下，赏兰、品兰、咏兰、画兰、艺兰间，使目之所至，处处有兰；足之所及，步步沾香。

兰花交易区设在秀嶂门侧小广场内，交易区内更是热闹非凡。开幕式尚未开始，兰花交易早已在进行。据事后中国花卉协会兰花分会统计，这次兰展交易的成交量有数百万元之高。

兰博会上，由陈心启、[illegible]、[illegible]、刘清涌、邬秉左和日本、中国台湾的兰花专家组成了评审委员会，通过严格、规范、认真的评审，共评出了“大一品”、“西神梅”、“南海迎安”等30个金奖，“蔡仙素”、“银边寒兰”、“冰心”、“三星蝶”等银奖60个，“丁氏奇蝶”、“虎头兰”等铜奖80个和10个栽培奖。兰博会历经6天，共接待观众30万人次，获得圆满成功。

（注：本文在无锡市园林局邬秉左先生提供的资料上整理而成。）

1 2 3	4 5 6	7 8

1 日本东洋兰协会平见和夫理事长致贺词
2 中国花卉协会兰花分会谢明权会长致词
3 中国兰花学会理事长陈心启教授讲话
4 无锡市政府代表接受第九届全国兰展会旗
5 第九届中国兰花博览会盛况
6 第九届中国兰花博览会评审组专家与日本东洋兰协会访华团成员于云南展馆合影
7 春兰 · 西神梅（第九届获金奖）
8 蕙兰 · 大一品（第九届获金奖）

主办单位：中国花卉协会兰花分会
中国植物学会兰花分会
承办单位：浙江省杭州市人民政府
浙江省兰花协会
协办单位：杭州市园林文物局
杭州花圃
举办时间：2000年3月3日—3月8日
举办地点：浙江省杭州花圃内时花广场

会 标

兰花百里照春水 独有檀心映环佩

——第十届(杭州春季)中国兰花博览会印象

第十届(杭州春季)中国兰花博览会，由杭州市政府会同浙江省兰花协会向中国花卉协会兰花分会申办，在中国花卉协会兰花分会理事会上与几个申办的兄弟省进行了竞争，最后批准由浙江省杭州市人民政府会同浙江省兰花协会具体承办。浙江省政府领导、杭州市政府领导对此非常重视，亲自召集浙江省兰协一起精心策划、具体安排一切会务，择定在西湖之滨的杭州花圃里举行。

杭州是我国六大古都之一，享有“人间天堂”之美誉，西子湖又是世界闻名的旅游胜地。杭州花圃场地宽广，圃内繁花似锦，又有古典的水榭、亭台楼阁点缀其间，是旅游休闲的幽雅之处。朱德总司令生前曾多次前往鉴赏名兰，周恩来总理馈赠日本友人松村谦三的“环球荷鼎”就是由杭州花圃提供的。该花圃为了办好全国兰博会，又增添设置了一些绿色的园路和新建一些简易的仿古厅堂做展厅之用。在这幽雅无比的天堂式的园林景点里举办全国兰博会，真是“群芳托一香”，相辅相成、相得益彰。

相关链接

第十届(济南秋季)中国兰花博览会印象

主办单位：中国花卉协会兰花分会
中国植物学会兰花分会
山东省兰花协会
济南市园林管理局
承办单位：大明湖公园
协办单位：中国台湾省国兰协会
中国台湾省兰花协会
举办时间：2000年9月25日—9月29日
举办地点：山东省济南市大明湖公园

第十届（杭州春季）全国兰花博览会，会期是2000年3月3日至8日。开幕仪式在杭州花圃内占地5.5万平方米的时花广场举行。绿色的广场百花盛开，流水淙淙，会场鼎沸的人群融入在大自然的花海之中。本届博览会设华东馆、华中馆、华南馆、西南馆、北方馆、中国台湾和港澳特区馆、国际馆。同时还展出了国内收藏的名人兰花书画。各展馆展出春兰、蕙兰、建兰、寒兰、墨兰等品类数百个品种，共3000余盆。展出的兰花品位之高，也是空前的，云南的“黑珍珠”即黑色兰花实为罕见之花，绍兴的“红太阳宝鼎”有人出价10.5万元一株也不卖，杭州的“水晶绿云”有人出价70万元也不卖。会上对兰花的精品名种进行了评选，评出金奖30个、银奖59个、铜奖58个、优秀奖124个、科技奖6个，评出了水平，评出了风格。

会期中还召开了兰文化交流会和兰花展销活动，有力地弘扬了兰文化，新的兰花书籍不断出版，如绍兴的《绍兴兰文化》和《春兰谱》、云南的《兰韵》、江苏的《养兰三百问》、浙江的《兰花》和《古今咏兰诗词选》等等十余部书，受到了广大兰友的欢迎。交易区盛况空前，人气兴旺，两个大棚的交易区，买者卖者拥挤不堪，可统计的交易额已超100万元人民币。

兰博会展期仅仅六天，一直是春雨绵绵，酷似盛装少女披上了轻纱，朦胧中更富诗情画意。几天中接待中外宾客2万多人次，参观者不计其数。新华社等30多家新闻媒体播报兰博会盛况多次，刊登文章或新闻图片30多篇（幅），大大地扩大了第十届兰博会的影响和社会知名度。

我们深刻体会到：政府领导重视、亲自过问，做实际工作的兰花协会准备工作充分，实施的管理措施到位，发动广大兰友支持，是办好这届兰博会的关键。

这届兰博会的圆满成功，有力地扩大了国内外兰花品种和种植技术的交流；同时也推动了全国各级兰花组织的健全发展；大力弘扬了兰文化，有利于社会主义两个文明建设；特别是更为日后的兰花产业的兴起，奠定了坚实的基础。

（注：本文在浙江省兰花协会提供的资料上整理而成。）

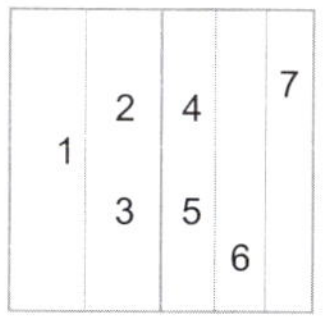

1　第十届中国（杭州）兰花博览会组委会领导
2　黑猫蕊蝶（金奖）
3　血凝（银奖）
4　虎蕊蝶（银奖）
5　金秋时节获第十届中国兰花博览会优秀奖
6　红樱桃获第十届中国兰花博览会银奖
7　十样锦获第十届中国兰花博览会银奖

名兰净质世稀少 含芳香气显情调

——“金阳杯”第十一届中国（贵阳）兰花博览会印象

主办单位：中国花卉协会兰花分会
中国植物学会兰花分会
贵州省林业厅
贵阳市人民政府
承办单位：贵州省兰花协会
贵阳市兰花协会
贵阳市园林局
贵阳市白云区人民政府
协办单位：贵州利丰实业有限责任公司
举办时间：2001年2月16日～2月20日
举办地点：贵州省贵阳市白云公园

"金阳杯"第十一届中国（贵阳）兰花博览会，于2001年2月16日至20日在贵州省贵阳市白云公园隆重举行，本届兰博会有云南、贵州、四川、广东、福建、浙江、重庆等十八个省、市代表队以及美国、日本、韩国、新加坡、马来西亚、泰国等国的兰友参展，3500多盆名贵兰花争奇斗妍，盛况空前。

贵州是兰花资源大省，早在20世纪80年代初，贵阳市就把兰花定为市花。贵阳人喊出了这样的口号："爱兰爱家乡，建设新贵阳"、"兰花搭台，经济唱戏"。贵州借助本届兰花博览会的举办，把贵阳市建成了中国春兰基地、会展经济中心，把兰花产业做大、做强、做出规模，逐渐形成了支柱产业，带动了农村经济的发展和农民增收。

兰展开展之际，春风荡漾、花枝娇艳、锣鼓喧天、彩旗飘扬、鸽翔天空。千盆万枝兰花竞秀，开放在山山水水之间。赏兰、观兰的人群，里三层外三层挤得展厅内水泄不通。贵阳人之热情，由此可见一斑。贵阳举办的兰博会，无论在规模上、档次上，都跃上了一个新台阶，是历届兰博会中盛况空前的一次大聚会。兰展期间，白云公园还展出了根雕、奇石等艺术品，设立了兰花交易大厅，将兰博会组合成一个自然、文化、艺术展示会，形成了"兰香、石奇、根艺同展风姿"的一幅自然与人和谐共处的风光美景图。

在参加兰博会的人群中，白族养兰名家碧龙兰苑苑主李映龙夺得了兰博会的金、银、铜四个奖牌。在兰展大厅，《中国兰花》杂志主编刘清涌教授见到李映龙，情不自禁地说："你年年参加兰博会，年年有收获，真是兰界的劳动模范。"李映龙在历届兰博会上获得三十一块奖牌，是中国兰界得奖最多的个人，"劳动模范"的称号对于李映龙来说，是当之无愧的。兰博会上，碧龙兰苑的展台前，人们驻足赏兰，久久不愿离去，兰香白云，情连四海，白云公园的兰博会又为李映龙的艺兰事业写下了精彩的一笔。

通过主办单位、承办单位和协办单位的共同努力，在贵州省及贵阳市有关部门的大力支持下，把本届博览会办成了一届热情、有序、安全、一流、圆满的一次盛会，得到全国兰界的充分肯定。博览会在近万平方米的温室大棚内举办，设中华馆、贵州馆和交易厅，展馆档次高、场地规模大、参展条件好。本届博览会参展1500多人，参展兰花3000余盆。设奖项200个，其中金奖30个、银奖30个、铜奖90个、栽培奖10个、组织奖5个、布置奖5个。展览期间参观人数达70多万人次，其中在开幕式当天，观众人数就达10万人，产生的影响相当大。

中国兰花网在本届兰博会上首次开通，当天就有4000多人点击网站，在网上一睹兰博会盛况，为宣传国兰、扩大国兰的知名度，促进我国兰花事业的发展，做出了一定的努力，起到了积极的推动作用。

（注：本文在贵州省兰花协会周庆提供的资料上整理而成。）

		4 5
	2	
1	3	6

1 兰博会民族服饰歌舞表演现场照片
2 贵州省副省长马文骏宣布兰博会开幕
3 "金阳杯"第十一届中国(贵阳)兰花博览会开幕式
4 宝莲蝶获第十一届中国兰花博览会银奖
5 乌蒙春获第十一届中国(贵阳)兰花博览会金奖
(贵阳市林业局 贵州省兰花协会提供)
6 金荷获第十一届中国兰花博览会铜奖

主办单位：中国花卉协会兰花分会
中国植物学会兰花分会
四川省林业厅
成都市人民政府
承办单位：彭州市人民政府
四川省兰花协会
成都市林业局
成都市农牧局
成都市兰花协会
协办单位：四川省金茂建设集团
举办时间：2002年2月27日～3月5日
举办地点：四川省彭州市金茂花卉基地

展神州兰花大观 扬天府蜀都神韵

——第十二届中国（彭州）兰花博览会印象

2002年2月27日至3月5日，四川省彭州市举办了“金茂杯”全国第十二届兰花博览会。本届兰博会设有：彭州馆、四川馆、中华馆和交易厅，共有6000盆兰花参展、1500盆兰花参评，评出了特别金奖1个、金奖40个、银奖60个、铜奖110个、栽培奖10个、组织奖6个、展台布置奖5个，共计232个奖项。

兰博会期间，还搞了配套活动，如大型明星文艺演出、大型灯会、九尺鹅肠美食节、书法摄影展、集邮展、武术杂技等，吸引了八方宾朋，聚集了浓浓人气，参观人数达40万人次，高峰日逾10万人次，盛况空前，是彭州市建国以来最大型的一次活动，也是彭州市第一次承办的全国性活动，取得了圆满成功，赢得了“规模最大、档次最高、精品最多、内容最丰、环境最好”等美誉。

博览会以兰会友，招商引资，促进了经济发展，在招商说明会上连签七单，引进了成都电冶厂、成都针织一厂、美国艾康生物技术有限公司、成都温师傅调料有限公司、上海龙云房地产开发公司等，总投资额5.1亿元。此外，兰博会还吸引了许多投资商来彭州考察，有两家公司已表明意向，一家准备征地3000亩，建立黄连生产基地；另一家准备带上亿元资金来彭州重组企业。

这次兰博会，兰花市场交易火暴，据不完全统计，成交金额达5000余万元，并拉动了其他相关行业蓬勃发展，兰花产业为广大群众增收致富增加了一条重要途径。在运作方式上，应市场经济的要求，采用“政府搭台，企业唱戏”的新模式，使政府从经营管理的角色转换到引导服务上来，开创了全国兰花博览会先河。

彭州市通过举办兰博会，受益匪浅，既提高了城市知名度，又扩大了招商投资成果；既活跃了兰花市场，又促进了第三产业的发展。真是一业兴、百业兴。

随着国民经济的不断发展，国家对农业产业结构与市场经济的调整，广大人民群众科学技术与文化水平的提高、生活水平的提高、生活质量的提高，爱兰、养兰已蔚然成风。目前，全市具有规模性、科学性养兰设备设施的118户，初具规模的500余户，其他普养户5000户，野生兰大田保护资源型养植200亩，庭院、阳台养兰约5万余盆。

彭州市兰花总藏量估计约2.8亿元，养兰人每年平均净产值8000余元。

会员们订阅各类杂志1800余份，印发宣传资料14万余份，举办各种兰花专题讲座40余次。通过引导和学习，培养以人为本、诚实守信、和谐包容、创新经营意识，在自我素质上不断提高，倡导大家识大体、讲团结、讲风格、养兰花要养人品、养人性、养道德、养廉洁、养环境、养全家。鼓励下岗工人、失地农民栽养兰花，使人民安居乐业，社会安定和谐，美化环境，香化家园，要把兰花产业做大、做强，为把彭州建成花都，打造和谐新彭州而努力奋斗。

（注：本文在彭州市兰协提供的资料上整理而成。）

1	2 3 4	5 6	7

1 第十二届兰博会最好看的舞蹈
2 出旗仪式
3 领导为兰博会剪彩
4 成都市老领导潘兆清、吴平国参观展场
5 大红硃砂（春剑）获第十二届中国(彭州)兰花博览会金奖
6 乌金之宝　获第十二届中国兰花博览会银奖
7 展会现场，观者如潮

主办单位：中国花卉协会兰花分会
中国植物学会兰花分会
承办单位：大理市人民政府
协办单位：云南下关镇金星村
举办时间：2003年2月12日—2月17日
举办地点：云南省大理珠海乐园

苍洱莲瓣花似锦 幽兰馨香九州情

——第十三届中国(大理)兰花博览会印象

第十三届中国（大理）兰花博览会，于2003年2月12日至17日在风光秀美的大理举行，成为中国兰花史上的一次盛会而永载兰史。

“中国兰花在云南，云南兰花在大理”，这是“兰界泰斗”吴应祥先生预言性的话语，今天已成现实，第十三届兰博会的成功举办使大理兰花真正成为宣传大理的又一亮点。

“赏天下名兰，游大理风光”是本届兰博会的主题，这是中国首次公开把兰花与旅游有机地结合起来。借兰花这一拥有深厚文化积淀的商品丰富大理的文化内涵；借大理这一世界知名的品牌效应提高兰花的知名度，二者交相辉映，相得益彰。

本届兰博会计有全国13个省、市、区以及我国港、澳、台地区及韩国、日本、新加坡、南非、澳大利亚等国家和地区兰花爱好者参加，使本届兰博会不仅是全国性的兰博会，也是世界级的兰艺交流盛会。兰博会的成功举办，为大理开发以兰花为平台的特色旅游、会展旅游提供了可能性。

中国兰花协会常务理事、兰界巨子陈少敏先生认为：“本届兰博会是很有特点的一次博览会，从展馆的建设看，充分体现了大理白族民居的建筑特点，而展馆的布置完全用大理的民族文化、传统兰文化为背景，可谓匠心独运，让人一进入展区就陶醉在浓浓的文化氛围中，在这个意义上可以说是一届特色兰博会。”

本届兰博会参展兰花5000余盆，来自全国17个省、市、区，云南省13个地、州及大理州12县、市，以及韩国、日本等地。其中参评兰花1900多盆，可谓汇集天下名兰，收尽世间珍品。无论从参展地区还是参展兰花的品质，均可说是历届兰博会之最，尤其是以莲瓣兰为龙头的滇兰尽显风流，以香、色、姿、韵、清、雅、艺诸方面的优势打动了评委、打动了观众。本届兰博会评审组长陈心启教授有感而发：“通过这次对参展兰花的评选，可以看到，云南是兰花资源最丰富的地区。”陈少敏先生更是由衷感慨：“本次兰展展品丰富，参与地区覆盖面广，展品的档次是历届兰博会最高的，特别是云南莲瓣兰，以其丰富多彩的色彩，奇花珍品的高档次，让人不得不说莲瓣兰确为中国兰界最优秀的兰种之一。”

莲瓣兰在兰界有“全能”之称，兼有春兰之香、蕙兰之秀、建兰之质、墨兰之韵、寒兰之种，特别是色彩的丰富，奇花、蝶花层出不穷，完全打破了传统鉴赏标准色彩的单一，代表了当今兰界的选种方向。日本国春兰联合会会长住田武夫评价说：“此届兰博会规模大，参展兰花品位高，无论从规模还是参展花品位，都远远超过日本国举办过的任何一届兰展。”同时他对莲瓣兰的新奇品种赞不绝口，连称：“从没见过这么多漂亮的兰花……”

可以说，第十三届兰博会是以莲瓣兰为龙头的滇兰向世人集中展示其神奇的一次盛会。自此起，滇兰昂首与川兰、浙兰一样成为中国兰界的又一中心。

五天的展览，吸引了12万人次参观，其中多数兰商有备而来，馆内时时传来交易喜报，交易火暴成为本届兰博会又一大热点。据不完全统计，兰博会期间馆内交易超过1000多万元人民币，馆外交易超过3000多万元，这是历届兰博会交易量最大的一次。

交易的特点：一是馆内馆外互相辉映，馆内交易以获奖名品居多，而且带动了展馆的大市场，下山兰草及低价格品种随风而动，频频交易；二是各家兰园普遍开花，联动效应带动全局将市场激活。

从交易来看，此次兰博会多为奇花、蝶花、素花类走强，这代表了兰界的选种方向，奇花多集中在“黄金海岸”、“玉兔彩蝶”、“桃园蝶”、“苍山奇蝶”等一些品种；素花集中在“高品素”、“大雪素”等一些传统品种。而另一看点在于出手的多为外地兰商，集中在中国台湾、四川、广东和日本，这表明，莲瓣兰已真正开始走出云南，开始走向国际兰花市场。第十三届兰博会打开了滇兰外销的路子。

在中国兰界，浙江是兰花文化大省、广东是兰花经济大省、四川是养兰户数大省、云南是兰花资源大省。第十三届中国兰花博览会的成功举办，让我们看到了兰花发展成一项新兴产业、一个绿色产业的可能性。

经过多年的努力，大理地区兰产业发展迅速，既拥有了广泛的群众基础，又拥有了世界知名的优质兰花资源，还拥有了兰花产业化发展的各种优势条件，第十三届兰博会成为滇兰发展史上的一座里程碑。

以十三届兰博会为契机，大理兰花将从传统的“[illegible]花经济”向产业化方向发展，以科技化、信息化、规模化促进产业化发展，向世人展示大理兰花的强劲实力，并推动中国兰文化的延续与发展，以兰花为平台，带动相关产业共同发展，让更多人从中受益。

（注：本文在云南兰花网首席执行官、大理州兰花协会秘书长马志宏先生提供的资料上整理而成。）

1 第十三届中国（大理）兰花博览会开幕式上部分兰协领导留影
2 凤冠 获第十三届中国兰花博览会铜奖
3 喜洋菊获第十三届中国兰花博览会银奖
4 蕙兰·解佩梅获第十三届中国兰花博览会金奖

主办单位：中国花卉协会兰花分会
中国植物学会兰花分会
云南省玉溪市人民政府
承办单位：玉溪市兰花协会
举办时间：2004年2月7日—2月12日
举办地点：云南省玉溪博物馆

八方贺喜春意浓 四海芬芳沐春风
——第十四届中国（玉溪）兰花博览会印象

2004年2月7日至12日，云南省玉溪市成功承办了第十四届中国（玉溪）兰花博览会。本届兰博会得到了广大兰花爱好者和参展单位的肯定和赞扬，普遍认为这届兰博会规模大、档次高、人流多、效果好。

一是参加单位多。国内有四川、贵州、江苏、浙江、福建、广西、山东和云南等省、市、自治区及中国台湾地区代表团，国外有日本、马来西亚两个代表团及韩国参观团；省内有昆明、曲靖、红河、文山、大理、保山、德宏、丽江、怒江、迪庆、思茅、昭通代表团；本市有各县区组团或以兰园、个人身份参展。共展出春兰、春剑、莲瓣、豆瓣、墨兰、蕙兰、寒兰、洋兰等4000多盆，参加名优产品展销企业52户（其中市内33户，省外19户）；展出商品有食品、药品、保健品、工艺品等。正如在总结会上玉溪市政府李洪云副市长所说的那样：“兰博会时间之长、人气之旺、交易之多，历史少有。”

二是展品质量高。由于增设了特金奖，充实了活动内容，有效地吸引了兰花企业、组织、协会和个人选送新、奇、特好花参展，因而参展兰花中有30%左右为首次展出，大量的瓣型花、叶艺、色花、蝶花、奇花、素花等奇花异草，为本届兰博会增添了光彩，提高了档次。

三是内容丰富。以兰博会为主题，同时开展了有52家企业参加的商贸活动、“中国兰博会玉溪之旅”三条风景名胜旅游线、第八届新兴书市（展销图书30多万册）等活动；馆内展出了云南省博物馆珍藏的60幅文物、云岭书画院拍卖的115幅精品书画，还有组委会举办的学术研讨会和中国花卉园艺、云南兰花网、西部兰花、新知图书城等单位开展的以兰花为主题的科普活动，提高了兰博会的文化品位。公园、广场轮番进行耍龙、舞狮等民间艺术表演和业余文艺演出，为会展营造了热烈而隆重的喜庆气氛；迎宾晚会演出的精彩节目，展示了玉溪的传统文化底蕴和创作表演实力。

1	3	6
2	4 5	

1 有关领导参观展览
2 会场外的文艺表演
3 黑奇蝶获第十四届中国兰花博览会特金奖
4 江山多娇获第十四届中国兰花博览会特金奖
5 四海同会获第十四届中国兰花博览会金奖
6 通海剑兰获第十四届中国兰花博览会特金奖

四是特色鲜明。除文化品位高、喜庆气氛浓等亮点外，10枚特金奖奖牌（由著名金店周大福制作，每枚成本1.3万元）的巨大吸引力、金奖馆的极品荟萃、先评后奖（第4天公布）的轰动效应和青年志愿者的素质展示，舒适优雅的展馆和热情周到的服务，令外地来宾交口称赞，大大提升了玉溪的社会形象。

五是效益显著。兰博会收到了以兰会友、广泛交流、宣传玉溪、拉动发展的显著效益。会前的联络邀请、专程互访，会期的名家相聚、切磋兰艺，会后的互通有无、取长补短，大大促进了兰友联谊和兰艺交流；市兰协在申报、筹备、实施运作中团结协作、锻炼提高，广大兰友在参展参会、观摩鉴赏中大开眼界、各得其所，全方位地推动了玉溪兰花事业的整体发展。

本届兰博会还取得了较好的经济效益。据不完全统计，兰博会共接待参观人员9.6万余人次，中心城区星级宾馆、酒店客房出租率平均达90%（头三天达100%），周边县上的宾馆、酒店出租率也提高到42.7%，商业服务收入2700万元，经贸、书市成交300多万元，展馆内外兰花交易额3500多万元。

本届兰博会之所以能取得圆满成功，离不开领导重视、离不开组委会的广泛宣传，离不开成员单位的通力合作、共同努力和社会各界的广泛参与、大力支持。

这届兰博会参展范围之广、名贵兰花之多、观赏者之众，都标志着中国兰花博览会跃上了一个新的台阶，将大大推动中国兰花产业的发展。

（注：本文在玉溪市兰协副会长李琳先生提供的资料上整理而成。）

主办单位：中国花卉协会兰花分会
中国植物学会兰花分会
四川省林业厅
乐山市人民政府
举办时间：2005年2月26日—3月3日
举办地点：四川省乐山市时代广场

赏兰观佛游名山 古今名人见巴蜀

——第十五届中国(乐山)兰花博览会印象

第十五届中国兰花博览会于2005年2月26日至3月3日在乐山时代广场隆重举办。

本届兰博会在中国花卉协会兰花分会和兰花学会的指导下，在国家林业局、四川省委、省政府和省林业厅、乐山市委、市政府的领导下，在社会各界的大力支持下，不但得以顺利举办而且取得了圆满成功，实现了“比历届更隆重、水平更高、效果更好、影响更盛、规模更大”的预期目标。

由领地集团提供的本届兰博会主展场面积达8000M^2，展出中外名兰8000余盆。其中，参加展出的有韩国、日本、德国等10余个国家和地区，全国30余个省、市、区和中国香港、中国澳门、中国台湾、四川20余个市、州，乐山11个区、县。与兰博会同期展出的中国西部奇石展展场2000M^2，展出精品奇石1000余枚。书画展展出知名书画家书画400余幅。兰花和奇石交易市场25000M^2，上千万苗兰花、数十万枚奇石、瓷器聚集乐山广场展销。本届兰博会设立的兰花论坛、兰花拍卖、兰花用品展以及展现浓郁民族风情和地域特色的各类文化、旅游活动都取得了圆满成功。本着公开、公平、公正的原则，兰博会组织专家评审组对参评兰花进行了认真的评选，评选出特别金奖10枚、金奖60枚、银奖83枚、铜奖128枚、栽培奖10枚、组织奖10枚。根据评审组专家提议，新设兰花科技特别金奖1个、“兰之梦”馆艺术布展优秀奖2个、“兰之梦”馆艺术布展奖10个。评选出国兰论坛优秀论文8篇、兰花书画优秀奖150个、奇石优秀奖260个等奖项。六天时间内，展场内外参加各项活动的市民达到12万人次，其中购票到展场参观者30220人次。同时带动了乐山旅游、餐饮等第三产业。来宾和市民评价乐山市政府为国内外兰花爱好者和市民办了一件大好事、大实事。

1	4	6
2		
3	5	

1 开幕式
2 参观展场
3 特金奖 莲瓣兰·线艺奇花
4 特金奖 春剑·荣华牡丹
5 特金奖 春剑·美丽之冠
6 特金奖 蕙兰·程梅

本届兰博会的成功举办，对弘扬国兰文化、发展兰花产业具有不可估量的现实影响和深远意义。一是本届兰博会立足乐山丰富的兰花资源、旅游资源优势和浓厚的兰花文化以及民间文化底蕴，以花为媒、广交朋友，必将进一步推动我市花卉市场的繁荣，丰富人民的物质文化生活，建设生态文明，促进社会与经济全面、协调、可持续发展。二是有力地促进了广大兰花爱好者思想观念的更新与交流、相关产业经济的刺激与发展、兰花资源的保护与合理开发利用。三是展示了乐山对外开放的崭新形象，推动了乐山花卉市场健康发展、繁荣，同时也将进一步促进我市农村产业结构的调整，带动农民增收致富。

第十五届中国兰花博览会在中国兰花两会、四川省林业厅、乐山市委、市政府的领导下，已经画上了圆满的句号，它将以其创新的意识、空前的规模、丰富的内容而载入我国兰花发展史册，载入乐山兰花发展史册。第十五届中国兰花博览会，是一次经济与文化交流的盛会。能成功举办这届兰博会，是我们乐山的荣幸，也是我们乐山的骄傲。我们将以本届兰博会为契机，立足乐山丰富的兰花资源和悠久的兰花文化底蕴，进一步做好兰花资源的保护与合理开发利用，弘扬兰花文化，发展兰花产业，建设生态文明，促进乐山经济和社会的全面进步。

（注：本文在乐山市兰协提供的资料上整理而成。）

主办单位：中国花卉协会兰花分会
中国植物学会兰花分会
贵州省林业厅
贵阳市人民政府
承办单位：贵阳市林业绿化局
贵阳市农业局
贵州省兰花协会
贵阳市兰花协会
协办单位：中国贵州茅台酒厂有限责任公司
贵州省民族宗教事务委员会
贵州省民族文化宫
贵阳市委宣传部
贵阳市旅游局
贵阳市地税局
举办时间：2006年2月17日—2月22日
举办地点：贵州省民族文化宫

茅台香飘醉九州 幽兰荟萃满林城

——国酒茅台第十六届中国（贵阳）兰花博览会

2006年2月17日至22日，国酒茅台第十六届中国（贵阳）兰花博览会在位于贵州省贵阳市人民广场的贵州省民族文化宫隆重召开。兰博会以突出兰文化、宣传兰品牌、追求人与自然的和谐统一为特色。

兰博会期间，开展了兰花展评、书画展、兰花及用品综合交易、中国兰花协会理事会年会、中国兰花学会理事会年会、花卉项目签约、“国酒茅台之夜”新春音乐会等活动内容。本届兰博会是贵阳市在本市2001年成功举办第十一届中国兰花博览会的基础上，广泛借鉴各地办会经验，再次成功举办的盛会。

兰博会的展馆布展采用园林式风格设计，布展设计与装修突出地表现了中国传统民族文化内涵与深邃的兰花文化底蕴，凸现了人与自然的和谐统一，达到了运用环境渲染展览主题的效果，营造了浓烈的文化节日气氛。组委会在兰花展示区入口大厅和名苑荟萃馆内分别设计制作了两处精致的园林造景“空谷幽兰”、“独怜幽草涧边生”，创新的设计和独特的布展手法赢得了广大兰友和参观者的赞赏与好评，开创了中国兰博会布展历史上的先河。兰博会室内展区面积6千平方米，室外展区面积达8千平方米，规模宏大、气势不凡。

为丰富本届兰博会的活动内容，除兰花展评外，组委会在展厅同期举办了书画展、奇石展销、书画拍卖、花卉合作签约及展示等活动。在兰博会场馆展出了著名书画家的80余幅精品字画，让兰香与墨香交互缭绕，营造出强烈的中国传统文化氛围；签订了总金额达2842万元的三项花卉合作协议；在兰博会展出现场，合作项目有关单位还组织展出了多品种的鲜切花插花展，极大地丰富了兰博会展出内容，提升了文化展示和交流活动的品位，更好地配合了兰花展示的需要，得到了中国兰花两会领导、省市领导及全国各地兰友、游客的一致好评。

在兰博会举办期间，名兰交易如火如荼，各种名兰交易频创天价，实际成交创下了单苗60万元的最高价。据不完全统计，本届兰博会成交额超过1亿元。兰界资深人士纷纷表示：本届兰博会展出和交易的档次、规模是历届最高的，表明了全国兰界人士对贵阳兰市、兰文化发展的充分肯定和信心。

兰博会吸引了来自北京、上海、云南、四川、广东、广西、浙江、江苏、湖北、山东、湖南、福建、安徽、新疆等十四个省、市、自治区及贵州省九个地专州以及我国港、澳、台地区和日本、韩国、德国的兰协、兰花企业、兰花爱好者前来参展、观摩，6000多盆精品兰花汇聚一堂，争奇斗艳，争相绽放。在历时6天的展出时间中，共有30多万人次前来观赏、交易兰花。经过中国兰协组成的专家评审组的认真评选，共评出特别金奖16个、金奖70个、银奖106个，铜奖155个、栽培奖10个；由组委会评出特别突出贡献奖1个、突出贡献奖19个、组织奖30个。获奖兰花中有传统的春兰、新品春兰、春剑、莲瓣兰等，是历届兰博会中获奖品种最多的一届；各奖项含金量高，获奖的兰花均是精品、绝品，获奖的省内外兰友均表示非常满意。

本届兰博会的成功举办，是贵阳市委、市政府高度重视、精心组织的成果；是市委、市政府把发展兰花事业作为弘扬先进文化、促进城市精神文明建设、创建和谐社会、打造城市绿色名片的重要举措。本届兰博会的成功举办，对进一步宣传兰花文化、推动兰花产业发展起到了积极而深远的作用。本届兰博会的成功举办，充分展示了广大兰友莳兰、爱兰、吟兰、绘兰的精神风貌，展示了全国兰产业、兰文化的实力和水平，极大地丰富了人民群众的文化生活，取得了良好的社会效益和经济效益。本届兰博会的成功举办，促进了全国兰友乃至世界兰友间的交流，达到了以兰会友、以兰招商、以兰弘文、以兰促兰、以兰联谊的目的，为我国兰文化、兰产业、兰经济的发展注入了新的生命动力。

（注：本文在贵阳市兰花协会提供的资料上整理而成。）

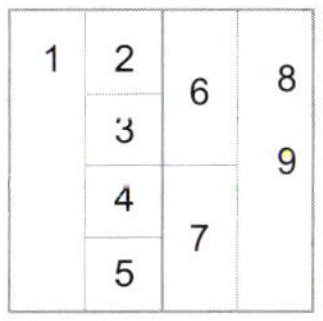

1 国酒茅台第十六届中国（贵阳）兰花博览会开幕式场景
2 贵阳市人民政府副市长、贵阳市兰花协会会长罗筑云主持国酒茅台第十六届中国（贵阳）兰花博览会开幕式
3 贵阳市委副书记、市长袁周在国酒茅台第十六届中国（贵阳）兰花博览会开幕式上致欢迎词
4 贵阳市委副书记、市长袁周陪同贵州省委副书记黄瑶参观国酒茅台第十六届中国（贵阳）兰花博览会兰花展
5 何清正副会长在开幕式上讲话
6 特别金奖 金阳牡丹
7 特别金奖 世纪礼花
8 特别金奖 金福牡丹
9 特别金奖 金泰荷

蘭花之歌

—— 中國蘭花博覽會會歌 ——

4/4 1=G
1=72-78

詞：清涌 輝武
曲：陳 光 洲

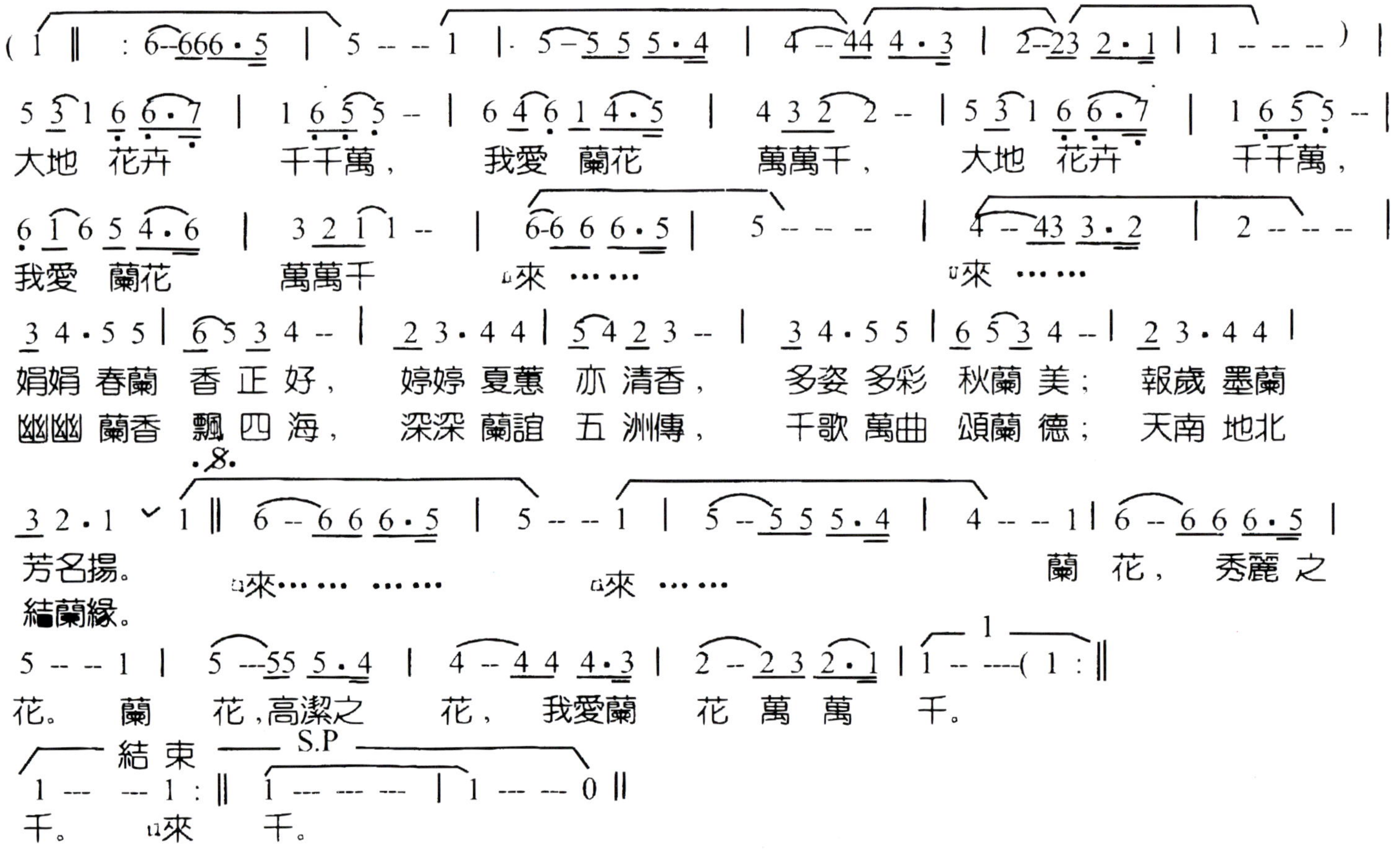

中国兰花博览会管理办法
（试行）

第一章 总则

第一条 为加强对中国兰花博览会的规范化、科学化管理，根据《中国花卉协会兰花分会工作条例》，特制定本管理办法。

第二条 中国兰花博览会是一个面向全国兰花爱好者的全国性的兰花博览会，旨在弘扬中国兰花文化，发展兰花经济，普及兰花消费，增强中华民族凝聚力，增进国际友谊。本博览会自1987年开始举办，每1～2年举办一届，在中国花卉界和世界兰花组织享有较大的信誉和影响力，是中国花卉协会兰花分会的一个品牌。

第三条 举办中国兰花博览会坚持市场经济的原则，实行政府搭台，中国花卉协会兰花分会组织协调，兰花企业、兰花社团组织及兰花爱好者办展的模式。

第二章 组织管理

第四条 中国兰花博览会由中国花卉协会兰花分会及兰博会举办所在地的市政府或者省（直辖市、自治区）政府主办并组织管理，由有较强办展能力的企事业单位或者专业展览公司申请承办并策划执行，承办单位须在兰博会举办所在城市注册。

第五条 中国花卉协会兰花分会在兰博会管理中，主要职责是：

（一）发动组织全国各城市申办中国兰花博览会；

（二）组织评审申办城市提交的申办材料并建立备选城市库，确定兰博会举办城市和兰博会承办单位，并与之签订《承办中国兰花博览会任务书》，批复兰博会实施计划；

（三）督促、检查承办单位的准备工作，如发现准备工作不充分或任务书得不到落实，应及时提出改变承办单位，另行办展；

（四）组织、协调全国各地的展品送展工作；

（五）督促、检查承办单位的布展工作；

（六）组织兰花专家和兰界知名人士对展品进行评奖；

（七）协调并处理兰博会举办中需要协调、处理的重大问题。

第六条 根据中国兰花博览会不是在固定城市举办的特点，中国花卉协会兰花分会邀请每届兰博会举办所在地的市政府或者省（直辖市、自治区）政府作为兰博会主办单位之一，其主要职责是：

（一）组织或支持承办单位申请中国兰花博览会在本市举办；

（二）在兰博会举行期间，组织公安、交通、市政、水电、外事等政府部门维护兰博会的公共秩序和安全保卫以及接待境外人士，为兰博会的顺利进行和圆满召开提供保障。

第七条 中国兰花博览会承办单位的条件为：有较强办展能力的企事业单位，或者专业展览公司，且必须在兰博会举办地所在城市注册，其主要职责是：

（一）组织撰写申请举办兰博会的申办材料，如获通过承办，负责邀请中国花卉协会兰花分会派员前往检查准备工作情况，负责组织展览评审工作的经费开支；

（二）负责办展经费的筹集；

（三）负责展览场馆的租赁和设计装饰；

（四）负责兰博会门票的印制和出售；

（五）负责奖牌的设计和制作；

（六）负责为送展展品提供兰花资材；

（七）负责展品的布展和撤展工作；

（八）负责展品的保养和保卫工作；

（九）负责兰博会期间的公共秩序和观众的安全保卫工作；

（十）有偿提供兰花及兰花书籍的销售摊位；

（十一）负责兰博会开幕式及有关交流会的策划实施工作；

（十二）负责主办单位交办的有关工作。

第八条 中国兰花博览会充分发挥社会各界的作用，聘请专家学者参与有关咨询工作。

第三章 立项

第九条 中国兰花博览会每1—2年举办一届，提前两年确定申办城市，同时，申办城市和承办单位需提前三年向中国花卉协会兰花分会提交申办材料，申办材料包括：承办中国兰花博览会的申请书、本市或者本省的兰花产业概况、兰博会举办场馆的概况、承办单位的概况、本市或者本省（直辖市、自治区）政府的支持证明、举办兰博会的实施计划等材料。

第十条 中国兰花博览会的申办评选原则:

(一)不得在同一城市连续举办两届(无申办竞争者时例外);

(二)申办城市有一定的兰花产业基地和兰花爱好者的群众基础;

(三)申办城市有80万以上人口(包括流动人口);

(四)申办城市有适宜的展览场馆;

(五)承办单位有较强的办展能力;

(六)承办单位可筹集到足够的办展经费。

第十一条 申办材料可由申办城市的市政府或者省(直辖市、自治区)政府向中国花卉协会兰花分会报送,也可由承办单位单独报送,但必须有申办城市的市政府或者省(直辖市、自治区)政府的支持证明。

第十二条 中国花卉协会兰花分会召开理事会或常务理事会对报送的申办材料进行评议和筛选。

第十三条 中国花卉协会兰花分会根据理事会或常务理事会的表决结果,确定承办单位和举办城市或者举办省份(直辖市、自治区)。

第十四条 中国花卉协会兰花分会根据理事会或常务理事会的意见修改并批复实施计划,由中国花卉协会兰花分会提前两年向承办单位下达《中国兰花博览会举办地确认书》,同时抄报中国花卉协会和承办单位所在市政府或者省(直辖市、自治区)政府,并与承办单位就有关具体问题签订任务书。

第十五条 承办单位依据批复的实施计划,签订兰博会承办任务书。

第四章 实施

第十六条 承办单位在签订兰博会承办任务书后,必须立即向中国花卉协会兰花分会交纳5万元,作为兰花分会的运作经费;如果由于主观原因导致兰博会不能成功举办,则5万元不予退回。

第十七条 承办单位签订任务书后,便要按计划开展各项准备工作。

第十八条 中国花卉协会兰花分会将不定期组织人员对承办单位的准备工作进行督促检查。

第十九条 中国花卉协会兰花分会要积极发动本机构的理事成员、全国的兰花爱好者、各省(直辖市、自治区)的有关兰花的社团组织、各市有关兰花的社团组织,海外有关兰花的机构等单位和个人前来报送展品以及布置兰花景观。展品及景观设计图必须在兰博会开幕前四个月报送完毕。

第二十条 承办单位须在兰博会开幕前两周拟出开幕仪式的程序,并报中国花卉协会兰花分会审核。

第二十一条 承办单位须在兰博会开幕前两天布展完毕。

第二十二条 中国花卉协会兰花分会将组织评审专家在开幕前一天对所有展品进行评奖并对展品评奖结果进行标识。

第五章 经费管理

第二十三条 举办兰博会的经费来源包括:政府资助、企业赞助、广告费、门票费、销售摊位费、承办单位自有经费等,经费来源全部由承办单位依法筹集并统一管理。

第二十四条 举办兰博会的经费支出包括:宣传费,兰博会展览场馆的租赁费,展具的购置费,展品及景观的送展费,获奖作品的奖励费,所有工作人员的劳务费,特邀嘉宾和评委的食宿、往返交通费,开幕仪式费等,所有经费开支全部由承办单位支出。

第二十五条 中国花卉协会兰花分会不负责兰博会的经费筹集和支出,举办兰博会所需经费全部由承办单位筹集,举办兰博会的全部收入也归承办单位所有并实行自负盈亏。

第六章 附则

第二十六条 本管理办法经2005年中国花卉协会兰花分会常务理事会通过,并报中国花卉协会备案。

第二十七条 本管理办法未尽事宜,由常务理事会负责补充或修改。

第二十八条 本条例由中国花卉协会兰花分会常务理事会负责解释。

中国兰花博览会
兰花评审暂行办法

为体现中国兰花博览会兰花评比的公平、公开、公正原则，促进中国兰花的交流，推进兰花产业的发展，参考国际花卉博览会和全国花卉博览会的评比办法以及全国其他艺术性专业比赛评审办法，根据有关竞赛章程和中国兰花博览会的相关规定，特制定本办法。

1 参赛范围

所有兰花参展个人和单位均具有参与公平竞赛的权利，但任何参展者只有按照组委会的要求，填写好有关参加竞赛的申请表，在指定时间、指定地点提供符合参评要求的展品，交纳参评费，才具备参赛者资格，准予参加竞赛。

2 评审原则

1 评审活动由组委会评审办公室负责具体实施，评审工作由中国花卉协会兰花分会组织专业评审委员会负责。评审委员会的评审结果为最终结论。

2 评审将根据参加评比的实际情况，由评审办公室拟出各个类型的兰花特别金奖、金奖、银奖、铜奖的具体数额，各奖项的数量须有一定比例，事先上报批准，不得自行随意决定。由专业评审委员会的评委根据当次展品情况、奖项数额情况，在预评后确定评选标准。

3 评委应保证自己行为的公正和诚实。

4 评审的裁决对象以评审当时的展品为准。

5 评委不得评审与自己有关的展品。

6 除评委和中国花卉协会兰花分会指定的工作人员外，任何人不得在评审时进入展区，以避免对评审工作的干扰。

7 所有参评的展品在评选时，不得出现标注能证明其展品所属者的标志，以免妨碍公正性。具体实施办法可以以使用统一套盆或者标签的临时遮盖物来解决。

3 评审委员会

为确保评审工作的权威性和专业性，每届中国兰花博览会都成立评审委员会，负责评奖。评审委员会由中国花卉协会兰花分会组织并领导（可适当吸收承办单位的代表参加）。组委会评审办公室负责竞赛评审具体工作的组织和日常工作。

评审委员会由七人组成，包括中国花卉协会兰花分会指定评委五名和当届全国兰花博览会组委会指定地方评委两名。中国花卉协会兰花分会聘任委员会主任、副主任各一名。

4 奖项设置

中国兰花博览会设立特别金奖、金奖、银奖、铜奖、栽培奖和组织奖。其中特别金奖占参展总数的0.1%，金奖占参展总数的1%，银奖占参展总数的2%，铜奖占参展总数的3%，栽培奖占参展总数的1%。还可根据该次博览会具体情况设立其他奖项。

5 竞赛项目设置

根据兰花博览会的展览内容，一般从下列评选类别和项目设立竞赛项目。评选的类别包括春兰、蕙兰、莲瓣兰、春剑、墨兰、建兰、寒兰和其他种类（含豆瓣兰、送春等各种国兰）等八大类，每一类中可分别设立瓣型花（含荷瓣、梅瓣、水仙瓣以及其他瓣型）、奇花和叶艺（含各种缟艺、叶尾艺以及花叶双艺、水晶等）三细项，洋兰的评选项目可按原生种、科技育种两项进行分类评选。

6 关于竞赛的几点说明

1、竞赛展品的统一标志：所有参赛者应在兰花博览会提供的统一标志牌上写明其参展品的名称和编号（由评审办公室统一提供），洋兰或者杂交种展品应有拉丁学名、品种或变种名。统一标志应放在能够标明展品的位置。

2、术语：植物展品涉及的拉丁名应以《英国皇家植物园AZ—园艺植物百科全书》中所载的名称为准。

7 竞赛评奖时间

每届中国兰花博览会开幕式前一个工作日

8 评奖结果公布

评奖结果由评审委员会根据具体评审情况，报中国花卉协会兰花分会确定后，在当届中国兰花博览会的开幕式上公布，并给获奖展品挂上相应的标识。评奖结果随后也将在本会兰花期刊上公布。

9 颁奖

各类竞赛评审获奖的，由当届中国兰花博览会组织委员会颁发奖杯或奖牌和获奖证书。

中国部分地区 蘭花概况

General introduction of main orchid region in China

广东省兰花事业的主要成就

1987年1月，中国兰花协会在广东著名的兰花之乡陈村镇宣告正式成立。次年秋在广州隆重举办首届中国兰花博览会，迎来了20世纪90年代内地国兰第一个高潮。后来成立了省兰协，又迎来了国兰、洋兰齐崛起的新局面。其主要业绩有：

一 成立了一个坚强务实的兰花领导班子

广东省政府十分重视兰花事业的推广，1994年，在省农办的牵头下，成立了筹备组建省兰协班子，1998年在新会市召开全省兰花业者与科教人员代表会议，正式成立了广东省兰花协会，并经省民政部门批准（注册证号0515，代码C0363649-0）。会长何清正，副会长刘清涌、陈少敏、刘仲健、刘达雄、胡应东、张富财（兼秘书长）。在协会领导中，有四位中国花卉协会兰花分会领导，三位是省市一级兰协的领导，班子团结一致，工作务实，在挂靠单位（省农业厅）与全省兰友的支持下，做了大量工作，对推动全省兰花事业做出了诸多贡献。1999年，名誉会长颜学亮、会长何清正、秘书长张富财参加昆明世博会工作，省兰协获省政府颁发先进团体嘉奖。颜学亮、何清正获先进个人嘉奖，张富财获表扬嘉奖。2004年，何清正、刘清涌获中国花卉协会颁发先进个人嘉奖。协会遵照兰会章程，坚持召开理事年会与各种工作会议，每年召开会议二至三次；坚持定期举办省兰展与积极参加地、市、县各级兰协，坚持调研与对外交流，先后组织广东兰友多次出国参加国际性兰展与有关会议。多年来，省兰协与各地兰友在政府领导下，协助政府做了大量工作。

二 构建陈村兰花集散中心

经过多年不断的建设，如今陈村兰花集散中心已成为国兰为主亦兼做洋兰生意的物流与信息交流的基地、我国内地著名的兰花集散中心、海峡两岸的兰花贸易共同市场。中心内有兰花及生产资材的专售店和摊铺合计将近三百间，周边还有境外（主要是日、韩）投资的公司，有四家专门从事国兰出口业务（包括代办出口证件和手续）。各种兰花资材与书刊应有尽有。天天都有各省兰花业者来这里做买卖和交流信息。兰花买卖已经成为一种常态，节日高峰更是人潮涌动、川流不息。省内的国兰生产场与洋兰公司大多数都有点驻店门市在这里。陈村镇兰花协会与市场管理处在市场中心合署办公，处理日常事务。

三 培育珠三角兰花消费市场

20世纪末，广东国兰从高峰市场下滑后，工作重心移到拓宽消费市场、发展平价兰花生产基地。目前全省兰平价国兰生产基地大体有三千亩左右，主要分布在珠三角，尤以顺德最多，有一千亩左右。每年出口约一千万苗左右，内销和北上二千万苗左右。洋兰方面，以蝴蝶兰为主，2006年广东国产化蝴蝶兰上市量有三百万盆，国兰、洋兰已经出现供大于求现象，开始进入改革创新、提高品位的调整新阶段。当然，拓宽消费仍是主要矛盾，还得加大工作力度。

四 建广州国香苑

早期广州已建了一个著名的广州兰圃，国家领导人和外宾经常到这里参观，对推广国兰起了很大的影响。1998年广东省兰协成立后，省农科院专门拨出了土地与房子，由中国花协兰花分会与广东兰协共建了一个占地一亩多的国香苑（广州）。该园搜集墨兰品种近二百个，还有一些建兰、寒兰品种。作为花卉所的国兰研究基地，亦是兰会接待境内外嘉宾的场所，也是兰友们交流的一块园地，是国兰对外开放的一个窗口，每年接待境内外观光交流人士上千人次，是代表广东省对外参展与交流的一个基本成员。先后接待我国台、港、澳兰会领导以及日本、韩国、新加坡、马来西亚、美国、英国、泰国的兰会领导和专家。

五 远东国兰有限公司

进入新世纪后，该园一直在原基础上筹建，2004年建成，占地60亩，其中20亩的珍品温室、40亩的消费性国兰生产温室，全部有保护性设施，集全国各地各类地域的国兰新品生产与交易于一体，是目前境内外兰蕙生产交易的一个大型公司，是境内外国兰交易与信息的一个桥头堡。生产技术先进，交易额大，是驰名国内外的一个国兰顶尖公司，亦是境内外兰商的一块朝圣宝地。对内地高端兰市有相当的影响力。董事长陈少敏先生是中国兰协与广东兰协的副会长，亦是对外推广国兰的一位大使。

六 中国兰花保育会

国家兰花保育委员会主任、广东省兰协副会长刘仲健，是一位在全国兰界影响力很大的专家，现任深圳市园林公司的董事长。20世纪90年代初，他所在的深圳市梧桐山总苗圃是内地最早的国兰主要基地，出口量占广东省的相当大的份额。国家第十个五年计划中，该场争取到了兜兰异地迁移栽培保护的国家兰花保护项目。2005年12月，国家林业局选择了此地组建中国兰花保育委员会，刘仲健被选为主任，计划拓建二百亩左右的土地，专事推广兰花保育。这个昔日的“兰花谷”（江泽慧题匾名），今天又加上国家兰花保育基地，成为又一个广东兰花事业的亮点。

广东世界之窗

◀ 1998年5月18日，广东省兰花协会成立大会代表留影于新会

2001年广东省兰协主办的国兰洋兰展会，图为洋兰景观之一。荷兰、新加坡、泰国、马来西亚等外国专家都来参展观光。▶

七 兰花科技

20世纪80年代中期组建的广东省农业科学院花卉研究所，就已经确定了以兰花为主攻方向，大量搜集兰花种质资源，20世纪80年代末就搜集洋兰、国兰品种800多个，开展了人工杂交育种（民间亦有）、无菌播种、组织培养、生育观察、资源调查等研究，获得了多项科技奖，省科委还设立了国兰生理攻关项目，填补了我国在这个领域上的空白。进入21世纪后，省花卉所和国香苑合作开展了国兰的染色体、分子标记研究，获得多项成果，发表了多篇论文。在技术改革方面，珠三角的平价兰栽培技术总结出“六改”，即大盆改小盆、多丛改单丛、软料改硬料、春植改秋植、密放改疏放、偏阳改偏阴六项措施，再结合场所选择与建立种苗自留体系这两个前提，平价兰产品质量得到了显著的提高。今后的课题是主攻整年均衡开花，以促进交易常态化。

八 坚持兰展和交流

两年一届的省兰花博览会，一直坚持举办，即使在非典流行的2003年，亦照样举办，深受广大兰友赞扬。此外，还会同陈村花卉世界共同分别于2001年与2002年春，举办两届国兰、洋兰博览会，中国台湾有不少公司都来参与，荷兰、日本、新加坡、马来西亚、泰国等国家亦派专家前来交流。新千年开始，海峡两岸的兰协领导都参加了这个会议，2005年春，第二届两岸交流会亦在汕头市召开，对促进两岸国兰行业的发展起到了积极的作用。广东先后多次组团到日本、韩国、英国、美国、法国参加国际兰展，进行交流，进一步增强了改革开放意识，坚定信心坚持改革开放方针。

九 出版兰花书刊

广东兰协主要领导坚持与全省同行一起，先后办过四种兰花期刊，其中两种坚持办了将近20年。新世纪办的高档次的《兰花宝典》月刊，颇受广大兰友好评，发行量达5000份左右（含赠送）。在出版兰书方面，广东省兰协主持出版的《中国墨兰》是内地墨兰方面的一部经典之作，2001年该书成为第五届中国花博会的嘉宾礼品之一，而该届花博会的会花正是墨兰（报岁兰）。另一本是由何清正与朱根发编著的《商品洋兰》。这两部书都由广东省科技出版社出版发行。此外，刘清涌就出版了十数部国兰方面的著作，20世纪90年代初鲁子青诠释的《岭海兰言》（清末明初南海区金策著），对全国兰友产生了巨大的影响。

十 大型现代化洋兰开发基地

这是广东洋兰生产科研的一个国家农业现代化示范的一个部分，由广东农科院花卉所直接经营。连片五万平方米的温室，集科研、生产和贸易于一体的现代化广东洋兰生产基地，对广东洋兰生产起着领头羊作用，主要生产蝴蝶兰、文心兰（切花）、卡特兰、春石斛等，单蝴蝶兰年生产能力即达30万—50万盆，目前年上市量达十多万盆。这里还建有一个兰花观光圃，是南方洋兰国产化的窗口。此外，在翁源县还有一片三千亩左右的国兰、洋兰生产基地，是现今广东省最大的一个兰花生产基地，有中国台湾亦有内地的企业在此投资，是广东兰花的明日之星。目前广东生产的国兰约占全国的一半。

广东的兰花业从无到有、从小到大，至今已形成年生产总值约有20亿元人民币（包括国兰与洋兰）、实际年贸易额为8亿—10亿元人民币的一个精致农业体系。

▲ 汕头兰协兰花义卖助残

广东省兰花大事记

经过了四年多的筹备，由广东省农业办公室牵头，于1998年5月17日在新会市召开会议，正式宣告成立广东省兰花协会，当时正值水晶系列高潮叠起。会议结束后，陈少敏邀何清正、吴璧顺直奔机场，去成都市军华兰苑洽购了70多万元人民币的各种水晶苗。这是当时川兰市场一笔较大的交易，对当地震撼相当大。过了一年多，进入了新世纪后，粤兰下滑，西部兰花开始崛起，至今风起云涌不断。

- 1999年秋，在昆明举办了规模宏伟的世界园艺博览会。省花协根据省农办的部署，派出两位领导参加广东代表团工作，并精心组织粤兰参展，包括国兰、洋兰近二百多盆，获得奖牌名列第一。广东省代表团在总结会议上，以省政府的名义，给省兰花协会颁发了先进协会嘉奖，给三位兰协领导颁发了两个先进个人奖、一个表扬奖。

- 2001与2002年的春季，连续两年省兰协与陈村花卉世界有限公司、《南方花鸟世界报》共同在陈村花卉世界举办了两届国兰、洋兰大展。境外来参展与观光的同行包括荷兰、新加坡、马来西亚、泰国、日本以及韩国、美国专家业者相当多，对促进广东国兰出口与开拓洋兰市场起到了积极的推动作用。

- 省兰协成立不久，协会就着手筹划出版《中国墨兰》一书。这是一部内地墨兰经典之作。首次编委会议在南海市召开，著名兰花专家陈心启教授亦参加了会议。该书赶在第五届中国花卉博览会前出版。该届花博会的会花是报岁兰（墨兰）。由本会主持、集体编著的这部著作是大会嘉宾礼品之一。2004年由省兰协主持，何清正、朱根发合作编著的《商品洋兰》一书，亦由广东省科技出版社出版发行。这部根据作者多年试验研究成果与国内外动态编著的新洋兰种养与鉴赏兰书，对全国洋兰业者产生了广泛的影响。

- 2003年9月25日，原只有20亩的广东省远东国兰有限公司迁移至新建成的占地60亩的新址落成开业，并举行了隆重的开业仪式。境内外许多兰界朋友和嘉宾都亲自到场祝贺。中国台湾国兰总会、中国台湾国民党主席连战、亲民党主席宋楚瑜亦赠送了匾额。当今，这个内地最现代化的兰花企业，已是境内外兰蕙贸易与信息交流的一个“桥头堡”。

- 2003年春，广州流行非典，第三届广东省兰花博览会经请示上级，仍然坚持如期于2月16日在广东农科院花卉所隆重开幕。中国花卉协会兰花分会罗当和会长与我国台、港、澳嘉宾出席剪彩。气氛热烈、和平安祥。展示分国兰、洋兰两个馆，兰展品二千多盆。

- 2001年春，省兰协应邀组织六十多位兰友，由何清正会长带队，前往中国香港大埔参加粤港台澳四地国兰大展，受到中国香港特区领导和广大兰友热情接待。广东各级兰协都获得了诸多嘉奖。

- 2005年1月26日第四届广东省兰博会，在广州番禺区沙湾镇的金沙湾花园小区会所隆重开幕。这是省兰博会首次和镇一级政府主办、由企业来承办的尝试，效果很好：贴近了基层，贴近了生活，贴近了寻常老百姓。中国台湾国兰总会郭伟成会长、中国香港中华兰协杜四普会长、中国澳门兰艺协会邓祖基会长都莅临参加开幕式。这是一次两岸四地兰会领导相聚的一次兰花大展。

- 2004年初，本会策划组织了一个由十六人组成的广东兰友代表团，由中国花卉协会兰花分会王碧青秘书长领队，赴日参观东京兰花大赏展览，并观察日本东洋兰、国兰科研、生产、贸易概况，收获颇大。

- 2005年4月9日—10日，由陈少敏策划和出资，在汕头澄海国际花园酒店，召开了第二届海峡两岸交流会议。中国台湾国兰总会全体理事、监事和在广州的中国花卉协会兰花分会领导，以及来自浙江、海南、湖北、四川的兰协领导等一百多人赴会。会议由中国花卉协会兰花分会罗富和会长、中国台湾国兰总会郭伟成会长、广东省兰协何清正会长主持，交流当前海峡两岸国兰形势和发展趋向，对今后加强联系提出了不少有益建议。5月份，广东省组织了十二位行家前往中国台湾考察交流，省兰协何清正、刘清涌、陈少敏与汕头市有关领导、兰花业者参加，在中国台湾受到热情接待，回来后在兰刊上均发表了多篇观感。

- 为适应全国兰花事业发展形势，由省兰协郑宇晖理事策划，于2004年8月出版了《兰花宝典》试刊号。这个由南方报业集团主办的兰花月刊，经半年试刊后，于2005年6月起正式在全国范围发行，社会反映颇佳。省兰协何清正会长应聘为该刊总编审，刘清涌为副总编审。

- 2005年12月，国家林业局在深圳市梧桐山召开全国兰花保育工作会议，正式组织中国兰花保育协会。著名兰花专家刘仲建（深圳市园林公司董事长、省兰协副会长）被选为首届中国兰花保育协会会长。

广东省兰花协会秘书组

江苏兰花产业发展迅速

江苏夫子庙

江苏历来是人文荟萃之地，种兰历史悠久，兰文化积淀深厚，曾出现过郑板桥、沈渊如等爱兰、画兰、种兰大师。1987年10月，江苏省兰协成立后，更是把推广兰花事业发展作为己任，进一步弘扬祖国的兰文化，培养爱兰者队伍，挖掘民间兰花品种，引种省内外优良品种，重点培养种兰大户，兰花生产、发展工作取得了巨大进展。

省兰协成立之初，省内兰友、兰协组织主要集中在城建系统的园林单位，如无锡市太湖鼋头渚风景区江南兰苑、靖江人民公园、南京浦口公园等和原来从事园林绿化事业的干部、职工，或从事文化艺术队伍中对养兰有特殊爱好的群体，种兰与赏兰、情趣与爱好交融在一起，商品观念、市场意识淡薄。

随着全国性兰花组织的建立和在全国各地不断举办的兰博会的影响日益扩大，江苏省内各地市和相当多的县级市都建立了兰花协会，这些区域性、地方性的兰花组织团结了一大批兰友，也涌现了一批养兰大户，这些兰协组织每年举办兰花展出，推动了兰花种养的普及与提高，养兰队伍得以迅速壮大，对品种兰花的需求量猛增，逐步出现了业内人士的兰花交换和朋友之间的兰花转让。

江苏地处东南沿海，信息、交通极为发达，又地处改革开放前沿，兰花市场的培育、发展很快，特别是中国台湾、日本兰界的参与，对江苏兰花的市场和产业化发展更起了推波助澜的作用，加上受到国内兰花资源丰富的广东、云南、四川、浙江等省频频吹来的兰花市场热流，江苏的种兰、养兰、销兰队伍越来越大，市场需求越来越大，兰花经济规模越来越大，现在江苏省内的部分兰友，不仅把种养兰花作为一种兴趣、一种爱好，更是作为一种投资项目来做。据不完全统计，一次投入春蕙兰几十万元乃至二三百万元以上的兰友在全省超过30人。目前，除无锡江南兰苑、靖江人民公园等种兰单位拥有丰富的兰花种质资源和不俗的经济实力外，按当前市场估价算，兰苑价值超过千万元的兰友不下50户。如宜兴陈学祥，无锡陈尧祥、陈耀明，苏州梁耀庭，南京刘小鋆，溧阳刘志斌，金坛刘庆松，靖江陆明祥等等。

为了适应市场的需要，江苏兰友特别是种养大户潜心钻研养兰新技术，运用科学方法，采取一系列的快繁措施，促进兰苗分檗，并把各地兰博会、兰展会作为自己宣传、推广、销售的平台，为自己创造良好的经济效益。

在传统春兰、蕙兰等国兰产业化发展取得巨大成效的同时，江苏省的洋兰产业发展突飞猛进，这得益于台、粤兰商的介入，得益于江苏年宵花市场的巨大需求潜能。近十年来，在江苏省内各地市都有大规模的现代化洋兰（主要是大花蕙兰、蝴蝶兰）生产基地，全省总数有60余家，年产洋兰800万盆以上。每年春节，这些花全部涌入南京、无锡、苏州、常州等广大普通市民的家中，不足部分还得从上海、浙江、广东等地调入，每年的洋兰销售额达到6亿元左右。

最近，中央提出建立和谐社会的美好目标，也为兰花产业化发展开创了一条希望之路，我们有理由相信，随着经济的发展和人民生活水平以及整个社会文明程度的进一步提高，人们将会把更多的经济收入用于美化生活、美化家园，国兰、洋兰的产业化发展前景会更为广阔。江苏各级兰协应更好地团结兰友，适应改革开放形势，充分发挥兰协组织的作用，让种兰、爱兰之风吹遍大江南北、大河上下。

春剑多瓣奇花

江苏省兰协(江苏省花协兰花专业委员会)是中国兰协的省级团体会员，从1987年10月成立至今已近20年，始终贯彻“服务、服务、再服务”的原则，组织兰友参加全国性兰博会，服务于全省兰友，努力发展江苏兰花事业。

江苏省兰协大事记

★ 1987年10月，在扬州市文峰饭店，由江苏省农林厅副厅长、江苏省花木协会会长蒋逸成主持成立了江苏省花木协会兰花分会，选举产生省兰协理事会，理事会由七人组成，李永荣任理事长。

★ 1988年3月13日，向中国兰花协会提出入会申请，同年4月11日批复同意，并请推荐一位中国兰协理事，经省兰协推荐，李永荣成为中国兰协的理事。

★ 1988年3月19日，在靖江人民公园召开了第二次省兰协理事会，省花协理事长蒋逸成到会指导，会议增补南京唐文举、无锡吴惠良、镇江芦益民、苏州金于荣为理事。

★ 1988年9月27日，在广州市文化公园举办的中国首届兰花博览会上，江苏省获奖牌7个，其中特别金奖1个、银奖2个、铜奖3个、栽培奖1个。

★ 1989年3月20日，在无锡太湖鼋头渚风景区举办了1989年中国春季兰花展览会，江苏省兰协组团参展，获奖43个，其中金奖8个、银奖15个、铜奖20个。

★ 1990年2月15日，参加在福建省厦门市举办的中国第二届兰花博览会，省内6个单位送展，参展兰花29个品种、42盆。

★ 1991年3月1日，参加在绍兴市举办的1991年中国春季兰花展，江苏省参展单位有11个和17位个人，参展88个品种，计100盆；共获23个奖牌，其中：特别金奖6个、金奖5个、铜奖7个。

★ 1992年，第三届中国(深圳)兰花博览会，江苏省兰协参展品种16个，江苏组团26人参加。获奖9个，其中金奖1个、银奖3个、铜奖4个、栽培奖1个。

★ 1992年1月20日—27日，由无锡园林局江南兰苑组团代表中国兰花界参加了日本第三十二届国际兰展，携带文山兰、冬凤兰等26种，计50株展品。会后，获兰展最高奖。

★ 1993年4月3日夜里，淮阴市的何相贵家的兰花被盗20多个春兰品种，600多苗，估价2万多元。省兰协向全省兰界发了通报，建议“亡羊补牢”，并配合公安部门加紧侦破。

★ 1993年7月，苏州市兰协在太仓成立，顾树棨当选为苏州市兰协会长，随后，顾树棨、朱晓阳被增补为省兰协的理事。

★ 项目及著作论文：1989年邬秉左《江苏省野生兰科植物资源及其保护利用》，葛士超、沈虹太《西神兰蕙妍，溪湖尽幽香》等论文获1989年兰展科技进步奖。邬秉左等人《兰花种质资源保护和利用》项目获江苏省建委1993年度科技进步三等奖。邬秉左主持的《兰花重要种属的引种》项目获1997年无锡科技进步三等奖。1998年，李永荣等人根据林业部的要求，对江苏省兰科植物进行了系统的调查研究，并于1999年6月6日完成了《关于江苏省兰科植物栽培情况的调查报告》。2002年4月，由溧阳市兰协秘书长朱和兴等编著的《兰蕙宝鉴》出版。1994年10月，由顾树棨著的《兰苑纪事》出版；2003年由苏州市兰协崔护著的专著《畹华集》和2006年由溧阳市兰协秘书长朱和兴注释的《兰蕙小史新版》成书。

★ 1994年3月3日，参加第四届中国(成都)兰花博览会。

★ 1994年5月6日，常州市的溧阳市兰协成立，强富荣当选为会长。后强富荣被增补为省兰协的理事。

★ 1994年5月30日，应南京市浦口公园要求，增补潘兆祥为省兰协理事，替代已退休离开公园的唐文举。

★ 1995年2月15日，第五届中国(昆明)兰花博览会，在昆明市西华园兰园举办。江苏省组团代表8个单位与个人若干，参展兰花17盆，获奖牌8个，其中金奖1个、银奖2个、铜奖3个、栽培奖1个、组织奖1个。

★ 1996年3月1日，第六届中国(汕头)兰花博览会在潮汕体育馆举办。

★ 1996年4月1日，江苏省南通市兰协与南通柴油机股份有限公司的大一品兰花协会同时成立。大一品兰花协会，是企业型的兰花协会，全厂2300名职工均为兰协会员，每年举行兰展，并以名兰作为奖品，是江苏省内极具特色的兰友组织。省兰协增补张逸民、翟筱珊、张培生为理事。

★ 1996年5月10日，在苏州太仓市召开省兰协理事会，决议：①建立执行理事长制度，由无锡的邬秉左、太仓的殷继山、靖江的盛定武三位理事，轮流担任年度执行理事长，负责兰协的日常工作；②增补孙美萍、钱建港两人为省兰协的理事。

★ 1996年8月20日，根据中国花卉协会兰花分会关于加强组织建设的要求，经省兰协理事会协商，推荐邬秉左等为中国花卉协会兰花分会的理事。

★ 1997年2月21日，第七届中国(北海)兰花博览会举办。江苏省代表团获金、银、铜及栽培奖各1个。另获北京中国名兰展金、银奖各1个，铜奖2个。

★ 1998年2月23日，第八届中国(中山)兰花博览会上，江苏省代表团获2个栽培奖。

★ 1998年9月5日，在无锡市吟园召开省兰协理事会，会议从增强理事会的领导、当好东道主、协助无锡办好第九届兰花博览会出发，选举无锡市园林局局长担任省兰协的名誉理事长，新增贾伟、姚呈方、毛柏庆、钱永康、马士余、唐勤、郑贵鸣为理事。

★ 1999年昆明举办世界园艺博览会期间，举办兰花专题展览，邬秉左被特邀为评审专家组成员。江苏组团参加，获金奖1个、银奖2个、铜奖4个。

★ 1999年3月6日，在江苏省无锡市举办的第九届中国兰花博览会，全国17个省市和日本、韩国、新加坡等国参加展会。全省各市兰协，均组团参加了兰花博览会，圆满地完成了作为东道主的各项任务，尤其是以殷继山、邬秉左为主的诸多兰友，提供了从南宋以来，凝聚着丰厚兰文化积淀的近百部专著，受到了大会组委会的充分肯定与奖励。

★ 2000年1月16日，在无锡吟园召开省兰协理事会。

★ 2000年3月，在杭州举办的第十届中国兰花博览会上，江苏省兰协获各类奖牌31个，其中金奖3个、银奖7个、铜奖6个、优秀奖12个、科技进步奖3个。同年秋季又参加了在济南举办的秋季兰花博览会，江苏省参展的秋兰获得奖牌10个，其中1金、5银、4铜。

★ 2001年1月13日，在苏州太仓市召开省兰协理事会，新增常熟李三宝、常州谢星安、宜兴董泽民为省兰协理事。

★ 2001年2月，组团参加了第十一届中国(贵阳)兰花博览会。

★ 2001年4月7日，宜兴市兰协举办第一次蕙兰展，汇集了宜兴市兰友各种蕙兰40多个品种，120多盆。

★ 2001年4月8日，常州市兰协在红梅公园举办了市首届蕙兰展，汇集了新老品种32个，共94盆。

★ 2002年2月2日，在扬州个园召开理事会，增补扬州市徐信阳、兴化市姚业成、无锡市耿树云、苏州市吴玉智4位为省兰协的理事。

★ 2002年2月27日，组团参加了第十二届中国(成都)兰花博览会。

★ 2002年4月9日参加了宜兴市第二届蕙兰展，临时动议召开了省兰协理事会，商量举办省级首届蕙兰展的事宜。

★ 2002年9月20日，根据省民政厅“理事长任期一般不超过两届，并由60岁以下的现职干部担任”的要求，进行换届选举，无锡市园林局局长、无锡市绿化委员会办公室主任吴惠良当选为新一届的理事长。李永荣为名誉理事长，刘鲁平、殷继山等为副理事长，邬秉左为秘书长。

★ 2003年春，第十三届(彭州)中国兰花博览会上，江苏省获奖牌8个，其中金奖2个、银奖3个、铜奖3个。

★ 2003年10月18日，靖江市兰协成立，省兰协所属的各市县兰协及理事多前往祝贺。

★ 2004年2月7日，第十四届中国(玉溪)兰花博览会，江苏组团参加。同年4月9日，还组团参加浙江省绍兴举办的中国首届兰文化博览会，都取得了令人满意的结果。

★ 2004年4月12日，江苏省首届蕙兰展在宜兴市龙背山森林公园举办，展出传统精品和新优品种百余种，共500多盆。前来交流的兰界宾客有包括港、澳、台在内的18个省区150多个市县的近千人。

★ 2005年2月，第十五届中国（大理）兰花博览会，江苏组团参加。

★ 2005年2月，江苏省兰协理事会在无锡召开。

★ 2005年2月，第十六届中国（贵阳）兰花博览会，江苏组团参加。

★ 2005年4月，第二届江苏蕙兰展在无锡梅园横山风景区举办，展出传统精品和新优蕙兰品种近百种，共800多盆。

★ 2006年4月8日～4月14日，首届中国（南京）蕙兰博览会在南京玄武湖公园举办，江苏兰协参与筹备并组团参加。

江苏省兰花协会

湖北野生兰花分布简介

黄鹤楼

湖北，四季分明，地理状况复杂，各地自然条件差别较大，野生兰花品种多且资源丰富，但分布极不均匀。从地域分布来看：鄂西南山区，长江以南的恩施自治州（包含宜昌山区），属武陵山脉的余脉，地貌类型复杂，热量丰富，雨量充沛，是东亚植物物种和西亚植物物种的分水岭，也是我省野生兰花物种资源最为丰富的地区。已发现的品种有春兰、春剑、蕙兰（含送春）、建兰（四季兰）、寒兰以及其他兰科品种。其中恩施境内所产春兰，叶细，株秀、花艳、清香，爱煞人！宜昌所属山区大部分所产春兰则少香、不香。

鄂西北，长江三峡北岸，山峦连绵，有大巴山余脉、神龙架原始森林、武当山、盛产恐龙蛋的郧阳地区、十堰地区以及有古隆中遗址的襄樊山区。这里峡谷与盆地错落，自然条件多样性使得植被类型比较复杂。该地所产兰花主要是蕙兰和春兰（不香），尤其是蕙兰株形高大、叶姿雄壮，花香四逸。

鄂北的大洪山一带、桐柏山南部，其海拔高度多在1000米左右，气候条件非常适合蕙兰生长，其蕙兰品种资源非常丰富。近几年随州地区已成为全国精品蕙兰交易的热点地区。在已有的中国蕙兰名贵品种中，原产地为该地的占80%强。该地还出产大量的春兰、蕙兰叶艺草。这一现象不知是否和当地的地理环境有关？该地区所产春兰叶齿大且不香。

鄂东北巍巍的大别山麓，是革命老区，不仅是新中国将军之乡，还盛产开花极度清香的蕙兰，真正的“兰馨蕙质”那种。其特浓的清香，是由于其生长环境温度接近兰科植物生长的极限呢还是其他原因，我们不得而知。该地区所产春兰也不香。

长江以南的鄂南山区，主要是幕阜山脉北麓（九宫山）及其余脉，即咸宁、黄石、阳新一带，具有典型的中亚热带森林生态系统、温暖湿润、水热条件优越，坡陡谷狭、雨量充沛，植被资源极其丰富。丰富的生物多样性为珍稀濒危的野生兰花提供了优越的生存繁衍条件。所产兰花品种主要是春兰、蕙兰以及少量建兰。其春兰叶阔，花大，浓香。

如果按兰花种类划分来谈分布：

蕙兰，全省各山区均产蕙兰，北边的蕙兰比南方的蕙兰感觉香浓一些。

春兰，长江以北地区，所产春兰均不香；长江以南，除宜昌所属山区大部分春兰少香、不香、浊香外，其他地区春兰不仅香，而且似乎比南方春兰香得更浓。

春剑，我省只产于恩施自治州境内，且资源由于大量滥采，日趋匮乏。

建兰（四季兰），主要产于恩施自治州境内，极少量分布于鄂南幕阜山区。

寒兰，主要产于恩施自治州境内。

纵观湖北野生兰花资源，基本上各山区都产兰花，特别是蕙兰资源，堪称全国第一。

湖北省兰花学会

浙江省兰花协会
情况介绍

浙江省花卉协会兰花分会成立于1996年3月，目前已拥有会员2000多人，是省花协中成立最早、会员最广、活动最多、工作最规范的分会。通过省兰协卓有成效的工作，带动了各市、县兰花组织的建立与发展，规范了全省及各地的兰事活动，推动了浙江兰文化、兰经济的发展。

一 组织健全

通过十年的努力，全省所有的地级市都成立了兰花协会，有兰花资源的、兰事活动比较活跃的重点县（市、区）也都成立了协会，并成为省兰协的成员，初步形成了能覆盖到全省兰友的组织体系。省兰协内部还成立了专家咨询组和市场信息组，协助秘书处做好有关工作。专家咨询组承担各类省级兰展的兰花评审、种植技术指导等方面工作；市场信息组承担各地兰花价格的收集和发布，受委托进行有关新花的评估与咨询工作，引导兰花市场健康发展。

杭州西湖

二 工作规范

在协会《章程》的基础上，还制定出台了《浙江省花卉协会兰花分会会员管理办法》和《浙江省省级兰展申办管理办法》等，通过制度，规范了协会的有关工作与管理。同时，协会坚持每年召开一次以上常务理事会或理事会，研究决定年度工作计划和其他重大事项；坚持每年召开一次以上各市协会秘书长联席会议，交流各地工作，研究协会工作；坚持重大工作由协会会长会议集体讨论研究确定，避免由一二人左右整个协会工作的局面，提高了协会工作的科学性、民主性和代表性。2006年还首次引入了通过无记名投票表决常务理事、副会长增补事项的办法，起到了很好的效果。

三 领导重视

省兰协挂靠在省农业厅优农中心，厅领导对协会工作非常重视，将兰协工作列入议事日程，每年都亲自参加重大的兰展活动，并给予一定的经费补助。省优农中心还专门提供两间办公室，配备了电脑、电话、办公桌椅等设备设施，抽出两名专职干部帮助协会秘书处抓好具体工作。协会会长每星期两次以上检查、督促秘书处工作，遇到重大事项、难办事情，还亲自带领秘书处的同志一起抓好落实工作。

四 兰事活跃

省兰协每年都举办一次以上的省级兰展，积极组织兰友参加省外、境外的重大兰展活动，定期编印《浙江兰讯》，不定期召开研讨会、经验交流会，组织兰友外出参观、学习、交流，支持各地举办有地方特色兰展、兰花节等活动。绍兴市通过人大立法，将兰花正式确定为市花。兰溪市兴办兰花村，并结合经贸、旅游活动每年举办兰花节。绍兴市、台州市组织各县轮流举办一年一届的市级兰博会，促进了兰花交易与兰友交流，推动了兰协工作。余姚市承办了首届华东六省市兰博会，绍兴县承办了全国首届兰文化博览会，杭州市承办了第十届全国兰博会，温州市还获得了第十八届中国兰博会的举办权。省兰协与兄弟省市区、港澳台地区和日本、韩国等兰协组织都保持着良好的关系。另据不完全统计，近年来由我省兰友主编或参与主编的兰花专著达10多部，编写了全国首部有关兰事的小说《江南灵草》，兴办了10多个兰花专业网站，有力地推动了全省兰事活跃开展。

五 兰经济发达

浙江是我国春兰发祥地，传统的春兰、蕙兰名品众多，寒兰资源丰富。近年来，兰经济发展迅速，兰花专业大户、企业家不断增加，兰花已成为了一项重要产业。据初步估算，全省拥有专业兰房、名品在50个以上，莳养兰花100盆以上的专业大户或企业达数千家，兰花总价值数百亿元，年成交额达10亿元以上。兰花已成为休闲交友、投资兴业的一项重要内容。

浙江省花卉协会
兰花分会

四川野生兰花资源分布概况及特点

四川野生兰花分布的规律和特点

四川山河秀美，物产富饶，享有“天府之国”的美誉。四川地处北亚地带，位于北纬25°—34°之间，北回归线由东向西横穿中部。地理位置优越，系康藏高原向长江中下游过渡地带，地貌奇特多变，盆地四周均为高山峻岭，来自西伯利亚的寒流被青藏高原所阻隔，南来的暖湿季风气流滋润着巴蜀大地，区内气候温和，雨量充沛，土地肥沃，适宜各类植物生存和繁衍。四川是我国重要的兰花资源出产地，现已发现各类野生兰科植物90余属，约500余种，分布区域广，野生资源储量大，变异种类特多，有十余个我国特有的珍稀品种，深受国内外兰界人士的关注。四川野生兰科分布上呈现出以下几大特点:

1 四川野生兰科植物呈现出热带、亚热带、高温带的种类相互混生的格局

我国热带出产的兜兰，过去有人认定四川不出产。近几年来，川南、川西南、川西北等河谷地带，发现有珍稀的杏黄兜兰、硬叶兜兰、麻栗坡兜兰、小叶兜兰等几个种的分布。原出产在我国台湾的盆距兰、小叶套叶兰在我省北部山区也有出现。出产在热带地区的蝴蝶兰、万代兰、石斛兰、笋兰、贝母兰、鹤顶兰、竹叶兰等，在我省也有一定数量的分布。在亚热带分布的杓兰、独蒜兰、杜鹃兰、独花兰、风兰、白芨、芋兰、虾脊兰、金线兰、火热兰、玉凤花、羊耳蒜、血叶兰、毛兰、瘦房兰、舌喙兰、无柱兰、蜈蚣兰等等，在盆地四周山区有广泛的分布。

东方民族特别厚爱的兰科兰属植物在四川境内已发现有20余个种及其变种，现已开发的国兰十大类园艺开发种在四川均有分布，有的珍贵种类是我国特有种类，这是川兰一大特色。出产在我国寒温带的杓兰、羊耳蒜兰、红门兰、绶草、无喙兰等种类，在四川西部、北部山区亦有多处分布。种类齐全，变异品种繁多是川兰又一特色，亚细亚地区多种兰科植物在四川呈现出生物多样性的奇特景观，这在国际上亦是不可多见的，值得倍加珍惜。

2 四川野生兰科植物在盆地四周山区呈现出高密度立体水平垂直分布的奇特景象

我省盆地四周均系高山地带，海拔在五千米以上的山峰有数十座之多，被无数支流所切割，地貌奇特多变，属于南来季风气候控制区，境内气候温和，雨量充沛，是华

九寨沟

西地区重要的野生兰花生产地。有的山区生态环境呈现出“一日四时景，十里不同天”的奇特景观。从海拔400米到海拔3300米的雪域附近均有兰科植物分布，多是立体垂直水平带分布，野生兰花资源密度大，高度集中，种类齐全，储量丰富，这种状况在国内外亦不多见。例如贡嘎山南坡就集中分布有杏黄兜兰、大叶杓兰、石斛兰、笋兰、毛兰、虾脊兰、凤兰、玉凤花、羊耳蒜等二十余个属，川西康藏高原前坡过渡地带的大光明山区，仅五个乡镇的面积，就分布有杓兰、杜鹃兰、独蒜兰、芋兰、华西蝶兰、金线莲、白芨兰、鹤顶兰、羊耳蒜、兰属的春兰、春剑、莲瓣兰、送春、蕙兰、寒兰、春蕙等22个属40余种及变种；我省的峨眉山、螺髻山、大相岭、小相岭、龙门山、米仓山、大巴山等众多山脉的野生兰科植物均呈垂直水平分布，成为无数个天然野生兰花资源宝库，形成巨大的资源储量，奠定了川兰雄厚的物种基础。

3 四川是亚细亚两大植被带的交汇点，境内的兰科植物明显表现出特别变异的特点

四川生产的春兰、豆瓣绿、春剑、送春、莲瓣兰、夏蕙、四季兰、寒兰等种类，都明显表现出特别变异的特点，且出现了无数中间过渡类型。如四川生产的华西春兰就衍化出：扑地蛾、血丝兰、丝毛春、四川雪兰、大明山春蕙、西山阔叶春蕙等变种。在长期的自然驯育中使其获得的遗传基因得到保存和稳定下来，形成华西蕙兰的复杂性和多样性。它们经过天然杂交或自交，不断分化，不断繁衍，又不断积累，形成新的品系。新品种与老种无论在植株形态、花被的色彩与瓣型上都存在明显的不同，园艺观赏价值更高，更上档次。

四川的春剑、夏蕙、送春、建兰经过自然杂交变异，也出现了一大批中间过渡类型，若有我国兰界有识之士对它们几千年来的进化变异展开系统的收集整理、分析研究，得出正确的判断和认定，写出详实系统衍化变异背景材料，这将对今后我国开展国兰杂交育种工作很有指导作用。

4 群芳争雄的巴蜀兰蕙拥有一大批出类拔萃的基因种。

四川春兰矫健高大，株高60余厘米，叶宽1.5厘米，花大花多，色彩艳丽，清香浓郁，新奇品种繁多，堪称亚洲春兰之最；四川春剑叶姿雄伟豪放，花多硕大，色彩绚丽多变，馨香馥郁，进化变异显著；龙门山山脉的夏蕙，叶姿高大粗放，花葶直立挺拔，花大花多，色彩俏丽，清

醇厚；大小凉山的莲瓣兰，叶姿娟秀，花多色丽，清香纯正，精品辈出；川西南的墨兰，植株高大雄伟，花葶高出，一茎着花20余朵，色彩清丽淡雅，清香四溢；川南金沙江流域的寒兰，植株雄健高大，花姿俏丽，冷香浮动。它们无论在生态习性、生理性状、适应能力、耐寒抗逆性能和物候期等诸多方面都有别于其他产地的种群，是东方兰不可多得的优良基因种，是未来开展东方兰人工杂交育种和繁育商品流通品种的宝贵物种，值得国人倍加珍惜和自豪。

二

国兰保育基地最佳地理位置和模式

四川位于亚洲北亚热带地区，世界上许多奇迹都发生在北回归线附近，四川正好横卧在北回归线上，境内生态环境良好，地理位置优越，雨量充沛，气候温和，是动植物的天然王国。四川东北角的岭谷地带，紧靠神秘的神农架西侧；四川西部的邛崃山脉是康藏高原向长江中下游的过渡地带，在这些典型地带上分布着针阔叶混交林带，林中动植物种类繁多，呈现出生物多样性的奇特景观。林下的兰科植物异常丰富，地下生命物质繁衍活跃，与真菌共生的国兰在这里得到了得天独厚的生存和繁衍的有利条件，繁衍进化出许许多多的国兰原生种群，显示出超常的区位优势，是我国难得的兰花天然基因库，同时也是国兰实施天然保护和异地迁移驯化，引种保存的理想场所。为了国家和民族利益，保护好我国丰富的兰花资源，发挥华西地区特有的兰花资源优势，我们计划在川东北神农架西侧和康藏高原前坡过渡地带，组建23个国兰自然保护繁育基地，有计划有目的地将现有的国兰园艺开发品种返回山林，回归大自然，实施天然繁衍与驯育，营造一个集天然资源与人工繁育品种相结合的种质资源保育基地，为我们的子孙后代留下宝贵的资源财富。并且我们还在过去二十余年积极开展应用性试验，有目的地将国兰组织培养、人工杂交育种、原生质体培育、转基因等研究成果，巧妙地与山林中共生真菌相结合，建立新型的共生繁衍机制，利用科研提供的物质基础，结合地下复杂、奇特、奥妙的生命物之间的相互利用，促使人工研究成果更加优异地转化，更大程度地发挥国兰的潜在优势，提供大批量的新型繁育品系，解决目前国兰种植业仍然大量依赖野生资源提供园艺品种的被动局面。这种半人工半天然相结合的育种培植工作，更加有利于现代育种的需要。其功能是我国现已建立的各式各样国兰保育场、种植基地、科研场所都无法比拟的。我们已与有关部门和人员达成了协议，为加快建设步伐，开展了一系列前期繁育试验，取得了突破性的进展，可以实施规模化生态繁育工程。我们将积极推进育种进程，走出一条具有中国特色的国兰育种道路，为弘扬祖国的兰花文化，促进国兰产业现代化，做出我们的贡献。

四川　陈岱开

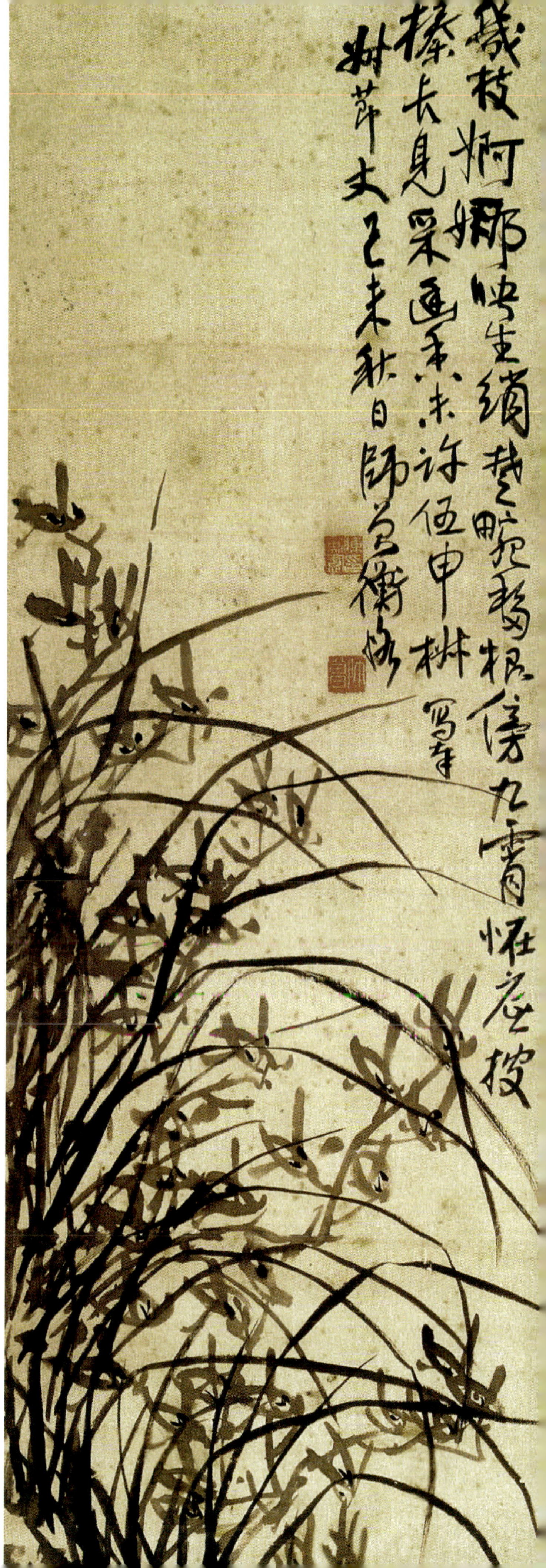

四川省兰花协会大事记

在筹备成立四川省兰花协会期间，四川省兰花主管部门—四川省林业厅领导四川省兰花协会筹备组及全省兰花界人士，在有关部门的大力支持配合下，办了两件大事：一是举办了一项大展。1990年7月，在成都市百花潭公园巴金纪念馆内，由四川省林业厅、四川省农牧厅联合主办了“中国四季兰及热带兰国际邀请展”。国内十余个省、市、自治区的兰界人士组团参展，日本、韩国、美国、马来西亚以及中国香港、中国澳门、中国台湾等国家和地区的兰界人士莅临展会。上千盆争奇斗艳的四季兰精品以及来自中国西部珍稀名贵的原生种兰科植物第一次集体亮相成都，受到国内外专家学者的一致好评。二是参加了一届大会。1993年2月底，以四川省林业厅厅长傅道政为团长，四川省首次正式组织兰花代表团一行数十人赴深圳参加了第三届中国（深圳）兰花博览会。四川省代表团精心组织选送的四川兰花名品，以其独具的姿态、特别的魅力博得了国内外兰界名流的一致喝彩，一举夺得了16枚奖牌，为各省、市代表团获奖数之最，包括金、银、铜奖各2、5、7枚以及组织奖、布展奖各1枚，四川省代表团因此还获得了组委会授予的全场总冠军的特别荣誉。四川省代表团此行还有一项重大收获，就是申请在成都举办第四届中国兰博会取得了成功。正因为办好了以上两件大事，便加快了四川省兰花协会正式成立的步伐。

1993

1993年11月22日，四川省民政厅作出《关于准予四川省兰花协会注册登记的批复》（〔1993〕民社字第425号），四川省兰花协会正式登记注册（登记证号为[川]社证字第00703号）。四川省兰花协会的主管机关为四川省林业厅，由省委、省政协老领导杨超、廖伯康任名誉会长，省政协副主席刘昌杰、省政府副省长张中伟、省人大副主任孟俊修、省政府副秘书长刘忠彬等8人任名誉副会长，省委、省人大老领导杨万选、刘海泉等5人任名誉顾问，省农科院研究员吴汉珠、省绿化委员会办公室副主任章齐华等12人任顾问，四川省林业厅厅长王福兴任会长，省农牧厅厅长文正经，省林业厅副厅长杨传邦等4人任副会长，省林业厅野生动植物保护处处长胡铁卿任秘书长，四川省花卉协会副秘书长罗光和、省农科院研究员魏亚鉥，成都市公安局处级调研员陈岱开、省林业厅野保站主任工程师毕凤洲等6人任副秘书长。

1993年12月11日，四川省兰花协会成立大会暨四川省兰花协会第一届会员代表大会和第一次理事会，在省林业厅招待所隆重召开。经过数年的多方努力、积极筹备，四川省兰花协会终于正式成立了，意味着从此四川省兰花界开启了新的篇章！张中伟副省长等省领导到会并作重要讲话。张中伟副省长说：省政府在1990年就明确兰花资源的保护管理工作由林业部门主管，希望全省各级林业部门要切实负起这个责任，做好兰花资源的保护管理工作。同时希望全川人民特别是广大兰花工作者、兰花爱好者，自觉遵守有关规定，在保护好兰花资源的前提下，积极培育和合理开发利用兰花资源，严禁乱采滥挖。省兰协成立后，要积极开展工作，大力促进全省兰花事业持续健康发展。自1993年1月—12月，为查清四川省野生兰花种类、分布、利用状况和人工栽培及贸易情况，为保护管理和合理开发利用四川兰花资源提供有价值的依据，四川省林业厅、省兰花协会组织有关专家、科技人员，在全省范围内开展了为期一年的兰花资源综合调查，形成了调查报告，并于1994年5月，以四川省林业厅的名义将《四川省兰花资源调查报告》上报中国濒危物种进出口管理办公室（川林保函〔1994〕164号）。

1994

1994年2月28日至3月8日，第四届中国（成都）兰花博览会暨'94四川国际兰花邀请展在四川成都锦江大礼堂举办。这是四川省兰花协会成立以来所筹办的第一个兰花盛会，也是第一次在成都举办全国性的兰展。省兰协高度重视，在相关单位的支持配合下，发挥了积极的作用，经过精心筹备，这次兰博会盛况空前，国内13个省（市、区）组团参展，中国港、澳、台兰界同胞和日本、韩国、新加坡等国际友好兰花组织、商业社团等，也组团来蓉参加了展览和展销活动。此次邀请展参评兰花精品共计1200余盆，展出各类名兰4千余盆，参观群众达十万人次，创造了规格高、展品精、数量多、人气旺的国内新记录，受到有关各方的高度肯定和广泛赞誉。

1995

1995年2月15日—20日，第五届中国兰花博览会在昆明市西华园举办，四川省兰花协会组团参加了此次博览会，获特别金奖、金奖、银奖、铜奖以及组织奖各1、2、6、9、3个。并于期间（2月15日）应邀参加了在昆明市锦华大酒店召开的中日兰花交流座谈会。

经四川省林业厅和四川省兰花协会批准，'95中国峨眉山国际四季兰展暨“佛兰杯”展览会，于1995年8月18日至20日在峨嵋山市峨眉大厦隆重举办。此次兰展除国内部分地方、省内各地兰协组团参加外，还邀请了美国、日本、韩国、泰国、新加坡以及中国台湾、中国香港、中国澳门等国家和地区的兰界人士参会。

2002

为展示四川各地兰花特色，搞好参展活动，1995年11月28日，省兰花协会发出《关于我省参加第六届中国（汕头）兰花博览会有关问题的通知》（川兰协〔1995〕5号），对统一组织参展提出了明确要求。1996年3月1日至3月9日，第六届中国兰花博览会在汕头市潮汕体育馆举办，四川省兰花协会统一组团参加了此次博览会。

2002年2月27日—3月5日，第12届中国“金茂杯”兰花博览会在四川省彭州市成功举办。本届兰博会由中国花卉协会兰花分会、中国植物学会兰花分会、四川省林业厅、省兰花协会、成都市人民政府共同主办，共评出特等奖1个，金奖、银奖、铜奖各40、60、110个，组织奖6个、栽培奖10个以及展台布置奖5个。国内十余个省（市、区）兰花组织参展，日本、韩国、美国以及中国台湾、中国香港、中国澳门等地区兰界人士莅临大会。展馆分彭州馆、四川馆、中华馆三大部分，共计展出兰花精品5千余盆。在此期间，省兰花协会召开了工作会议，主要议定事项：一是审议通过了各地推荐的省兰花协会理事候选人，成立了四川省兰花协会第二届理事会；二是选举产生了22名常务理事，成立了四川省兰花协会第二届常务理事会；三是省兰协调整、增补了秘书长、副秘书长，调整由余顺华任省兰协秘书长，李信卫、邓远志等任省兰协副秘书长。

2002年4月和10月，省兰花协会分别在成都郫县、双流召开省兰协秘书长办公会，重点研究了协会组织建设、机构设置、兰事活动开展、经费筹集等工作。

2002年11月23日，省兰花协会在成都召开全体理事会议，通过了新的理事会、常务理事会、会长、秘书长、副秘书长名单。会议审议通过了增补与调整理事、成立省兰协专业委员会、省兰博会申办办法、会员发展、会费缴纳等8个事项。其中，决定成立的4个专业委员会分别是：会员发展、兰花活动、兰花学术以及资金筹集专业委员会。

2003

2003年1月12日—14日，由省林业厅、省兰花协会与凉山州政府共同主办、主题为“扬大小凉山风采，展横断兰花神韵”的四川省第一届“移动杯”兰花博览会在凉山州西昌民族体育场隆重举办。这是进入新世纪后，四川省举办的第一届全省兰花博览会，经过认真筹办，吸引了来自广东、云南、湖北和中国台湾等省、市以及四川各地的兰花爱好者前来参展、参观。共展出各类兰花近千盆，品种众多，精品迭出。本届兰博会共评出67个奖项，其中金奖12名、银奖20名、铜奖30名、奇石奖5名。在兰博会期间，前来参观的兰花爱好者络绎不绝。新世纪首届四川省兰博会取得了圆满成功。

2004

2004年1月10日，四川省兰协在四川林业宾馆召开理事（扩大）会议。因工作变动原因，原省兰协会长王玉琳、秘书长余顺华、副秘书长邓远志不再担任省兰协会长、秘书长、副秘书长，会议决定分别由孟宏伟、陈昌久、蒋人勇担任省兰花协会新的会长、秘书长、常务副秘书长，并增补钱登荣为副秘书长。

2004年5月14日，在郫县金桂苑召开省兰协秘书长办公会议。所议事项主要有：第15届中国兰博会筹备工作情况，省兰协主办兰花专业读物与网站有关情况，认真研究了如何进一步规范省兰协理事、会员的吸纳和管理问题，特别是研究提出了省兰协会员、理事缴纳会费的标准；经讨论原则同意开展“全省示范兰园”评选活动等。

2004年6月18日，省林业厅、省兰花协会在乐山市沙湾宾馆召开了第15届中国（乐山）兰花博览会筹备工作会议。

2005

2005年2月26日—3月3日，第15届中国兰花博览会在四川省乐山市隆重举办，省林业厅厅长杨冬生、副厅长郭亨孝、省兰花协会会长孟宏伟等参加了2月26日举行的兰博会盛大开幕式。本届兰博会由中国花卉协会兰花分会、四川省林业厅等单位主办，四川省兰花协会等单位具体承办。本届兰博会分为嘉州馆、四川馆、中华馆三大组成部分，共展出各类国兰精品5千余盆，实现了“比历届更隆重，规模更大、水平更高、影响更盛、效果更好”的目标，取得了巨大的成功。在6天会期时间里，共吸引了近30万人次参展和参观，展场内外交易额达1.8亿元，旅游、餐饮等第三产业收入达1.4亿元。

2006

2006年2月14日—19日，省兰花协会会长孟宏伟、常务副秘书长蒋大勇等一行，赴泸州市了解、检查第二届四川省兰博会筹备情况，对进一步搞好各方面筹备工作提出了指导意见，随后孟会长一行赴贵阳市参加第16届中国兰花博览会。

2006年3月3日—6日，第二届四川省兰花博览会在泸州市隆重举办。本届兰博会由泸州市人民政府、四川省兰花协会主办，泸州市兰花协会、泸州市林业局承办，四川省各市州兰花协会及《大西兰》兰花专业读物协办。本届兰博会的主题是“以兰会友，以兰弘文，以兰招商，以兰联谊”，吸引了来自中国兰协、中国植物协会兰花分会、国内部分省市、四川省各地以及美国、韩国、中国澳门等国家和地区的代表参加此次博览会，分别评出特别金奖、金奖、银奖、铜奖各1、15、20、25个。期间（5日），省兰花协会还召开了省兰协全体理事会议。

2006年6月30日，由省兰花协会会长孟宏伟主持，在成都菱彩酒店召开了省兰协秘书长办公会，研究通过了首届四川省四季兰十大名花和优秀名品名单，通报了中国花协兰花分会成立20周年评选优秀兰花组织和优秀兰花工作者有关情况，调整确定魏亚鉥、邱厚云副秘书长任职分工安排及新任常务理事、理事名单等主要事项。7月3日，省兰花协会发出《关于首届四川省四季兰十大名花及优秀名品评选结果的通报》（川兰协〔2006〕1号），评定光益梅等10个花品为“首届四川省四季兰十大名花”、夏皇梅等20个花品为“首届四川省四季兰优秀名品”。

2006年8月24日—30日，四川省兰花协会代表团一行20余人，赴韩国参加韩国兰文化协会第八届夏季团结大会。在此期间，由国家“863”计划中国名兰组培项目首席专家魏亚鉥代表四川省兰花协会与韩国兰文化协会草签了双方兰协友好交流协议。

2006年10月28日，四川省崇州市兰花养植大户李应军家兰花被歹徒持枪抢劫，造成5死1伤，酿成了兰花界近年来最惨重的“血案”。11月1日，省兰花协会召集各地兰协负责人、知名兰家，在四川林业宾馆召开“兰花界安全问题座谈会”，专题座谈讨论直接威胁兰花界安全的偷盗特别是暴力抢劫兰花问题，以及中央电视台于10月28日晚播出的“天价兰花”专题节目所指出的兰业持续健康发展问题。随后，省兰花协会向各级兰花组织和兰花爱好者发出《倡议书》，呼吁、倡议各级兰花组织、兰花界人士要高度重视兰花界安全问题，要积极努力，“共同维护兰花界安全，促进兰业健康发展”。

四川省兰花协会

重庆兰花资源概况

重庆，中国西南地区和长江上游的中心城市，以其地广人多、物产丰富、经济发达、交通方便而成为中国西部最有活力、最具竞争力的城市。

重庆属中亚热带湿润季风气候类型，冬暖夏热，雨量充沛，无霜期长，多云雾，常年平均气温在18℃左右，年降雨量1200毫米左右。市区地形地貌结构复杂，最高海拔2791米，最低73米，海拔落差大，长江、嘉陵江、乌江等河流贯穿境内，构成了独特的自然环境。由于重庆特殊的地形地貌，避免了第四纪冰川的侵蚀，因而在重庆各大山区幸存下来无数珍稀植物，成为植物界活化石的保存地，也成为中国兰科植物的宝贵种质资源库。

由于笔者对兰花情有独钟，三十余年来对西南三省，尤其是重庆地区的各大山区的野生兰花资源进行了广泛而细致的调查、研究。实践证明，重庆才真正是西南地区野生兰花资源的中心。大巴山脉的城口、开县、巫溪、巫山；大娄山脉的南川、綦江、江津；武陵山脉的酉阳、秀山、黔江、彭水、武隆；七曜山脉的石柱、万州、丰都；重庆主城区附近的缙云山脉、华莹山脉等都广泛地分布着野生兰花。在中国兰属植物中，除莲瓣兰系外，其他种类在重庆地区都有自然分布。储藏量大、独具特色的，如江津四面山原始林区的寒兰；城口、巫溪的蕙兰；石柱、黔江的春剑；綦江、涪陵的夏兰；武隆、酉阳的春兰等等。从这些地区的野生兰花中，选育出不少颇具价值的原生新品种，充实和丰富了重庆兰花。南川金佛山由于其地理位置的特殊，海拔垂直落差大，在其原始林区中分布着大量的各种类野生兰花。笔者曾用八年时间，同中药研究所南川花物场（三泉）的朋友们一起，对金佛山野生兰花资源进行了考察。我完成的考察报告《金佛山兰花初步调查》一文，在无锡举办的第二届全国兰展中获“科技进步奖”。

由于重庆野生兰花的资源丰富，重庆艺兰界人士多年来从中选育出大量珍奇新品，叶艺、花艺、型艺、多艺等名兰也不断涌现，并陆续在各届兰展上获取奖项，成为各地兰友，甚至国外兰界争相收藏的佳品。笔者于1989年在无锡“中国首届春季兰展”上，带去的十个参展品种，五个获奖，其中的“巴蜀奇龙”被日本兰界友人高价收去，成为中国兰花奇叶矮种的先驱。寒兰的中透缟艺也赠送给无锡元头渚公园江南兰圃收藏，保存至今。

除兰属植物外，重庆地区的各大山区中，更蕴藏着丰富的兰科其他属植物。如虾脊兰属、杓兰属、石斛属、石豆兰属、石仙桃兰属、斑叶兰属、万代兰属等等。这其中许多种类极具观赏价值和药用价值。有些种类是植物分类学上的特有种，如金佛山兰、独花兰、彩叶扇脉杓兰等，它们都具有较高的学术研究价值。这些兰科植物完全能够引种栽培、开发利用。它们为丰富中国兰花品种资源、开发兰花产业综合体系，将起到积极的推动作用。

重庆的气候、自然环境适宜兰花生长；重庆的科技力量、经济水平也为发展兰花产业提供了许多优势条件。但是，与江浙兰界、闽粤兰界、云贵川兰界这些兰花产业发达地区相比，重庆还相当落后。这与重庆地区丰富的兰花资源极不相称，更与日益提升的直辖市形象极不相符。随着2006年重庆市兰花协会的正式成立，重庆兰花迈上了一个新的台阶。十月一日开幕的重庆首届精品兰展，首次将重庆本土兰花精品向世人展示，标志着重庆兰花将以崭新的面貌走上中国兰界的舞台。荣昌县渝西兰花种植有限公司的发展模式，成为重庆兰花产业化经营的典范。重庆不断壮大的兰花爱好者和兰花经营者队伍将是发展重庆兰花的生力军。重庆兰界“藏龙卧虎”，许多有识人士，收藏的不少本土珍奇下山原生种，将是重庆兰花创造辉煌的希望。

全国各大传统产兰区，由于近年来疯狂采挖，野生兰花资源已近枯竭，唯独重庆地区的许多原始林区还保存着野生兰花资源。如城口、巫溪与湖北神龙架接壤的原始林区；石柱的七曜山、彭水的芙蓉江流域林区等等。如何既加强野生兰花资源的保护，又加快兰花产业的开发，促进兰花经济的发展，这是摆在重庆兰界人士面前的一大课题。重庆市兰花协会在主管部门—市林业局的指导下，正在制定一系列规划和措施，以健康有序地把重庆兰花事业推向新的高潮。

重庆是一个拥有三千年巴渝文化底蕴的历史名城。重庆的直辖、三峡工程的建设、西部的大开发给重庆带来了新的发展机遇。2010年将在重庆召开的亚太国际兰花博览会，更给重庆兰花的腾飞带来了契机。重庆兰界将不负众望，借助重庆兰花的资源优势，依靠国泰民安的和谐环境，奋发拼搏，大力弘扬兰花文化，有效地保护兰花资源，加快开发兰花产业，不断推进兰花经济的发展，使重庆兰花能真正誉满全国，香飘世界。

重庆市兰花协会成立时间：2006年10月16日　　重庆市兰花协会（王德容）提供

云南蘭花

云南，这个祖国美丽的西南边陲，四季如春，冬无严寒，夏无酷暑，蓝天白云，百花争艳。丰富的民族文化，神秘的美丽传说，使云南人生活在幸福的摇篮里，如痴如醉。雄伟壮丽的喜马拉雅山逶迤延伸到云南大地上，构成了起伏巍峨的云岭横断山脉，南北相间的高黎贡山、太子雪山、玉龙雪山、老君山、无量山等山峦巍然耸立。汹涌澎湃的金沙江、澜沧江、怒江，就像茫茫群山中的几条蓝色丝带，在大地上飘舞。秀丽的滇池、洱海、抚仙湖、泸沽湖、程海等湖泊，犹如一颗颗璀璨的明珠，镶嵌在云岭高原上，闪闪发亮，秀美人间。

由于所处特殊的地理位置，又受太平洋往西、孟加拉湾往东、西伯利亚、南亚冷暖湿气流循环的影响，使云南大地形成了丰润的气候，给千姿百态的绿色植物提供了美好的栖息地，而被称为植物王国。特别是“三江”并流区域形成特殊的地理环境和立体气候，给原始生态和兰花提供了一个大温床，优美的莲瓣兰就在这片土地上繁衍生长，形成了滇兰一大品牌。莲瓣兰中的大雪素、小雪素、莲瓣素、大唐凤羽、药草、剑湖菊、剑阳蝶、玉兔、黄金海岸、滇梅等一大批优秀兰花倍受海内外兰花爱好者的喜爱。

云南兰花资源丰富（全省几乎县县有资源、地地有兰花，生长的兰花占全国兰属植物的90%。兰花泰斗吴应祥先生曾经说过：云南的兰花资源十分丰富，外省有的他们有，外省没有的他们也有），种类繁多（现在广大兰友栽种的兰花品种主要有：莲瓣兰、春兰朵朵香、豆瓣兰、春剑、蕙兰、建兰、巍山朱砂兰、通海建兰、套叶兰（秋芝）、墨兰（报岁兰）、寒兰、虎头兰、大雪兰、莎草兰、独占春、兜兰、兔耳兰、石斛兰等，实为兰花资源生长的宝库），色彩丰富（目前已栽有兰花原色主要有：红色、淡红色、桃红色、白色、绿色、黑色、黄色、金黄色、朱金色、藕色、紫色等），形态优美（一是叶形。以莲瓣兰为例．有的叶长过100cm，短的不足10cm；有的叶宽超过2cm、窄的不足0.2cm，有直立型、半直立型、有垂叶型、半垂叶型，有弓形、弧型，扭卷型、扭曲型等；二是瓣型。有荷瓣、梅瓣、水仙瓣、竹叶瓣、奇花瓣、蝶花瓣；三是花型有飞肩、平肩、小落肩、大落肩等），香味醇正（兰花中多种品种有香味，其香又以淡香、浓香、沉香、闷香者居多，而莲瓣兰的香气又以清香醇厚而著称），韵味十足（过去所选培开出的素花，人们赋予它具有高贵的品质，崇高的精神；现在除瓣型花以外，所选育栽种的奇花瓣、蝶花瓣，瓣瓣有风韵，瓣瓣有故事；其花的形态，有的像人面，有的像动物，有的像天仙，有的像神佛，有的看似刚劲有力，有的看似柔和，像一滩水、一团火，其神韵随观赏者的想象忽隐忽现，风韵无比，神采飞扬）。云南的兰文化历史悠久，群众的艺兰基础好，是我国兰文化比较发达的省区之一，目前，云南兰文化的发展已遍布全省，16个州市已有14个成立了兰花协会，有2个州市建起了兰花村，约50万兰花爱好者的队伍，涉入的人数之多、资金之大，创历史最高水平。兰花作为特殊的商品加入到了市场经济发展的行列，栽兰艺兰已成为新的时尚。特别是改革开放以来，随着社会经济的发展，人们生活水平的提高，人民群众对精神文化生活的需求有了更高的要求，兰文化作为精神文化生活的一部分，有很好的发展潜力和市场前景。我们应抓住当前人们喜兰爱兰的良好风尚，大力宣传和普及兰花知识，加强跟省内外、国内外兰花爱好者或组织的广泛联系和交流，推动国兰文化持续健康地发展，为社会主义市场经济的发展多做贡献。

云南省兰花协会本着宣传兰花知识，弘扬兰文化精神，积极为广大会员服务的精神，坚持走合理开发利用和保护兰花资源相结合的道路，为云南的兰花事业发展服务。我们深信，在中国兰协的指导下，在广大会员的关心支持下，从我省的实际出发，解放思想，更新观念，提高兰文化的鉴赏水平，并紧跟时代发展的步伐，在兰文化的发展上多做文章，把云南兰花这个品牌做大做强，把资源优势转变为经济优势，为建设社会主义做出我们应有的贡献。

幽兰冰玉洁，不语故自芳。雅居百姓家，添得许多香。让云南兰花的幽香，飘逸人间!

云南 松赞林寺

云南省兰花协会于1984年5月成立，先后挂靠在云南省科协、省园艺学会、省老干盆景协会领导下作为分会开展工作。1994年，在业务主管部门省老龄委的领导和帮助下，正式在省民政厅进行独立法人登记工作，从而使云南省兰花协会的工作更加规范化，对社会更有影响力。

云南省兰花协会大事记

好戏连台　幽香永存

云南省兰花协会第五届理事会全体班子成员合影

第一、二届领导班子主要成员

理事长：冯国眉

常务副理事长：何惠

副理事长兼秘书长：孙正华

第三届领导班子主要成员

理事长：潘光华

常务副理事长：何惠

副理事长：孙正华、蒋延春、李瑞璁、杨融和、方沛章

秘书长：孙正华（兼）

第四届理事会于2004年4月1日产生新的领导班子

理事长：潘光华

常务副理事长兼秘书长：刘兴邦

副理事长：李瑞璁、赵家兴、陈国富、孙智勇

副秘书长：杨立义、李学孔、刘成忠、陆明玉、徐惠、刘忠贵、邹开府、钏志刚、熊珍贵、陈宗富、杨明辉、袁义芳、陈述新。

2001年2月5日至14日，云南新千年首届兰花博览会在大理荡山洲兰园举行　奏响了云南兰博会开场的序幕，为云南兰博会的生存和发展奠定了基础。东道主主要负责人孙智勇、金亚雄等为首届兰博会付出了巨大的努力，使活动取得圆满成功。大理风光无限好，苍山脚下话兰香。本次兰博会设特别奖1个、金奖20个、银奖30个、铜奖40个，优秀组织奖1个，奖牌总数92个。本届兰博会评委由潘光华、刘兴邦、杨融和、杨振华、段思贵5人组成。评委会主任潘光华。

2002年2月1日至5日，云南省第二届兰花博览会在玉溪市聂耳公园举行（从本次兰博会开始，正式定名为云南省第X届兰花博览会）。本次兰博会设特金奖4个、金奖31个、银奖50个、铜奖80个、栽培奖8个、组织奖6个。晋小容赞助并挂纯金奖牌11个。评委会由陈心启、潘光华、刘清涌、陈少敏、刘兴邦五人组成，组长潘光华。此次兰博会的成功，凝聚着东道主辛勤的汗水和智慧，玉溪市兰协汪文、李安明，以及时任玉溪市政府副市长沈正书、红塔区副区长郭勇等为兰博会倾注了大量的精力，投入了大量的人力、物力和财力，把本届兰博会办成了一届真正意义上的政府搭台，兰协唱戏的成功典范，为今后兰博会的成功举办提供了宝贵的经验。

2003年2月7日至11日，云南省第三届兰花博览会在保山市博物馆举行　本次兰博会的举办，受到了当地政府的高度重视，保山市政府常务副市长杨经建亲自抓兰博会的工作，保山市兰协会长杨融和等具体实施工作步骤，使整个活动井然有序、热闹祥和，体现了全省性大型活动的特点，给广大兰友留下了深刻的印象。本次兰博会设特金奖2个、金奖24个、银奖38个、铜奖59个、栽培奖5个。本次兰博会评委由陈心启、潘光华、刘清涌、陈少敏、刘兴邦5人组成，主任潘光华。所有奖牌由陈少敏先生赞助。

2004年2月1日至15日，云南省第四届兰花博览会在昆明市北大门花鸟市场举行 （昆明市北大门美食娱乐有限公司），这是我省兰博会首次由企业申办，也是我省兰博会申办历史发展过程中的一次大胆的尝试和探索，活动搞得有声有色，取得了良好的效果，企业家杨海云、李惠忠为此付出了巨大的努力。本次兰博会共评出金奖20个、银奖31个、铜奖42个、栽培奖5个、组织奖6个。评委会由陈心启、潘光华、刘清涌、刘兴邦、李惠忠5人组成，主任潘光华。

第五届理事会于2004年7月24日在（昆明）云塔宾馆选举产生

理事长：潘光华

常务副理事长兼秘书长：刘兴邦

副理事长：李瑞璁、赵家兴、陈国富、孙智勇、刘忠贵、邹开府。

副秘书长：钏志刚、李学孔、刘成忠、陆明玉、徐惠、熊珍贵、陈宗富、杨明辉、袁义芳、陈述新。

2005年元月18日至22日，云南省第五届兰花博览会在曲靖市龙潭公园举行 本届兰博会东道主准备工作充分，阵容强大，除国内展团外，中国台湾也有代表组团参展，参展单位和参展人数均为历届兰博会之最，省兰协也组织了机关展台参展。整个活动气氛祥和，热闹非凡，取得了良好的效果，在社会中引起共鸣。曲靖市兰协管自槐、杨建忠、吴沛民、顾开顺，以及曲靖市政府副秘书长董宝才等为此付出了极大的艰辛。本次活动共评出特金奖10个（纯金）、金奖30个、银奖50个、铜奖80个、栽培奖10个、组织奖6个。评委会由陈心启、潘光华、刘清涌、陈少敏、刘兴邦、顾开顺6人组成。评委会主任潘光华。

2006年2月8日至11日，云南省第六届兰花博览会在丽江市第一中学举行 东道主主要负责人陈嘉勋、沈耀星为此付出了极大的辛劳，开幕式规格高，兰博会规模大，展厅里，李映龙、孙智勇等有实力的兰友，布置了具有特色的展台，开幕式中还举行了向教师献花活动。这些新气象，韵味十足使广大兰花爱好者耳目一新，流连忘返，活动取得了圆满成功。本次兰博会共评出特金奖6个、金奖35个、银奖49个、铜奖65个、栽培奖3个。评委会由陈心启、罗毅波、潘光华、刘清涌、陈少敏、刘兴邦、陈嘉勋7人组成，评委会主任潘光华。

2001年以来，我省兰博会已成功举办六届，兰博会从无到有，办会经验从缺乏走向丰富，办展规模从小变大，参展兰花品种从少到多，参展兰花档次越来越高，展示兰文化内涵越来越突出，参展人士和参展群体越来越广泛，一个个亮点，一台台好戏，使人情感欣慰，令人回味无穷。兰博会一届比一届好，一届比一届办得成功，成了广大兰友最喜欢的活动，是云南省兰花协会的一件大事。它将伴随着市场经济的发展而发展，伴随着社会的进步而进步。

第七届兰博会在省兰协理事们一片掌声中确定在红河州府所在地蒙自举办。这是值得广大兰友关注的一次盛会，从栽兰规模和群众艺兰基础上跟发达地区相比，红河州还相对滞后，兰协组织也成立较晚，但他们有信心把兰博会办好，并且在申办活动中首先承诺免费接待省兰协理事。在2005年“五一”黄金周期间，笔者代表省兰协到蒙自联络考察工作，曾有过这样的描述：一是没有想到红河州兰协工作开展得这么好；二是没有想到红河州兰协班子成员跟广大兰友联系接触得这么广泛；三是没有想到红河州的群众艺兰基础这么深厚。他们虽然起步晚，基础差，但他们起点高、标准高，工作到位、落实到位，有一种新时期的时代感，因此，我们深信不疑：云南省第七届兰博会将是一次成功的盛会。

好戏连台，幽香永存！

云南省兰花协会

第六届云南省（丽江）兰花博览会开幕式现场

野生兰花

蓬勃发展的贵州兰花

2001年2月，第十一届兰花博览会在贵阳市白云公园隆重举办。这是被国内兰界权威人士一致公认的举办规模最大、参观人数最多、展览效果最好、最为成功的一次全国性的兰花盛会，为宣传贵州兰花，促进贵州兰花事业快速发展，扩大在全国的知名度和影响力，写下了浓墨重彩的一笔。在本届兰博会上，贵州兰花获得金奖15个、银奖15个、铜奖45个。“黔东梅”、“金太阳”、“世纪礼花”等一批贵州名兰亮相于世。人们真切地看到，在神州大地上，一个兰花资源大省，并即将成为兰花文化大省、兰花经济大省的贵州，开始浮出水面，一向戴着神秘面纱的贵州兰花，开始被世人赏识。

兰花资源极为丰富

黄果树

贵州山川秀美、气候宜人，自然地理条件复杂多样，千岩竞秀、万水争流、山青水秀。全省山地和丘陵占总面积的92.5%，是全国唯一没有平原支撑的省份。适宜多种植物的生长，全省森林覆盖率达34.3%，是珠江、长江上游的重要生态屏障。这一独特的地形地貌和“一山有四季，十里不同天”的立体气候条件，孕育着十分丰富的野生兰花资源。据调查统计，全省有兰科植物71属206种，其中兰属植物（即通常人们所称的兰花）就有22种（含变种），兰属植物主要有春兰、蕙兰、建兰、台兰、兔耳兰、套叶兰等，其他兰科植物有兜兰、石斛、虾背兰等。特别是贵州春兰，不仅种群数量大、分布广（全省各地均有分布），而且以其花品好、色彩艳、香味纯、变异多而享誉世界，成为众多兰家和兰花爱好者追求的目标。据初步统计，仅山农拿到阳明路兰花市场上交易的瓣型花、蝶花、奇花以及线艺兰、矮种、水晶等名贵品种就有1000多种。如果加上遵义、毕节、安顺、凯里、都匀、金沙、盘县、榕江等地兰市上交易的兰花品种，我省下山兰中出现的高品位、高档次的兰花数量究竟有多大，就可想而知了，由此可见贵州兰花资源的丰富程度。

贵州兰花组织和养兰人员逐年增多

我省第一个兰花协会是贵阳市风景园林学会下设的二级分会——兰花分会。首届至第三届中国兰花博览会，由贵阳市园林局和兰花分会组团参展。在广州举办的首届中国兰花博览会上，贵州参展人员不足10人，获得金奖1个、银奖2个、铜奖2个、优秀布展奖1个。在深圳举办的第三届中国兰花博览会，仅有我省金沙县的兰友参展，并获金奖1个、银奖1个、铜奖1个。随着兰花在我国东南部的迅速发展，带动了我省的兰花产业，贵阳市阳明路花卉市场的兰花交易兴旺起来，每个星期六、星期天都有很多来自云南、四川的兰友，在市场上购买兰花，特别是一些兰花商贩，驱车到兰花产地，以每公斤1元甚至更低的价格鼓动当地农民上山见兰就挖，一卡车，一卡车大量收购野生兰花，然后只挑选几苗满意的品种带走，而将选剩的大量普草当成垃圾扔掉，对我省野生兰花资源造成了极大破坏和负面影响。为了有效保护兰花资源，团结社会各界力量，推动我省兰花生产的健康有序发展，1994年1月29日，贵州省兰花协会筹备成立了，在贵阳召开了贵州省兰花协会成立大会暨第一届会员代表大会。其后，金沙县兰花协会、盘县兰花协会、桐梓县兰花协会、毕节市兰花协会、遵义市兰花协会相继成立。到目前为止，全省成立各级兰花协会25个，兰花从业人员10万余人。

贵州兰花产业快速发展

举办会展是带动当地兰花产业发展的关键。从1994年贵州省兰花协会成立后，举办了首届贵州省兰花博览会，至2006年我省成功举办了九届贵州省兰花博览会，2007年春在贵州盘县将举办第十届贵州省兰花博览会。每届兰博会，参展兰花2000—3000盆，参观人员5—10万人。贵州省兰花协会还组织贵州兰花参加了历届中国兰花博览会的展览，在贵阳市举办了第十一届和第十六届两届中国兰花博览会。特别是第十一届中国兰花博览会在贵阳市白云公园举办，取得了圆满成功。纵观历届中国兰花博览会，中国兰花协会对第十一届兰花博览会给予的评价是：本届兰博会创造了中国兰花协会有史以来的几个“之最”。其一，组织工作最好，通过主、承办方的努力，省、市有关部门的大力支持，把本届博览会举办成了一届热情、有序、安全、一流、圆满的一次盛会。其二、展馆档次最高、场地规模最大、参展条件最好。本届博览会在2万平方米的现代化温室大棚举办，设中华馆、贵州馆和交易厅。其三，参展人员、参展兰花最多，全国产兰省区都组团参展，参展兰友1500余人，参展兰花3500多盆。其四，参观人数最多。开幕式当日，观众人数即达10万人，展览期间的观众达70余万人，为了满足广大观众参观，展览时间延长三天。其五，产生的影响最大。召开了两次新闻发布会，贵州省内的各大新闻单位，对兰博会的各项工作进行了全方位的报道，中央在黔新闻单位和其他省、区、市的新闻单位100余家也对兰博会盛况给予了报道。中国兰花网在本届兰博会上首次开通，开幕式当天，就有4000多人点击网站，在网上一睹兰博会开幕式盛况。

第十一届中国兰花博览会的成功举办，极大地推动了贵州兰花产业的发展，我省一大批兰花专业公司和兰花专业园圃相继成立，建立了贵州兰花网站和贵阳兰花网站，在贵州省林业科学研究院内建立了贵州野生兰科植物保护中心，收集保存野生兰科植物100余种。

贵州兰花产业方兴未艾，只要我们大家共同努力，贵州兰花的明天一定会更加美好。

贵州兰花大事记

1994年1月29日，贵州省兰花协会在贵阳成立，省兰花协会成立大会暨首届会员代表大会同时召开，贵州省林业厅副厅长张礼安当选会长，周庆同志当选为秘书长，挂靠单位为贵州省林业厅。

1994年2月18日至24日，贵州省首届兰花博览会在贵阳市河滨园举行。原贵州省省长陈士能到会祝贺并讲话。评出金奖10个、银奖30个、铜奖30个、布置奖5个、组织奖5个。

1996年2月27日至3月2日，贵州省第二届兰花博览会在金沙县举行，评出金奖15个、银奖25个、铜奖40个。

1997年3月1日至3日，贵州省第三届兰花博览会在毕节市图书馆举行，评出金奖10个、银奖20个、铜奖30个、栽培奖5个、组织奖5个。

1998年2月28日至3月4日，贵州省第四届兰花博览会在遵义市红花岗剧院举行，评出金奖20个、银奖35个、铜奖45个、荣誉奖4个、栽培奖3个、组织奖3个。

2002年2月16日至20日，“金阳杯”第十一届中国兰花博览会在贵州省贵阳市白云公园举行。这是被国内兰界人士一致公认的举办规模最大、参观人数最多、展览效果最好、最为成功的一次全国性兰博会，由贵州省兰花协会承办，本次展览设贵州馆和中华馆。评出金奖30个、银奖60个、铜奖90个、栽培奖10个、组织奖5个、布置奖5个。

2002年2月14日至21日，贵州省第六届兰花博览会在贵阳市小河区文化艺术宫举行，评出金奖20个、银奖30个、铜奖50个、栽培奖5个、组织奖3个。

2003年2月2日至8日，贵州省第七届兰花博览会在贵阳市小河区文化艺术宫举行，评出金奖20个、银奖30个、铜奖50个、栽培奖3个、组织奖3个。

2004年9月11日至15日，贵州省第八届（海峡两岸）兰花博览会在遵义市举办，评出金奖40个、银奖80个、铜奖110个、栽培奖5个、组织奖5个。

2005年2月11日至18日，贵州省第九届兰花博览会在贵阳市小河区文化艺术宫举行，评出金奖20个、银奖30个、铜奖50个、栽培奖5个、组织奖3个。

2006年2月17日至22日，“国酒茅台”第十六届中国兰花博览会在贵阳市举行，评出特金奖16个、金奖72个、银奖110个、铜奖160个、栽培奖10个、组织奖30个。

贵州省兰花协会

上海东方明珠

上海兰事记略

历史

康熙五年（1666年），在青浦朱家角选出名蕙“蜂巧梅”；

豫园，从清乾隆始每年举行一至二次兰展；

清末的半淞园在每年农历二三月举行兰展；

1965年建上海植物园“兰室”。朱德同志先后四次来访问。

近十年来上海的兰事活动

1997年，沪上兰友在上海精文花市举办上海首届兰花展示会。上海和江浙等地兰友送展共80个品种计200多盆。上海新闻媒体作了报道。当时在沪视察的陈慕华，上海市副市长龚学平等领导参观了展示会。

1999年，上海部分兰友自发成立宜山路艺兰小组，多年来坚持定期活动，从原先不到十人发展到近百人，为以后兰协的成立奠定了坚实的基础。

2000年春，上海兰友以民间组团的形式，参加了在浙江杭州举办的第十届兰博会。这也是对上海兰界的一次检阅。

2001年春，上海兰友自发集资承办、浦东新区风景园林学会主办、浦东新区青少年素质训练营协办上海首届民间珍稀品种兰花展，开创了民间兰展商业化运作之先河。

2002年元宵节，上海兰友300多人以数百盆兰花与赶来庆贺的江苏常州兰友共同举办了迎新春茶话会。

2002年9月22日成立了卢湾区科技联合会园林专业委员会兰花分会。

2003年7月5日，上海市花卉协会兰花分会成立。次年在桂林公园成功举办了江浙沪兰花大联展。

2004年曹家渡花鸟市场举办蕙兰展，共建上海曹家渡鲜花城兰花交易场所等。

2004年10月1日—3日，沪西工人文化宫举办金秋兰花交流会。

展望

2004年伊始，上海新泽源在每年春季举办以春蕙为主的江桥兰花节。作为嘉定区的文化特色之一，它将有力地促进上海精致农业的发展，是一项普及上海兰文化的富有创造性的实践，加强了海峡两岸兰友文化与经济的交流。我们相信，新泽源即将建成的兰花村，必将使上海成为兰文化展示与交流的良好窗口与平台。

茁壮成长的山东省兰花协会

山东济南大明湖

山东是孔子和孟子的故乡，是我国兰文化最早的发祥地之一，山东又是我国南北气候的交会地带，适合对来自全国各地包括兰花在内的各种植物的引种、驯化和培养，因此爱兰养兰在山东有着悠久的历史和广泛的群众基础。

山东省兰花协会成立于1987年9月20日。1987年9月，来自全省的兰花爱好者代表34人，在济南召开了山东省兰花协会成立大会，浙江、江苏的兰界朋友前来祝贺，原山东省委的老书记高启云同志、原省农业厅的老厅长于经清同志亲自出席了会议并作了重要讲话；省农业厅、林业厅、省科委、省建委、省军区教导大队等单位，都派代表参加了会议。大会一致同意原省委的老书记高启云同志担任省兰协的名誉会长，选举农业厅的老厅长于经清同志担任会长；成立了全国第一个由省直各有关部门参加的、能代表一个省的兰花协会，也是长江以北的第一个兰花协会。省兰协挂靠在省农业厅。在省兰协成立的当年，即由于经清会长亲自率团参加了中国兰协在广州举办的第一届全国兰花博览会，并取得了较好的成绩。长江以北的山东能参加兰花展，使许多中外兰界朋友甚感惊讶。当时，我省参展的主要作品是曲阜孔府后花园养护的御赐建兰大叶白和素心建兰，被摆放在展厅的显要位置，许多中外兰友都争相在兰盆前面合影留念。

兰花事业的发展，离不开政府和领导的关怀，现任兰花协会名誉会长、省人大副主任邵桂芳及林业厅、农业厅等部门的领导对兰花协会的工作大力支持，不断帮助解决实际困难，从而保证了省兰协的健康发展。

全省的兰协组织和养兰人数迅速发展

在省兰协的宣传影响和带动下，我省先后有莱芜市、临朐县、烟台市、莒县、济南铁路局、青州市、曲阜市、临沂市、淄博市、泰安市、青岛市、烟台港务局和莱阳市成立了兰花协会；日照市和济南市成立了兰花研究会；省花协和临沂市河东区、青州市东高镇、招远市成立了兰花研究所；并先后成立了以弘扬兰花文化为主题的山东兰竹画院和山东省兰艺书画研究院。上述兰协组织都与省兰协有着密切联系。目前省兰协的会员已由1987年的34名。发展到6000多名，遍布全省各地。

兰花品种和数量迅速增加

目前，在全省范围内已初具规模的养兰基地已有十几处，拥有百多个兰花品种的养兰专业户已有一千余家。在培养的兰花中，既有国兰，又有洋兰；既有原产大陆的传统品种，又有新从海外引进的新奇品种；既有几元钱到十几元钱一株的普通品种，又有每苗价值在数万元以上的高档品种。

积累了一整套“南兰北养”的经验

省兰协成立后，经过广大兰花爱好者的长期摸索和实践，先后总结推广了南兰北养的老四法，即“四少管理法”、“三盆一体栽培法”、“混合栽培法”、“瓷盆改良栽培法”和新四法，即“保温法”、“加酸法”、“越冬法”、“植料选配法”，从根本上解决了一些南兰北养的关键性问题，破除了南兰不易北养的迷信，使“在北方养兰，一年有花，二年有草，三年光剩盆”的状况成了历史。兰协并将养兰心得体会编辑出版了《养兰三字经》，在国内乃至东南亚诸国引起了较大的反响。

发表了数篇在兰界有较大影响的学术文章

1 草像兰、兰像草的理论。阐明了高贵存在于普通之中，草中有兰、兰在草中，兰像草，草像兰，形相似，质相远，识者是宝，不识者是草。

2 地生兰和气生兰互变的理论。提出了先有地生兰，后有气生兰，所有气生兰皆由地生兰变化而来，在适宜条件下，气生兰还会变成地生兰，在兰界还有介于地生和气生之间的两栖兰。

3 孔夫子当年所指之兰，就是今天之兰的理论。对多少年来兰界关于孔夫子当年所指之兰到底是不是今天的兰科植物的争论问题，提出了讨论意见。

中国花卉协会兰花分会“七五”攻关项目兰花组培育苗通过省级鉴定

在省兰协的组织和有关单位的大力支持下，自筹经费，经过五年的努力，按时完成了中国花卉协会兰花分会“七五”协作攻关项目兰花组培育苗技术研究，并通过了省级技术鉴定，达到了国内先进水平。

取得了令兰界瞩目的良好成绩

省兰协成立后，先后在国内举办了九届兰花暨颂兰书画展览，都收到了很好的效果。先后参加了全国的五届花卉博览会、十六届兰花博览会，都取得了很好的成绩。在中国1999昆明园艺博览会兰花专项展上，在强手如林的情况下，我省共参展25盆兰花，取得两金、四银、六铜这一让世人瞩目的好成绩。

早在1996年，我国著名兰花专家、中科院植物所吴应祥老教授在看了山东省举办的兰花展览之后就说：“山东省已经由一个不产兰的省份跨入了养兰大省的行列。”

我省兰协成立20年来，之所以能够健康发展的主要原因

一是有数位德高望重而又热心和支持兰协建设的名誉会长、顾问和会长，为兰协掌舵。省兰协的数位名誉会长、顾问和会长，都能亲自参加兰协的一些重大活动，帮助兰协解决活动经费等困难。省兰协顾问93岁高龄的王晨老先生，得知省兰协活动经费紧张后，带着钱从莱芜乘公共汽车来济南找省兰协的领导，他不舍得花钱住宾馆，却硬要将2000元钱捐给省兰协作为活动经费。

二是有一个爱兰花、讲奉献的常务理事和秘书长班子。兰协有常务理事和秘书长班子成员带头讲兰风、兰德，把发展我省的养兰事业、促进全省的两个文明建设作为兰协的宗旨，不计个人名利得失，实行经费公开，定期公布账目，宁可为兰协的事花个人的钱，但绝不用兰协的钱办个人的事。前几年在缺少活动经费的情况下，驻济南的兰协常务理事轮流出费，定期聚会，研究决定协会的一些重要问题，从而增强了兰协的凝聚力，保证了协会的正常运转。省兰协多次被省社团管理部门评为先进民间组织，并被选为“社团之星”，成为全省社团学习的典范。

三是有海内外兰界专家的大力支持。新加坡、中国台湾的兰友多次来我省指导。我国著名兰花专家吴应祥、陈心启、卢思聪等教授，都非常关心我省兰花事业的发展，曾多次参加我省的兰花展览等重大活动。

在全国第九届兰花博览会上，我省夺得了2000年全国第十届兰花博览会的举办权，这是长江以北的省份第一次获得全国兰花博览会的举办权，使全国的兰花展览向北推进了一大步。虽然展前正值老会长退休，经费未能到位，筹展工作遇到了前所未有的困难，许多热心个人和会员，但是通过展览，对我省乃至我国北方的兰花发展还是产生了巨大的推动作用。

针对承办全国兰展遇到的困难和问题，省兰协于2001年由省农业厅转到了省林业厅，选举产生了由省林业厅厅长孙庆传为会长的新一届理事班子，在大明湖公园修建了兰花岛、举办了山东省首场精品兰花拍卖会和全省第七届兰花暨颂兰书画展览。2005年由省兰协的九名常务理事联合在济南市的百花公园建成了集兰花养护、展示、销售三位于一体的“齐鲁兰苑”，并完善了配套设施，为全省的兰花事业向规模化、效益化发展奠定了基础。目前，省兰协正在为于2006年10月16日到18日在泰山举办的全省第九届兰花暨颂兰书画展览和全省的第十次常务理事扩大会议的召开做准备，期望以优异的成绩向省兰协成立20周年献礼！

福建兰花的回顾

▲鼓浪屿

上：2003年12月26日，福建省花卉协会兰花分会在南靖县大酒店成立

下：省长贺国强，省人大副主任童万亨等领导在全省乡镇企业展览会上参观南靖兰花展馆

兰花的春天降临厦门

福建是中国兰花主产区之一，是建兰的故乡与发祥地。传说秦朝徐福东渡日本所携带的竣河兰就是产于福建的建兰。宋朝赵时庚的《金漳兰谱》是我国最早的一部兰花专著，出自福建漳州。在福建许多四合院古宅天井里都多有栽培兰花的习惯，说明福建栽培兰花历史悠久，但是走出四合院的兰花却不多。1991年初，福建迎来了第一个兰花的春天。中国第二届兰花博览会在厦门市植物园百花厅隆重举行。福建省省长王兆国担任组委会主任，副省长刘金美到会祝贺。新加坡、泰国、中国港澳台地区以及内地13个省、市、自治区300多名代表参加了盛会。内地养兰名家及中国台湾兰界许多名家云集厦门，交流养兰技艺，探讨发展谋略。兰博会为204盆精品兰颁奖。会展期间兰花交易额达180多万元。兰展取得圆满成功，把福建兰花推向了一个新的发展阶段。福建兰花开始走出四合院，走向各市场、走向全国，走向世界。

发展兰花产业，南靖兰协先行

改革开放后的20世纪90年代，中国台湾的兰花热潮波及闽南地区。南靖是墨兰主产区之一，野生兰花资源丰富，品质优良。兰商花贩蜂拥而入，野生兰花资源面临灭顶之灾。县政府及时组建了兰花协会，引导山区农民由採兰卖兰，走上採兰种兰、发展兰花种植业的道路，使兰花资源得到了有效的保护与有序的开发。县政府还出台优惠政策，将兰花种植业列为高优农业项目加以扶持，由县兰协负责具体实施。经十几年的不懈努力，兰花种植业逐步走向规模化、产业化。目前全县兰花专业户达685户，种植兰花面积1500多亩，年销售额达5000多万元。南靖成为福建最大的兰花生产基地与兰花产品集散地，兰花被县人大认定为县花，南靖县被誉为“中国兰花之乡”，兰花成为南靖一大品牌。2006年县政府还为县兰协注册了“南靖兰花”集体商标，并筹划建设兰花专卖市场，完善兰花产业化运行机制。

成立省兰花分会，走兰花产业化道路

2003年11月，福建省花卉协会看好福建省兰花发展态势，决定成立兰花分会。遵循协会要走产业化道路的宗旨，省花协决定把分会设在“中国兰花之乡”南靖县。理事会主要由兰花企业主组成，打破了会长由行政主管部门领导兼任的惯例。分会成立以来，理事们立足本职，带动一方兰友，共同努力发展兰花产业，弘扬兰花文化，取得了不俗成效，形成了以南靖为主产区的闽南墨兰、建兰生产基地；以连城为主产区的闽西建兰、春兰生产基地；以武夷山为主产区的闽北寒兰、春兰生产基地和以厦门市为中心的闽台兰花交易平台的格局。全省兰花专业户达2000多户，种植面积3000多亩，年销售额近2亿元。兰花种植业成为福建山区建设社会主义新农村的经济增长点。

开展兰事活动，交流合作

兰事活动是发展兰花事业的催化剂。改革开放以来，我省各级兰花社团组织努力开展各项兰事活动，不断推动兰花事业向前发展。

1995年1月，福建迎春花卉展暨名贵兰花展在福州市隆重开幕。各地、市兰协都组团参展。中国台湾兰界也组织了庞大的参展团体。达摩、瑞玉等几百盆中国台湾墨兰精品让内地兰友大开眼界。南靖参展的下山墨兰新品“大燕尾服”，荣获集体一等奖，引起中国台湾兰家的浓厚兴趣，成为闽台兰界交流与合作的平台。展馆人潮如流，时任省委书记的贾庆林、省长陈明义等党政领导都兴致勃勃地参观了每个兰花展台。会展后产生了强大的轰动效应，全省掀起了兰花种植热潮。

1997年春，南靖县兰协和中国台北市国兰协会在南靖县图书馆联合举办“97南靖·台北兰花展览会”。这也是一次海峡两岸兰友的联谊盛会。有5省10多个县、市和60多名中国台湾兰友参加。会后许多中国台湾兰友先后到南靖投资建圃养兰，共同发展兰花业，谱写海峡两岸兰事交流与合作新篇章。

1999年1月，南靖县人民政府举办了首届兰花节，有10多个国家与地区300多位朋友参加了盛会。会上一盆南靖下山水晶墨兰以38万元高价拍卖成交，引起了兰界和社会极大的反响。兰花节促进了南靖与周边地区发展兰花产业化的进程。

1999年春，漳州市开始举办一年一度的海峡两岸（福建漳州）花博会。花博会设有兰花专题展馆。花博会突出“花开两岸，合作共赢”的主题，为海峡两岸兰友交流与合作拓展了新的平台。

2000年10月，中国兰花协会建兰样品园在闽西上杭县古田镇落成。样品园搜集了建兰品种200多个，其中通过专家鉴定的有128个。样品园的建立，对建兰资源的保护与开发提供了品种样品。刘清涌教授的《中国兰花名品珍品鉴赏图典》316张建兰品种彩图，就有70张来自该样品园

20年来，我省各地、市兰协组织还经常利用节日庆典之机，举办各种灵活多样的兰花研讨会、展览会，交流兰花栽培技术，交流兰花品种，探讨兰花文化，共同促进兰花事业。

此外，我省各级兰协还多次组团参加全国兰博会、兰花专题展览会，荣获各种奖项300多个，其中金奖30多个，从而增强了福建与各省市兰友的交流与沟通。

参与学术交流，弘扬兰花文化

兰花是兰文化的载体，兰文化是兰花的升华。20年来，我省兰友们遵循“百花齐放，百家争鸣”的方针，积极参与兰花学术交流、兰花鉴赏交流和兰花栽培技术交流，共同普及兰花知识，弘扬兰花文化。

1996年9月，闽西青年作家周大文出版了编著《中国兰文化》。退休教师许东生，致力于兰花专著创作，出书14本，发表论文数百篇，成为兰界知名人士。南靖兰协会长刘振龙，从公务员岗位上退休后，全心投入兰花栽培技术研究和开拓兰花产业，他撰写的我国首张以兰花为题材的《兰花栽培与鉴赏》VCD光盘，荣获中国第四届花博会二等奖，又先后出版了以普及兰花基础知识与栽培技术为主要内容的三本专著，受到广大兰友们的欢迎。龙岩市兰友吴荣美，以网站为平台，经常发表有关兰花的文章，还出版了兰花诗词书籍2本。武夷山兰花协会会长杨信际于1994年组织成立了武夷山寒兰研究会，开展寒兰研究学术交流，并有3本专著出版。近年来，福建科技出版社先后出版了兰花专著20多部，也为发展兰花事业做出了积极的贡献。

回顾过去，福建兰花在前进，在发展；展望未来，福建兰花明天会更美、更香。

福建省花卉协会兰花分会

兰蕙生幽谷　香气满广西

广西兰花协会被评为全国先进民间组织

广西壮族自治区简称桂，地处北纬 21°32′—26°23′，北回归线横贯广西中部，属亚热带季风气候。这里气候温和、阳光充足、雨量充沛、空气湿润；南部沿海地区长夏无冬、全年无霜；北回归线以北地区冬暖夏凉、气候宜人；北部山区冬季偶有的低气温也不过-3℃左右；全区年平均气温17℃—23℃，1月6℃—16℃，7月25℃—29℃，年无霜期在300天以上，年平均日照1600—1800小时，年均降雨量为1250—2000毫米。这里地形除最高越城岭猫儿山为海拔2141米外，多以海拔1000米左右山地和丘陵为主，西北高、东南沿海低，构成八山一水一分田。大部分山区，森林覆盖，群峰叠翠、溪流纵横、腐植土层深厚，是我国生物资源种类最多的省区之一，森林面积520多万公顷，林木蓄积量2.4亿立方米，有1700多种植物、树种，在桂林龙胜县的花坪自然保护区，尚有成片的“活化石”银杉。广西气候条件、地理位置、地形地貌十分适宜兰科植物生长，是野生兰花资源丰富的省区，春兰、春剑、寒兰、建兰、墨兰、蕙兰及各种洋兰均有分布。2003年，容县都侨山发现了一丛号称“千年”野生兰花，几万苗四季兰连体，直径2.8米，世界罕见。近一二十年，在广西发现了许多兰花精品、名品。如：墨兰凤来朝、龚州龙、起明龙、北海之光（白缟艺蝶瓣）、四季兰莲子荷、贵妃荷、冰川雪女（水晶叶艺素水晶花）；春兰素荷、黄梅、复色梅、红蝶、叶蝶、春剑壮锦牡丹、漓江牡丹、绿牡丹、招凤引蝶、三星蝶、寒兰斑马丽兰、莎瑶妹、俏美人、红梅等，特别是寒兰，在广西桂中、桂北广大地区，仍有较多野生资源分布，近两年发现的梅瓣、硬捧、副瓣蝶、三星蝶、荷型瓣、子母花、色花、叶艺、线艺、斑艺等，有近百个品种，真可谓琳琅满目。

广西人民有悠久的养兰历史。作为国家文化名城的桂林市现发现有遗留下的远古兰文化图谱；在市内虞山公园遗留下刻有兰花的古石碑，桂林恭城的孔庙（据考是公元1200年为纪念孔子而建）有种植兰花的记载；北海合浦东坡亭，据考苏东坡于公元1103年在合浦期间曾在此种过兰花；清朝广西抗法名将刘永福在戎马倥偬的日子里，不忘养兰怡情，他的兰花代代相传，1932年刘永福的后代把一盆绿墨素送给徐富仪先生，2003年徐先生86岁辞世前，立下遗嘱，将此花送给北海兰协，现称为“永福兰”。

近20年来，广西兰业发展虽落后于广东、四川、云南等周边省份，但在广西各地的兰花爱好者辛勤耕耘下，也有了长足发展。对广西兰业发展起最大推动作用的是北海兰协。北海兰协成立于1992年，至今已组织举办了10次兰花博览会，特别是1997年春由北海市政府主办（开创了兰博会由地方政府主办的先河）、北海兰协承办的第七届兰花博览会。为办好此次博览会，1996年11月8日，北海兰协会长龙起明先生带着当时中国兰协何清正秘书长的亲笔信，先拜访了中国花卉协会姜伟贤秘书长和《中国花卉报》总编冯德珍女士，再通过他们的引见，11月11日，当时任全国人大副委员长、中国花协名誉会长的陈慕华，在北京中南海接见了龙起明一行。在接见的1个小时内，龙会长介绍了北海市经济发展、花卉工作情况、兰花事业发展前景……陈副委员长非常高兴，欣然为北海兰博会题写了“发展养兰事业，促进两个文明建设”的条幅。特别值得一提的是：当时在夏威夷居住的爱国将领张学良先生委托中国台湾世界兰蕙交流协会会长黄秀球送来了他亲手栽种的绿云、企黑、金嘴等五个品种共十盆兰花参加展出，张学良将军还特意制作了三十枚镶有纯金的奖牌，馈赠金奖得主。兰花传真情！表达了张将军爱国、盼统一的赤子之心！北海兰协经十年的努力，得到了政府的理解与支持，2002年将长青公园6823平方米绿地和720平方米建筑物，无偿交由北海兰协建北海兰苑，现已成为北海市人民群众文化生活的一个窗口。北海兰协卓有成效的工作，得到了世人的认可：2004年12月，北海兰协得到了国家民政部的嘉奖，被评为“全国先进民间组织”，这是全国众多兰花组织中，唯一获此殊荣的兰协。

广西兰花协会成立于2002年12月31日，2003年1月举办广西首届兰展，广西政协副主席章崇任，民政厅、林业厅、南宁市领导出席了开幕式，原广西区委书记、区人大主任赵富林，广西区政协常务副主席李振潜参观了展览。2004年主办了由桂林市兰协承办的广西第二届兰展，主办了由北海兰协承办的广西首届海峡两岸兰博会及广西首届下山兰兰博会。2005年主办了由荔浦兰协承办的广西第三届双江杯兰花博览会。2005年还与中国兰协、容县政府共同主办，容县兰协、容县教育局承办的中国首届（容县）尊师爱兰大会。2006年组织桂林、荔浦、容县兰友向武汉市赠送2000多盆广西兰花，继续推进全国的尊师爱兰活动。从2003年起，每年组团参加全国兰博会和各省市的兰事活动，为推动广西兰花产业发展做出了努力。

广西第一个县成立兰协的是平南县兰协，于1992年8月10日成立。平南兰协选育了“龚州龙”、“江山美人”等优良名品。平南兰友赵木华建立了广西兰界第一个兜兰、大雪兰、铁皮石斛的私人组培室，培育出了兜兰新种及杂交品种，在国际权威报刊登录、推出了“赵氏兜兰”等新种。

荔浦县兰花协会于1996年成立，2005年举办广西第三届兰博会，开展了一系列兰事活动，现在全县十三个乡都种兰花，该县双江镇官相村被命名为“兰花文化示范村”，是县“双文明示范村”。县委、县政府已把发展兰花产业列入“十一五”规划，成立了荔浦县兰花产业领导小组和兰花产业办公室，配备了专职领导和工作人员。

容县兰协于2001年10月成立，2006年举办了“中国首届尊师爱兰大会”，向教师赠送2000盆兰花。2006年3月，启动了以兰花扶贫的“春兰行动”，第一期向100户困难户赠送兰花种苗，举办培训班，并由兰协派出技术骨干，分户包干，提供技术指导和销售服务，帮助困难户以兰花增收，脱贫致富。现由政府出资金，建立了立洞国兰生产基地。该县也将兰花产业列入县“十一五”规划，并成立了兰花产业办公室。

容县、平南、荔浦三县已被列为广西壮族自治区花卉产业发展规划中的国兰生产基地县。

广西其他市、县：南宁市、柳州市、玉林市、贵港市、金城江市、恭城县、平乐县、资源县、桂平县……兰花事业也正在兴起和发展之中。可以预计，在持续发展战略思想指导下，执行兰花资源的开发利用与保护并举的方针，处在中国两个兰花产业发达地区（西部兰区和东部兰区）中间的广西资源型兰花产业定会有长足发展。八桂大地，兰蕙飘香，指日可待！从而为做大、做强全国兰花产业做出贡献。

广西兰花协会　雷尊巍

发展养兰事业
促进两个文明建设

陈慕华
一九九六年冬

全国人大副委员长陈慕华题词

左　页：寒兰 · 俏美人
右页上：春剑 · 绿牡丹
右页中：四季兰 · 莲子荷
右页下：寒兰复色花－斑马

兰香飘逸三湘四水

湖南兰花资源丰富，遍及全省各地，特别以湘、资、沅、澧四水源头的山区、林区最为集中。1987年，湖南省外经委组织一批专家对全省兰花资源进行了全面的调查，将湖南兰花水平规划为四个产兰区：

1 湘东山地丘陵产兰区：本区东与江西为邻，北与湖北交界，西南与湘中南毗连。地势由西北向东南倾斜，其区域范围热量充足，雨水充沛，兰花生长环境优越。主要集中在幕阜山、连云山和大围山。品种以建兰、寒兰为主，春兰、蕙兰均有分布。

2 雪峰山区产兰区：本区属湖南省西南部，连接贵州和广西。由于植被保存较好，为兰花的生存提供了良好的环境，这一区域兰花资源非常丰富，品种以春兰为主，寒兰、蕙兰都有分布。

3 武陵山区产兰区：本区位于省境西北部，西与贵州、重庆相连，北与湖北交界，南接雪峰山区。由于地壳裂变造成山岭绵延，顶平谷深，岩陡壁峭，地形奇特，加之地表水流丰富，河溪密布，是各类兰花生长的好地方。这里是湖南兰花种类最齐全之地，除墨兰之外，春兰、蕙兰、建兰、寒兰、春剑、多花兰、兔耳兰都有分布。

4 南岭山地产兰区：本区位于湖南省南部，处于南岭同地的北坡，整个山势东高西低，由东、南部向中、北部倾斜。罗霄山脉、八面山、莽山、九疑山以及西部的都庞岭、萌渚岭是本区兰花分布的中心。这里产有春兰、寒兰、建兰、蕙兰、台兰、兔耳兰，宜章等地区还发现有墨兰的零星分布。

湖南岳阳楼

被美誉为“芙蓉国度”的湖南，地理条件优越，兰花资源丰富，多品种混生现象较为普遍，因此通过自然杂交涌现了多个变异类型，已发现了谢氏银边、芙蓉金冠、芷兰、大红硃砂、桃红硃砂、翘萼春兰、美丽寒、浏阳素、紫春蕙、莽山梅、莽山绿宝素、庐阳春素、苍天荷、边城贡素等一批精品、名品。

湖南兰花文化资源丰富，在湘西泸溪浦市龙山里相继出土的新石器时代文化遗址中，就发现了刻有兰花纹饰的陶片数块，记录着湘西少数民族从远古开始就热爱兰花的历史。伟大诗人屈原怀着爱国忧民之心、愤世嫉俗之情，或泛舟于洞庭湖上、或踯躅在湘江岸边，吟唱出许多不朽的诗篇，许多诗作中都流露出诗人对兰花的赞美之情。在《九歌》“湘夫人”篇中，他吟唱：“沅有芷兮澧有兰，令公子兮未敢言。”在“少司命”篇中，他写道：“秋兰兮麋芜，罗生兮堂下，绿叶兮素枝，芳菲兮袭予。秋兰兮青青，绿叶兮紫茎。满堂兮美人，忽独与余兮目成。”兰文化还体现在地名中，如湘西永顺的兰花洞、湘南资兴的兰溪乡都以兰花命名，都流传着一个个韵味悠长的兰花故事。“湘女多情”是人们常谈的话题。湘女喜取花名为名，其中取“兰”者位居第一。戏剧艺术大师田汉创办的湘昆剧团地处湖南郴州。在古香古色的湘昆剧团舞台上方悬挂着的正是以兰花为标志的团徽。昆剧与兰花有着悠久的历史渊源。在昆剧中，“兰花指”、“兰花掌”就是旦角戏一个标志性的身段手势，旦角之美，首先就表现在这个妩媚撩人的兰花指上。正因为如此，周恩来总理说：“昆剧是戏剧百花园中的兰花”；肖克将军回故乡欣赏华丽儒雅的湘昆后欣然写下了“昆剧兰花艳，湘昆别一枝；饱经严霜后，婷婷发英姿”的诗篇。

湖南的兰文化是深厚的，因为她植根在人民大众之中；她同样也是灿烂的，她在文学艺术的殿堂上发出闪亮的光芒。

湖南的兰花工作起步较晚，20世纪80年代初，改革开放的春风吹拂着潇湘大地，唤醒了外经外贸市场，一批农业、林业科技工作者，开始关注“长在深山人未识”的兰花仙子，期盼着让兰花仙子走出国门，远嫁异国他乡。于是他们向有关部门领导和省政府领导进言，提出两项要求：①组织人员调查兰花资源，摸清兰花家底。②开发兰花产业，组织兰花出口。时任副省长的曹文举这个老资格的南下干部，细心听取汇报后，竟被小小兰花所倾倒，当即明确表态赞成，并督促有关部门抓紧落实。于是由长沙市土畜进出口公司牵头联合省植物园、省园艺所、省林科所等单位，组织二十多名专家学者深入全省山区、林区，对兰花资源进行了全面的调查和深入的研究，撰写了《湖南省兰花资源调查研究、开发利用综合材料》一书，为湖南兰花资源的保护与开发提供了十分宝贵的基础性资料。此项研究成果曾荣获湖南省科技进步二等奖。

1998年，叙浦林业局高级工程师谢明初参加全国第二届兰展会，他选送的“谢氏银边”荣获银奖。1990年，他带着兰花作品参加全国花博会，并以兰界代表身份受到江泽民总书记等中央领导的亲切接见。

1995年9月29日，湖南省首届兰花协会在农业厅召开成立大会，选举农业厅常务副厅长刘丁山为会长，聘用德高望重的老副省长曹文举为名誉会长。兰协很快举办了小型兰展会并出版了《湖南省兰花画册》。

历史的画卷很快翻过去十年，郴州一批兰花爱好者在市委、市政府领导的支持下，在湖南省率先组建市级兰花协会。郴州市兰协领导为了改变湖南兰界沉寂多年的状况，迅速跟上全国蓬勃发展的形势，向省林业厅、省花协积极建议并在市委、市政府的支持下，主动承办了湖南省第二届兰展会。此举得到了省林业厅、省花协的高度重视和全力支持。

2005年11月8日，湖南省第二届兰展会在天下第十八福地的郴州市隆重举行。湖南省原省委书记熊清泉，省委组织部原副部长、省人大常委会原副主任赵培义，中国兰花协会副会长何清正、刘清涌到会指导，参加会议的有市委、市人大常委会、市政府、市政协和省人大常委农经委、省林业厅、省花协、省农业厅、省农科院等单位的领导。展会盛况空前，吸引了来自全国各地的兰友、兰商七八百人之多。展会兰花市场交易十分活跃，成交额过千万元。省委老书记熊清泉为展厅数千盆花形花色各异的兰花所陶醉，满怀激情地作了“兰花千万朵，朵朵喜煞人”的题词，中国兰协刘清涌副会长对郴州市的兰花工作也给予了积极评价，写下了“郴州兰花，后起之秀”的题词。

在郴州市兰协的带动下，湖南兰花爱好者积极性空前高涨。湘西自治州2006年8月初成立了湘西自治州兰花研究会，在州领导的支持下，举办了不少活动，推动了兰花资源保护和产业开发。

湖南省花卉协会兰花分会

安徽兰花的分布和历史栽培情况

安徽是江浙两省的邻居，合肥和南京、安庆、杭州、黄山、宁波都处在同一个纬度上。安徽山川江河、湖泊水库众多，气候温暖湿润，皖南山区、大别山区盛产春蕙，其叶姿和香气可与江浙春蕙相媲美，在目前江浙兰蕙资源日益枯竭之际，已凸显出安徽春蕙在华东兰界的地位。

一 安徽兰花的分布和历史栽培情况

兰友通过实地考察，从地域上看，安徽省除淮北平原及江淮丘陵地区外，两大山区盛产春蕙。皖南山区的宣城、铜陵、贵池、黄山等地市山区兰花资源相当丰富，有些山区县尚未开发。皖南的广德县、宁国县山区近几年有江苏、浙江兰友、兰贩进山采集、收购，发现不少珍稀品种。休宁县、歙县、屯溪山区的兰蕙，有浙江兰贩进山收购。安徽大别山区的兰蕙开发较早，珍稀品种不断涌现，部分品种被安徽兰友收集保留下来，有些珍稀品种则被兰贩买走，流向江浙等地区。

关于安徽兰花栽培历史及名贵品种传世情况，由于调研不够，文献资料缺乏，在这里仅对皖南、安庆地区的历史状况做轮廓式的介绍，借以抛砖引玉。20世纪90年代中期，在中国兰界曾有“徽州墨”墨兰是否是安徽皖南下山品种的争论。当时我省地方志的编委，我省植物学家，中国花卉协会兰花分会、中国植物学会兰花分会的专家学者进行了激烈的探讨，结论好像是“徽州墨”是由徽商在福建购得此种，带回安徽徽州种养，以后又由徽商带到广东栽培传播开来，人们习惯上把这个品种叫“徽州墨”。当然最后也无定论。传统春兰品种“张荷素”，又名“大吉祥素”，有兰著介绍说：清乾隆年间，王考因“文字狱”案被罢官，隐居安徽黄山张村石屋，修身养性，栽植兰花。一次一盆兰草被野鹿啃吃了，剩下半截桩，哪知一年后反开出一素心花，王考即命名其为“大吉祥素”。以后回京城复职，为了铭记张村人的情谊，更名为“张荷素”。但这也只是兰著上的一种说法，如果确是，大概也是我们安徽兰史上仅有的一个传统品种吧。古城安庆，位于安徽两大产兰山区之间，长江穿城而过，是历代商贾云集和大米、茶叶、桑麻、兰蕙的集散之地，但仅有富商胡玉美豪宅后花园养有兰蕙之传说，未见名贵品种传世。安庆市桐城是桐城派故里，历代文人辈出，有着深厚的文化底蕴。清朝两位重臣、“父子双宰相”张英、张廷玉告老返乡后隐居龙眠山，修建“赐金园”，种植奇花异草。张英尤喜植兰蕙，在张英所著《聪明斋语》书中所述：“予生平嗜卉木，遂成奇癖，亦自觉可哂。吾尝见兰蕙、芍药之蒂间，必有露珠一点，若此一点为蚁虫所食，则花萎矣。”由此可见宰相张英养护观察兰蕙生长状况真是细致入微。可惜亦未见兰蕙珍贵名种流传于世。目前仅发现龙眠山北端山崖刻有“兰亭”二字。另瓣型理论创立者、清初安徽歙县岩镇人鲍倚云，出生于皖南，后居浙江，一生爱兰成癖，精心培育研究兰花，著有《兰讯篇》、《兰语篇》，汇集成名著《艺兰杂志》。清末至“文革”前期，一代艺兰大师、江南兰王沈渊如先生，祖辈亦是安徽皖南人氏。惜以上两人，犹如安徽兰蕙省外飘香，故不能将二位兰界巨匠写入安徽兰史也！

二 当前安徽兰花事业发展一瞥

改革开放以来，在日本、韩国、中国台湾以及广东、云南、四川，特别是江浙等地兰花热的影响下，安徽兰花事业兴起，兰花爱好者与日俱增，并形成了一定的养兰规模。先后有安庆、六安、马鞍山等地市成立了兰花协会。六安、淮南等地市多次举办兰展，产生了良好的影响和社会效应。我省广大兰友积极参加全国兰展、江浙各地市兰展、华东兰展、上海兰展等兰事活动，获得了很多金奖、银奖和优秀品种奖，使安徽兰花在全国占有了一席之地。广大兰友拜师访友，汲取兰花品评、欣赏、栽培等方面知识，兰友并通过互联网和全国兰友每天都在沟通信息，加深了对中国兰界、兰情的变化了解。安徽各地兰友无论在识别兰花、养植兰花、欣赏兰花还是对兰花的美学深度的研究探讨、对兰花的市场价格定位、市场预测方面都有精辟的论述和独到的见解，特别是一批年轻的兰友将成为安徽兰界的骄子，一些有实力的、眼光独到的兰友将成为安徽兰界重量级的冠军，安徽兰花事业的发展将充分体现在他们身上。

安徽兰花各地市发展特色各异，一种粗略的看法：淮南、淮北兰友以春蕙传统品种为主，养植技术、兰园规模甚好。六安、合肥兰友以收集本省下山新种为主，名贵珍品不时显现。安庆、马鞍山、宣城、芜湖兰友对传统种、下山新种兼收并蓄。从兰友个体上看：合肥李仁韵先生长期从事兰花栽培研究工作，南兰北养，创办了安徽神韵兰园，出版了《兰韵》一书，为安徽兰花事业上的发展做出了重要贡献。淮南市兰友孙志平先生，创办了兰梦阁兰园，种养了江浙几乎全部的传统春蕙品种，近年来又致力于收集春蕙新老品种，是淮河岸边一颗璀灿的明珠。淮北市兰友朱立群、谢华等诸位先生，爱兰之情溢于言表，不但建立了标准的兰室，而且养兰设备一应俱全，并广泛引进国兰新老品种，其发展态势，当属异军突起。合肥市兰友杜云安、梁亦农、龚仁红、王军、陈敏等兰界人士，拥有较多的下山珍稀品种，养兰技艺高超，均是我省兰界高手。宣城市兰友朱明，广泛收集皖南下山春蕙新种，辟兰园、建兰室，当属皖南兰界先进。马鞍山市兰友唐建兵、芜湖市兰友张锄崎都建有兰园，兰花品种繁多，规模大，养兰时间已有20年之久矣。因此，从总体上看，我们安徽江淮大地南北中，养兰初具规模，兰花事业发展蒸蒸日上。虽然我省起步较晚，但是今后兰事的发展有其优势，一是我省兰花资源丰富，每年都有珍贵品种不断出现，这种标新立异，是兰花事业发展的动力和源头。目前我省兰花新品种注册登录的已有16个品种。兰友手中拥有的极品如“大龙胭脂”、“向天歌”、“黄山荷”等等，虽未登录，但均是兰界梦寐以求的珍品，受到兰界资深兰家的好评和青睐。二是安徽兰友已走向成熟，逐步联合起来，保护我省兰花资源。有实力、有远见的兰友致力于收集、培育我省下山珍贵品种，努力创建我省兰花品种品牌。兰友所做的这些工作，都是在书写安徽兰花文化的历史，为安徽兰花事业的发展做出了应有的贡献。

三　安徽兰花发展的组织需求

改革开放以来，我省兰花事业，由于党和政府的重视，得到了迅猛的发展，先后有合肥神韵兰园、铜陵市与台商合作的乔林兰苑有限公司等大型兰花繁育基地建成，更有兰友家庭兰园如雨后春笋般地涌现在皖江南北、淮河两岸。党和国家领导人、省市领导人如乔石、陈锦华、回良玉、卢荣景等都多次亲临合肥神韵兰园视察，给予兰花产业关怀与指导。我省广大兰友在种植传统名兰的同时，又选育出“杜字”、“天柱梅”、“地维梅”、“向天歌”等新品种，目前我省在中国兰花协会、学会登录注册已达16个品种。我省春蕙下山各类新、奇、特、珍稀品种层出不穷，色、蝶、型等奇花异草不断增多，养兰基地、养兰专业户、大户遍及城乡，养兰者从城市到农村，从干部、教师、医生到工人、农民，与日俱增。养兰人数之众、面积之大、品种之多、品位之高，均超过历史。估计目前省兰花总价值已达五亿元之多。兰花在我省花卉经济中已居于举足轻重的位置。兰花不仅成为了我省人民一人精神财产，而且是一大物质财富。为了进一步弘扬国兰文化，促进兰花事业更快更大地发展，把国兰推向产业化、商品化、市场化、国际化，让清香浓郁的兰花香飘五湖四海，为此，应申请成立安徽省花协兰花专业委员会，充分发挥专业委员会的桥梁和纽带作用，进一步促进安徽的兰花走上可持续发展之路。我认为目前条件已经具备，主要表现在：

（1）领导重视。几届省委、省政府领导对兰花产业化发展都十分重视，他们在视察神韵兰园时多次讲话，鼓励兰界人士，努力把兰花业搞上去。省花协领导对兰花事业给予了积极关注和支持。我省部分地市政府把发展兰花列入了农村经济增长点，是庭院经济的主要内容，要求林业部门主管这项工作。在兰园基地建设、兰花销售网点、兰花展览会的举办方面都给予了大力支持，有的县镇还成立了兰花产业协会。

（2）队伍形成。兰花培育在全省各地已形成产业链，兰花爱好者、种植者众多，在他们的兰园里，品种丰富，种养手段科学、先进。兰园大棚、兰室建造、植工材料、肥料药品等各类设备用具均形成配套。兰花作为商品在省内外流通已形成市场。莳兰队伍已初具规模。兰花专业委员会的成立，将为他们搭设一个健康有序的信息交流平台，可以更好地为全省兰友服务。

（3）时机成熟。我省兰花种植面积和兰文化宣传普及方面已达到一定水平。合肥自1982年起就不断举办兰展，宣传兰花文化。六安、淮南、安庆近几年的兰展，无论规模、品种、档次、经济效益、社会效应都有了新的发展。安庆、六安、马鞍山等地市已先后成立了地市级兰花协会。安徽兰友在识别兰花、培育兰花、欣赏评鉴兰花以及对兰花的美学深度的研究探讨、对兰花市场定位、市场预测方面都有精辟和独到的见解。因此，建立安徽兰花产业体系的时机已经成熟。

以上发言，纯属个人的看法和意见，有不对的地方请大家批评指正。

1　兰花盆景——《轻舟已过万重山》（神韵兰园制作）

2　1996年10月16日，中科院研究员吴应祥、陈心启等在神韵兰园

3　1996年10月17日，省科委主持，吴应祥、陈心启、李永荣等组成的专家组对李仁韵主持完成的《兰花引种驯化研究和开发利用》进行课题鉴定

4　安庆兰友与安徽省兰协领导人员在安庆首届兰花精品展展厅合影

5　2004年2月22日在安徽省合肥市召开安徽省兰花发展现状研讨会，同时成立省兰协筹委会，图为研讨会成员与省林业厅领导合影

二十年来安徽兰业大事记

安徽地处我国东南部，气候温和，四季分明，境内大别山区和皖南山区地貌复杂，兰科植物资源丰富。1991年，经李仁韵先生和傅玉兰教授等兰友实地考察，安徽分布有兰科植物计26属50余种，主要集中于兰属，其次是石斛属、白芨属和独兰花属等。1995年5月，吴应祥先生函请李仁韵先生调查兰界久存的徽州墨兰产地之谜，经过多年努力，终于在皖南绩溪县山区发现下山墨兰，揭开了兰界争论已久的徽州墨兰产地之谜。

- 1987年2月10日，李仁韵先生在合肥包公河公园举办个人兰花展，近百盆盛开的春兰共展出21天，接待参观者2万多人次，这也是中华人民共和国成立以来安徽省的首次兰展。
- 1990年8月19日，李仁韵先生在合肥逍遥津藏幽园举办临秋兰写意，除普通观众外，还吸引来了陶天月、高万佳等20多位书画界知名人士挥毫泼墨，即席创作了一批精美的秋兰书画作品。
- 1992年3月，李仁韵先生“下海”创办了安徽省首家民营花卉研究所—安徽神韵花卉研究所，建兰园22亩，培养各种兰花300多万株，为华东地区最大的兰花生产基地，产品主要销往长江以北各地，并出口韩国、日本以及东南亚地区。
- 自1992年第三届中国（深圳）兰博会起，神韵花卉研究所连续参加了十四届中国兰花博览会，共获得金、银、铜奖42枚。另外，还参加了第四届、第五届中国兰花博览会，获一等奖、科技成果奖4枚。六安等地区部分兰友也多次参加中国兰博会，共获金、银、铜奖7枚。
- 1993年夏秋，时任安徽省省长傅锡寿，安徽省人大主任孟富林等领导先后视察神韵花卉研究所。
- 1994年6月18日，时任安徽省省委书记卢荣景，副书记杨永良、王太华等领导视察神韵花卉研究所。卢书记视察后高兴地对李仁韵说：“你干得好！一定要把安徽兰花产业搞上去。”
- 1994年12月，李仁韵先生等精选一千多株寒兰带往北京，拜访我国兰界泰斗吴应祥先生，并且汇报了争取让兰花成为国花的意向，后到何康部长等国花领导小组评委成员及花协领导处，又与四川兰界代表魏亚□老师等一起拜见时任国花领导小组组长陈慕华副委员长，前后历时半个月，做了大量的宣传工作，全力推荐兰花为我国的国花。

- 1995年8月28日至9月28日，安徽神韵花卉研究所在合肥包公河公园举办秋兰展，展品300多盆。
- 1996年6月1日，时任中共中央政治局常委、全国人大委员长乔石同志来到神韵花卉研究所。听了李仁韵所长介绍后，乔石同志非常满意地点头道：“这个项目好，就是要开发这样有效的产品。”这也是中央主要领导同志“文革”后首次到基层视察和关怀兰花事业。陪同视察的有时任安徽省省委书记卢荣景、省长回良玉等。
- 1996年9月6日至18日，安徽神韵兰园在合肥杏花公园举办临秋兰花展和兰花摄影大赛，展品500多盆。
- 1996年10月17日，由李仁韵先生主持并完成的科研项目《兰花的引种驯化研究和开发利用》，通过安徽省科委主持，中科院研究员、著名兰花专家吴应祥、陈心启等组成的专家委员会的鉴定，并获安徽省农业科技进步成果二等奖。他研制的兰花盆景、兰花壁挂等深受人们欢迎，大力推动了安徽省兰花产业的发展。
- 1998年6月，由李仁韵先生编著的安徽首部兰花专著《兰韵》一书出版，并获得第十三届华东地区科技图书二等奖。
- 自2000年马鞍山市成立兰花研究会后，六安市、安庆市、淮北市、合肥市、淮南市等先后成立兰协，一些县、区也相继成立兰花组织，舒城县晓天镇还成立了兰花产业协会。六安、马鞍山、淮南、安庆等也都举办过一次或多次兰展，均产生了较好影响。
- 2003年9月1日，全国政协副主席陈锦华视察神韵兰园，陪同前往的还有全国政协常委卢荣景及省政协主席方兆祥等。
- 2004年5月9日，由杜云安等发起并商定召开安徽兰花发展现状及前景研讨会。5月22日从各省各地来合肥40余人，大家对安徽兰花发展现状和前景进行了热烈的讨论，并且要求成立省兰协，会上选举李仁韵为主任，梁亦农、杜云安、郭柄传、邰剑钟为成员的五人省兰协筹备委员会。经过多次协商，在省林业厅和省花协的领导和关怀下，兰友们共同努力，于2005年2月14日在合肥举行省花卉协会兰花专业委员会成立大会，选举产生理事106人、常务理事43人，选举产生会长李仁韵、秘书长梁亦农等兰协领导班子。
- 2005年2月14日—15日在合肥裕丰花市举办安徽省首届兰花博览会，全省12个地市送展，同时还有浙江、江苏、山东的兰友送来展品，总计参展兰花近千盆，并进行评奖。展厅布置有书画等。
- 2006年2月11日—12日在合肥裕丰花市举办安徽省第二届兰博会，这次兰展虽不如首届兰博会的规模、人气，但引起了多家新闻媒体对兰博会进行报道和宣传，使社会有机会了解兰花。
- 2006年4月16日，组团参加首届全国（南京）蕙兰展，并获金奖一枚。

著名兰花专家、兰界泰斗刘清涌、吴应祥、陈心启、[illegible]、[illegible]、卢思聪、何清正、[illegible]农等先后视察神韵兰园并给予指导。

安徽是兰花资源大省，珍稀品种不断涌现，已登录注册新品神韵荷素、杜字、天堂韵荷、大龙胭脂、三宝殿、熊猫蕊蝶等21个。

安徽兰花产业近年来发展很快，养兰户迅猛增加，专业挖兰、养兰户投资于兰花产业的兰园也相继建立，几十万元、上百万元兰花专业户不断出现。我们要百尺竿头，更进一步，总结经验，克服种种不良因素，努力加快我省兰花事业的发展，力争在3—5年内把我省由兰花资源大省发展成为兰花产业大省，让更多养兰户富裕起来，让兰花普及到千家万户，让社会更加和谐。

安徽省花卉协会兰花专业委员会

发展中的江西兰业

江西是兰花资源大省，但因经济发展等因素的制约及其他诸多原因，江西兰花产业起步相对较晚。近年来，为了充分利用江西的兰花资源优势，江西省委、省政府及各级领导高度重视兰花事业的发展，在广大兰友的共同努力下，江西兰业有了一个良好的开端。从兰业的实际及发展趋势看，江西的兰花业具有以下八大优势及特点：

1 优越的气候环境

江西省位于长江中下游以南，东接浙江、福建，南接广东，西靠湖北，北与湖北、安徽相连。全省气候温和，

雨量充沛，四季分明，日照充足，年平均气温在18℃左右，年平均降水量1654毫米，无霜期达280天以上，地貌以山地、丘陵为主，森林覆盖率达60%，全省辖地三面环山，峰峦叠翠，山势险峻，非常适合兰科植物生长。

2 丰富的兰花资源

据不完全统计，江西省内山区中有兰科植物38属67种。辖区内的山林中基本上均能见到兰花原生种，种类很多，分布很广。目前已被人们广为栽培且较为有观赏和收藏价值的国兰品种有春兰、蕙兰、送春、四季兰、寒兰、兔草兰及少量的墨兰等。江西所产兰花中又以寒兰最有特色。赣产寒兰叶姿飘逸秀美，花型花色多变，香味清雅奇特。按叶的大小分，有叶宽近3厘米、宛如墨兰的阔叶寒兰，也有叶型纤细、仅宽0.5厘米左右的线叶寒兰，另有中叶与小叶之别。按叶姿分，有直立如剑的寒兰和婀娜多姿的垂叶寒兰。按叶型分，有高大魁伟、高达1.2米以上的“寒兰巨人”，也有总高不足10厘米且带爪艺的“寒兰侏儒”。按根的粗细有粗根和细根之别。按开花季节又可分为春寒兰、夏寒兰、秋寒兰和冬寒兰。按花色则可分为青杆青花、青杆紫花、青杆红花、紫杆紫花、紫杆青花、紫杆红花及青转紫花。按花艺分有荷型、硬捧、副瓣蝶、三星蝶、素心、荷瓣以及各类象形花、拟态花等等。另有各种叶艺，如中透、中斑、覆轮、扫尾等及多种型艺。

3 悠久的艺兰历史

江西人养兰可以追溯到宋朝。据传当时人们种兰可避邪保平安。但那时兰仅为极少数人所拥有。明代时江西籍名医赵炳就发现了兰香催生的神奇妙用，并在民间广为流传和应用。正是因为兰香的这一功能，使得许多盼望添子添孙的家庭都设法种上数盆兰花，以备到时能派上用场，这为兰花在江西普及起了十分重要的作用。据有关资料记载，清道光年起，江西产的阔叶赣兰素还作为贡品进贡给历代皇帝。到了民国时期，兰花作为荣华富贵的象征而进入了不少达官贵人的豪宅。但是后来，因经济的萧条使养兰风气步入低潮。

4 众多的爱兰大军

中华人民共和国成立后，江西的爱兰人数不断递增，据不完全统计，1949年，江西的养兰人数不足一千人，到1993年江西省兰花专业委员会成立时，江西的养兰队伍已壮大到三万余人。近二三年内，江西的爱兰大军以每年翻番的速度迅速递增。据说宜丰的养兰人数已过五千，全省八十多个县市区的养兰人数就可想而知了。有如此众多的爱兰大军，江西兰业的辉煌将指日可待。

5 优秀的兰界先锋

江西的兰花产业能发展到今天，与省内有一大批热爱兰花事业的领导、专家、养兰能手及兰花大户的共同努力是分不开的。1993年，江西成立了风景园林协会兰花专业委员会，由江西省园林处总工程师、兰花专家江汉珍先生任会长，江会长带领全省兰友调查兰花资源，推广和普及兰文化，采取保护性开发的方针，为江西兰业的发展壮大奠定了坚实的基础。2004年8月，江西省花卉协会兰花分会正式成立，分会由德高望重、热心兰花事业的老领导、原南昌市副市长、省花协副会长周鑫群任会长，分会的其他领导老、中、青结合，在职与离退休干部并用，相关行业与各部门配备相对均衡，使班子内部一帮人心齐智慧广，带领全省兰友发展兰花产业，为弘扬国兰文化做了大量工作。江西籍的全国花卉协会分会理事虞信远、郑丰生、潘颂和，南昌大学生物系的兰花专家杨柏云教授，兰界前辈蒋洪元、揭本观、孙福介、吴吉华、蔡镇坤，积极传播兰文化的黄振鹏、赵德力、潘颂和、吴中久、饶德章、张广荣，热爱兰花事业的在职领导虞信远、蒋新华、郑丰生、甘立平、范敏，养兰高手邝先红、陈国平、周立军、饶维金，青年兰家黄腾飞、张敏，兰花企业家杨和平等为江西兰业的发展做出了重要贡献，他们不愧为优秀的兰界先锋，是江西兰业的“领头雁”。

6 频繁的兰事活动

1993年江西省兰花专业委员会成立后，先后举办了六次全省性兰展，为宣传、普及兰花，推动兰花产业的发展

1 江西井冈山
2 中国花卉协会兰花分会江西籍理事与何清正会长在乐山兰博会上亲切留影（左1虞信远、左2郑丰生、右2何清正、右1潘颂和）
3 南国红梅（江西寒兰）、宜丰（周主军栽培）
4 下山新荷（江西寒兰）、寻乌（潘颂和选育）
5 友谊绿蝶（江西寒兰）、友谊兰苑栽培

起了十分重要的作用。2002年国庆及2006年国庆分别举办了江西省首届及第二届花卉博览会（兰花设单独展馆），2003年10月举办了中国（南昌）海峡两岸兰花博览会，2005年11月成功举办了江西省首届寒兰展。2004年至今还多次举办了兰文化研讨会、兰花事业发展形势报告会及兰花知识讲座等活动。至于各区、市及县级的兰事活动更是不胜枚举。2004年省兰协牵头创办了《赣兰》杂志，开通了江西兰花网，为宣传推介江西兰花、加强交流提供了平台。

7 杰出的养兰佳绩

通过全省兰友的共同努力，江西已选出以寒兰为代表的优秀品种800余个，另有许多四季兰、春兰、蕙兰、送春等珍稀名品也在省内外乃至全国兰界小有名气，如宜丰兰友周立军的寒兰新品“南国红梅”在江西首届寒兰展中获特金奖后，在全国兰界引起了轰动，苗价由下山时的数百元、复花后的三五千元增至成名后的十余万元。寻乌友谊兰苑苑主潘颂和先生专门收集选育下山寒兰珍稀品种，现友谊兰苑精品近三百个品种，其中友谊绿蝶、下山新荷、矮种线艺、硬捧寒兰及素心名品“明月秋水”等均是众多寒兰爱好者的抢手货，许多品种还需提前挂号排队订购。江西兰友的珍品还在全国或跨省的兰展中频频获奖，上犹吴兴洪老先生的斑艺寒兰荣获1999年昆明世博会金奖。全国兰协理事、省兰协副会长兼秘书长郑丰生先生培育的春兰“九江素”、南昌人民公园的春兰新品在2005年中国（乐山）第十五届兰博会上双双获银奖。九江兰友在南京举办的华东六省一市海峡两岸兰博会上喜获多项大奖。还有许多兰友的珍品照被众多全国性兰花杂志及部分兰书作者争相选为插图。潘颂和兰友发表的《浅谈寒兰的栽培》、《寒兰的美学价值》、《寒兰六最显神奇》、《四季兰新品彩荷仙为何倍受青睐》及吴中久先生的多篇论文和经验文章均是兰友公认的优秀论文。江西籍兰友吴吉华、潘颂和、张敏等还加入了中国寒兰研究会，其中吴吉华被聘为副会长，潘颂和被聘为副秘书长。江西兰花已被越来越多的国内外兰友所喜爱，江西兰友的诚信经营已得到众多爱兰人的认可和好评。

8 发展中的当代兰业

江西虽然有栽培兰花的悠久历史，但真正把兰花当成一个产业来发展还是近十多年来的事。以1995年江西省风景园林协会兰花分会成立及2004年江西省兰花协会兰花分会成立作为两个起点，江西无论在兰事活动、精品挖掘收藏、兰文化建设等方面都可以用“盛况空前”来形容，到目前为止，省内有设区、市兰花协会2个，县、市级兰花协会14个，有种植10万盆以上的养兰户80余家，万苗左右的养兰户600余户，种植数盆至百盆的兰花爱好者10万人，部分兰友的兰园规模不断扩大，种植管理水平逐步提高，如宜丰的和平兰苑、寻乌的友谊兰苑等还建造了现代化标准兰房，使养兰真正朝着标准化、规模化、智能化、高效益的方向发展。江西的兰花产业，得到了中国花卉协会兰花分会的大力支持及江西省委、省政府的高度重视，采取了保护性开发的方针，严禁下山兰直接外运，较有效地控制了毁灭性的盲目采挖，在兰花知识的宣传、兰文化的普及等方面也做了大量工作，把兰花当成尊师花、敬老花、送礼花，还提出了构建寒兰产业省的新思路。我们相信，江西兰花产业在各级领导的关心重视下，在广大兰友的共同努力下，一定能在发展中崛起！

江西省兰花协会

海南省兰花协会
在深化改革中不断发展

海南省兰花协会的前身是中国兰花协会海南分会，创建于1987年，建省后更名为海南省兰花协会。

本会是以兰花工作者、爱好者为主体，自愿联合起来，经上级政府部门批准，省民政厅登记注册，具有独立法人资格的公益型、非营利性民间社团，业务受省科协直接领导，挂靠省林业局。现有会员105人。

本会宗旨是在党的正确领导下，以科学发展观为指导思想，宣传、保护和科学利用海南气候和兰花资源优势，组织企业、农民及农林场员工学习养兰技术，推动海南兰花产业化发展，扩大海南兰花经济，弘扬兰花文化。

协会深入改革，大量吸收兰花产业界人士参加，注入新的活力，成为全省兰花生产、科研和产业化咨询服务中心，成为政府与企业之间的桥梁和纽带。凭借热带资源优势，发展洋兰，兼顾国兰，以兰会友、以兰招商，提供国内、国际兰友兰商交流平台。如1990年5月国际劳动节期间，在海口市工人文化宫成功举办海南省首届兰花展览会，林业、企业、各大专院校及兰花爱好者踊跃参展，还有广州市、中国香港、中国台湾兰友送兰参展，气氛热烈。时值海南解放40周年和建省2周年庆典之际，省四套班子主要领导参加了开幕式并剪彩，参观人数达2万多人次，评出金、银、铜奖项17项，引起轰动，好评如潮。特别是第一任省委书记许士杰同志自始至终指导兰展工作，还欣然命笔，为展馆赋诗，令展馆四壁生辉。其诗曰：频经风雨出幽林，碧玉飘香表素心；不向花丛添锦绣，移来展馆觅知音。这次兰展向人们初次宣传了兰花知识，为海南的兰花事业打下了良好的基础。1993年国庆节之际，又在海口市青少年宫举办了第二届，进一步宣传、巩固和发展了兰文化的成果。2004年12月成功主办了首届海峡两岸热带兰花（三亚）博览会。本届兰博会策划与第54届世界小姐总决赛107个国家和地区的美女同步互动，鲜花加美女，招来海峡两岸几十家兰花企业和5家国际兰友参展。展品共上千种，计上万盆，收集论文15篇。100多家媒体争相报道，再次引起轰动，达到了宣传“两岸情、兰花心”主题的目的，得到了政府和群众的肯定，并引来了几家中外兰友相继投资海南三亚发展热带兰花产业。2005年又与三亚市通力合作，于2005年12月成功主办第二届海峡两岸热带兰花（三亚）博览会，再次与第55届世界小姐决赛互动，相得益彰。这次兰博会规模更大，参展国家更多，影响更广，基本上与国际接轨，创造了让海南兰友与世界兰友直接交流的机会，也让外国兰友对三亚和海南有了进一步的了解，增加了三亚的国际知名度，让世界的美丽聚会三亚，也让海南的美丽传到世界。2006年12月，省兰协与三亚市政府在三亚共同主办了更高层次的首届中国（三亚）国际热带兰花博览会。

除主办兰展之外，还积极参加国内外各种兰事活动，如在1987年首届中国兰花博览会（广州）上，我会送展品几十种，获得金奖1个、银奖4个、铜奖3个。此外，还先后派人员参观2005年的法国国际兰展、2005年的广东省沙湾兰展、2005年的贵州第十六届中国兰展、2006年的马来西亚柔佛国际兰展等，不断扩大与国内国际的交流。

本协会除主办几届大型兰展外，还不断扩大业务范围和服务项目：

在20世纪90年代组织专家两次调查海南野生兰花资源，收集活标本160多种，在省农科院和热带作物研究院两院内收藏和研究。团体会员单位—热带作物研究院品种资源所的会员在这个基础上完成了《海南岛野生兰花图鉴》一册，提出了保护和合理利用的意见。

组织专家撰写兰花论文和兰花科普资料，广泛宣传兰花科普知识，出版会刊《海南兰花资料选编》，在每年全国科普宣传月中印发兰花科普宣传资料。

为广大兰友提供兰花种植技术咨询服务，组织兰友到越南、新加坡、马来西亚、泰国等进行考察。

多次组织新加坡、马来西亚、泰国、德国、美国、英国等国家的兰花专家来海南进行兰花科技讲座。

2006年组织多位专家到国内的广东、云南、贵州、北京、上海等地和前往新加坡、马来西亚、泰国等国家考察，向省政府提出《关于海南省“十一五”热带兰花产业发展的建议》。

现已有14家热带兰花企业在海南发展。兰花企业不断壮大，兰花协会不断发展。

海南省兰花协会

中国香港的兰花

维多利亚港

中国香港是一个寸土寸金、地少人多、生活步伐急促的地方，但那里藏着一群悠闲自在、热爱兰花的雅士，能够在喘不过气的生活环境下，偷得半点空闲，去欣赏自己心爱的兰花，享受栽培兰花的过程，还能够在过程中增值自己，包括身心、知识和财富等，并可以兰会友，真是使人羡慕啊!

在中国香港栽种兰花，直接受到一些环境和客观因素所影响，特别是养兰的空间，可说是一个大难题：中国香港的养兰者，多数只能利用家中的阳台或窗台边种植，只有少数人有花园种兰。另外，中国香港的兰花是受到中国香港特区政府法律所保护的植物之一，并且严禁上山採摘，违例者将被重罚，一般人不敢以身试法。加上早前兰花种植未受到推广，有关兰花的资讯和知识也很贫乏。再者，早前中国台湾兰“达摩”跌价的大灾难及“报岁兰”品种不对事件，严重影响了中国香港人对兰花的信心。直至近期开始，才有一班兰花爱好者默默地涌现出来，在这人群中，多数是业余爱好者或玩家，基本上很少炒卖活动。

中国香港由于在种植兰花方面已有先天不足的缺陷，因为没有原产地兰花的出产，品种也相对难求，而且寸金寸土，想帮心爱的兰花找一个安乐窝也相当困难，但这不代表中国香港人是被动的、不进取的；他们不怕辛苦，亲身踏足广东、福建、四川及中国台湾 带去找寻心爱的兰花，寻找新的品种，并且会连同三五个志同道合的兰友，到新界去找一大片农地，搭起兰棚，一起享受种兰的乐趣。每当假日，他们便聚集那里，赏花品茶，自得其乐；加上现今中国香港的资讯非常发达，对兰花的栽培方法和管理技术也提升不少，并且有先知先觉的精神，选购品种的眼光非常独到，所以近年内地的兰友来收购四季兰品种的活动也开始多了，在这方面，中国香港的兰友从中也得到了一点点的微利。正因为这样，他们已开始踏入另一阶段，除了玩和欣赏外，他们还把一些资金投放在细叶兰（春兰及寒兰等）身上，开始为炒卖做准备。但这个代表所有的中国香港兰友都要加入炒卖兰花的行列。

简单来说，中国香港兰花市场活跃与否，关键在于有多少人去参与种植兰花。没有人买卖兰花，市场上就没有兰花流通，兰市交易就是一潭死水。中国香港种植兰花的人，大致可分为两种，一种是早期已开始种兰花的老前辈，另一种是近年新进的年轻一代，他们都是朝着一个方向，就是为了心爱的兰花而废寝忘食，所以中国香港的兰市亦直接受到他们的影响。为何这样说呢？因为当年玩兰花的老前辈，大多数是经济能力富裕的人，所以他们可以一掷千金，买下"心头好"。当然啦，懂得种兰和技术高超的人，加上眼光准确，选种恰当，到现在的阶段已可以兰养兰，所以什么名品靓花，他们都毫不考虑地买下。相反来说，一些技术不足的兰友，开始时，他们以金银换回来的兰花，每次买下就种死，买下又种死，经过多次失败，完完全全死在自己的手里，伤心极了，导致他们对种植兰花大失信心，虽有好花当前，但仍会有望而却步的表现，何谈再去买新品种呢？同样地，有兴趣加入养兰行列的新朋友，他们刚刚开始学种兰花，本人发觉他们并非不舍得买一些新种或名品，无奈受制于栽培技术方面，所以在选择品种方面都是一些旧品种和比较平价的花，因为他们对种好兰花还未有一定的信心。所以在这里，我们可发现一个大问题，就是他们对购买兰花失去了信心，因为他们缺乏种植兰花的技术和知识。本人相信他们是有很强的进取心和学习能力的，只要身边有人指点，技术自然提升，信心自然地会高涨起来，中国香港的兰花市场也会相继活跃起来。这重大的任务相信有赖中国香港的兰会来协助推广这兰花的文化。

谈到兰会，中国香港有好几个兰会，而规模比较庞大的可算是本会即中国香港中华兰花协会。本会的宗旨是推广兰花，以兰会友，会员遍布港、澳、台及内地等；每年本会自行举办两次大型的兰花展览，分别为春季展览（一般在农历年初头几天举行）和秋季展览（一般在暑假期间举行）。这些展览，除了本会会员所提供自己用心栽培的不同品种的国兰展品外，还有多类品种的洋兰展出。在展览期间，还有一些关于兰花栽培与管理的讲座，使展览生色不少，入场参观的人数也非常多，而且年龄也很平均，可见中国香港种兰花的人已渐趋年轻化，不一定只是以往老人家的玩物。除此之外，本会每年更被政府邀请参与三月份举办的全港大型花卉展览，北区花、鸟、鱼、虫展览及青松观花卉盆景展览等。每次都尽心尽力，做到最好，得到主办单位和参观者的一致好评。本会更照顾会员的需要，考虑到中国香港这个弹丸之地，很少有大型的兰花种植场，所以为了满足会员的欲望及提升会员的兰花知识及兴趣，每年都举办几次大型的探访活动，分别到中国台湾及内地参观大型的兰花种植场，参加者也非常踊跃，并借着这些活动，增加会员对兰花栽种的知识和管理技术，更加深会员之间的友谊，从而实现以兰会友的宗旨。

中国香港中华兰花协会秘书处

关国荣　郑仁忠

2004年在特首府举办的花展

参观深圳苗圃场

祝贺全国兰协成立20周年

中国澳门兰事

中国澳门博物馆(澳门半岛)

2005年3月中国澳门举办两岸四地兰博会，署任行政长官陈丽敏（中行政法务司长）等剪彩，陪同的有内地、台、港、澳兰会负责人陈心启、郭伟成、梁和平、邓祖基等

中国澳门民政总署主席刘仕尧向台、港、内地兰会代表致送纪念品

欣逢中国花卉协会兰花分会成立20周年的好日子，谨代表中国澳门地区的兰友致以衷心的祝贺！祝愿我们全国兰友的大家庭日益健全壮硕，带领中华大地的兰友们，团结合作，共同努力，促进兰花事业的发展，推动兰文化发扬光大，带动经济繁荣，丰富人民的精神生活，为中华民族的文明进步、兴旺发达做出更大的贡献。在表达颂祝的心意之后，谨借这本广大兰友争相阅读的刊物，做自我介绍，并谈几点愿望。

中国澳门兰艺会是中国澳门兰友的组织，成立于1987年，和全国兰协同龄。我们成立的年代，刚好是改革开放之后，兰艺活动渐次展开之际，中国澳门兰友感到需要有一个联合的组织，开展活动，宗旨是凝聚兰友、砌磋兰艺、推广兰事、弘扬兰文化，为市民提供怡情养性的健康节目，提升居民生活素质；同时，亦借以开展对外交流，增广见闻，以兰会友，共同促进兰花事业的发展，于是，催生了中国澳门兰艺会。

中国澳门虽不是产兰区，但栽种兰花已有悠久的历史，她作为中国南端的边城，很早就对外开放，成为中西文化交汇之处，内地文化的精萃和各式人文活动，自然地会流传到这个地方。早在清朝中叶，一些商贾名流的大宅名园就已种植兰花，那时是作为家居庭园的点缀和园艺雅赏。至于有规模的展览活动，也很早就在中国澳门出现了。在20世纪的1975年春季，中国澳门旅游娱乐有限公司为促进旅游，提倡会展事业，吸引各地游客，在葡京酒店大堂圆厅举办了一次盛大的兰花展览，展出了大批国兰、洋兰等名种，除华南流行的墨兰外，亦有春兰、夏蕙，其中的春兰四大天王、夏蕙程梅等均亮相场中，使当地人得睹各种名兰风采，对中国澳门兰艺发展起到了启蒙作用。

自此以后，引起当地人栽兰的兴趣，兰友日增，时有观摩交流活动。1985年春，兰友梁明、邓祖基、杨熙、陆伟明、卢锦河、余礼銮、招兆铭、谭备等发起在华侨报社三楼赵斑斓文化艺术馆举办首届中国澳门兰花展览，吸引了大批观众，甚获好评；嗣后每年均有展览活动。至1987年，中国澳门兰艺会正式成立，由梁明任会长，邓祖基任理事长，广纳会员，开展各项兰艺活动，每年均举办兰展，并组团到内地、中国香港、中国台湾等地拜访兰友，观摩交流，会务日益发展。

由于兰花展览提供了健康怡情的活动，丰富了市民的精神生活，深受公众欢迎，也引起了政府的关注和重视，为此，政府的民政部门给予鼓励和支持，专门拨出资金赞助展出，于是，每年春季和秋季的兰花展览成为经常性的活动。

2005年3月，为了庆祝中国澳门特别行政区成立五周年，中国澳门特区政府民政总署与中国澳门兰艺会合办了颇具规模的“两岸四地兰花博览会”，在全国兰协和各地兰花协会、中国香港、中国台湾兰友会和兰友的支持下，兰展取得可喜的成绩，三天观众逾六万人，为中国澳门公众留下了美好的回忆。

中国澳门两岸四地兰博会会场一角

中国澳门兰艺会会员约60人，数量虽不多，但这些会员联系了大批兰友和兰花的爱好者，少说也有二三百人，他们欣赏兰花，家里也栽种兰花。中国澳门的兰友们大部分是利用天台（屋宇的顶层）、露台、窗台、天井等地方种兰，少数则有花园，基本上是采用半开放的方式，在自然环境中加上遮阴、挡风雨的设备；近年有五六位兰友则在天台上搭建兰室，安装水墙，设施较为先进。

中国澳门兰友栽种兰花的品种，向来是以华南原产的报岁兰、四季兰为主，但也经常从外地引入新品，时下流行的四季兰和报岁兰，如四季兰的无双梅、荷王、岭南奇蝶、新老三元，报岁兰的南海梅、岭南大梅，春兰的白玫瑰等等都有，部分兰友也栽种蝴蝶、石斛、文心、嘉多利等热带洋兰，一些家庭主妇较喜爱洋兰。近年，中国澳门兰友也开始引种春兰、九华、春剑、莲瓣等品种，但数量不多，名贵品种更少，现已栽种的有江南雪、绿云、龙字、宋梅、环球荷鼎、大富贵、郑孝荷、大一品、温州素、金奥素等等。在中国澳门栽种北方的兰种既是尝试，亦是挑战，因为环境与气候的关系，这些兰花可以在中国澳门生长繁殖，情况还好，但打蕾、开花则难有保证。过去，在中国澳门栽种春兰、九华、春剑，虽然都曾有开花的记录，但却是偶然性的，还未能总结出经验，找出有效的方法；其中春剑与部分春兰复花的机会较大，可是还未能摸索出可靠的窍门。目前，一些兰友设置温室、水墙，用以制造温差，增加湿度，目的是研探栽种北方兰花的可行办法。中国澳门兰友很希望与各地兰友加强交流，通过观摩学习，提高水平。

对于推动兰事活动，促进兰花事业的发展，我们有一些肤浅的建议：

（一）中国兰花品类繁多，不同地域的原生兰花各有优点、各有特点，从欣赏的角度来说，是难分高下；从培育的观点而言，应兼收并蓄；从发展推广着想，要不分彼此。意思是说，要把南方、北方的兰花互相推广，东部、西部的兰花交流引种，这样，各地的兰花爱好者得以扩大眼界，亦增加了欣赏和培育的对象，可使艺兰的兴致更高。我们认为，打破地域的界线，互相接受容纳，加强交流推广，兰花事业才能更好地普及和发展。然而，必须要解决的问题是南兰如何能北养、西部兰花怎样在东南地区生长、江浙兰花又如何在南方在西部放香，各地都能把外来引入的不同品种栽好，有助于兰花事业的推广和发展。目前，中国澳门兰友正在摸索种好春兰、九华、春剑、莲瓣的方法，这是我们的方向。要达到这个目的，就要解决栽兰的技术问题，因此，希望各地兰友共同探索种植异地兰花的经验和方法，从技术交流达至兰花交流，让各地的兰花走出原生处，使中华大地以至海外处处芬芳。

（二）内地、港、台、澳之间兰花的交往、携带、运输还有许多障碍，使各地之间兰花交流、参展、买卖极之不便，阻碍了兰花活动的发展，这是源于各地边检、海关等政府部门在执行《动植物检疫》和《濒危动植物保护公约》时形成的限制。这些限制是否有权宜之法，可作宽松处理呢？这是值得探讨的。内地与港、澳互相之间是一国两制的关系，在一国的范围内，植检的执行应与省市之间无异，不宜有太多的限制，况且兰花并非食物，不会影响人民健康。目前，植检的焦点是植株是否有传染性的病患和根泥是否带有妨害植物的细菌等等。事实上，内地与港、澳之间陆地相连，接触途径极多，此项检疫的必要性实成疑问。至于《濒危动植物保护公约》的执行，虽然，内地与港、澳均属签约地区，有履行公约的责任，但在执行过程中，却时有矫枉过正之虞。其一，许多兰花并非濒危物种而是已大量繁殖的商品兰，应不在禁止之列，但执法方面每每不问青红皂白，凡兰即禁，规定必须领取非濒危物种认可的证明，才可通行，而发证机构并非在就近之处，给申办证件者增加许多麻烦，而且证明非濒危物种的做法，亦容易流于形式，领证似乎只是要求完成一项手续，这无异于设置人为的障碍。其二，真要保护濒危物种，不是在采挖后，而应在采挖前，因此，划定保护山林的区域，严禁采挖，才是积极的做法。在采挖后，于贩运中没收了物种，如果未能适当地养护，实在是毁灭了该物种，这就更远离保护的意义了；至于说禁止贩运可以打消采挖的动机，收到保护的效果，这更是舍本逐末的做法。其三，如果要禁止濒危物种流出国境，则禁止措施应在离开国境的口岸执行，而不是在内地与港、澳之间的内部口岸执行。至于内地、港、澳、台之间，那也是一国的内部关系，只是在政治现实上，存有见解上不同的看法而已，实质仍是中华大地的圈内事。我们认为，对兰花的贸易、运输、携带在两岸四地之间如能消除各种隔阂，对兰花事业的发展肯定有极大的促进。

上述意见，希望能见其实现。尤其第二点，我们深切盼望全国兰协运用其影响力，争取有关问题逐步解决；也希望全国兰界和各兰友会在所在地区共同致力于影响相关政府部门，促成其事。

最后，中国澳门兰友谨向各地兰友致意问好！

中国澳门兰艺会　邓祖基

中国澳门兰艺会现届（2006年度）领导架构成员：

会长：邓祖基

副会长：杨　熙、陆伟明

理事长：卢锦河

副理事长：刘仕强、蓝海澄、郭志强

秘书长：刘仕强（兼）

常务理事：招兆铭、杜锡松、简基、何金满、陈洪爵、郑华山

理事：江开育、梁超、文松新、梁炽光、冯崇渭、林拾根、陈业明、何广霖、霍丽萍、梁燕珍、杨焕贞、周宝薇、黄敏仪、郑柏霖、谢月华、陈占龙（已故）

监 事 长：黄礽

副监事长：余礼銮

监事：彭祖荫、欧阳富、邝信昌、李联锵、梁教志

日月潭

中国台湾兰界
近二十年发展概况

中国台湾兰界对培养兰花的热情和风潮当然是受到我们固有的中国文化的影响。描述近20年中国台湾国兰的发展过程，必须回顾当年的经济环境对兰花产业起到的带动作用。20世纪80年代，中国台湾进行“十大基本建设”和“政治革新”，积极地改善了当时中国台湾的经济发展环境，对中国台湾的经济振兴起了很大的作用。中国台湾的外汇存量，快速地增加累积，新台币对美金从1:40升值到1:26；中国台湾对外加工出口，赚取大量的外汇；岛内累积一定数量的财富，这些财富不断地寻求更新的投资渠道，如土地资产、股票市场、古董交易及兰花培养等方面都显示出显著的繁荣和高点。中国台湾的兰界当时所追逐的目标品种是中国台湾本地生产的品种，包括报岁兰、寒兰、四季兰、卑亚兰等，举其代表为黄道、金玉满堂、龙凤呈祥属于报岁兰的兰艺，这些品种，外销日本，赚取了相当多的外汇。日本、韩国民众对国兰的喜好，也受到了中国兰文化的深远影响，认为兰花为花中之王，正如孔子所说的“兰花为王者之香”。第二次世界大战后，日本经济逐渐复苏，有能力购买一些高品质的兰花；1988年韩国举办了奥运会，从此韩国经济逐渐发达富裕。经济的飞速发展，促成了兰界的交流和发展。迄今为止，两国每年均向中国台湾采购大量国兰，其购买及培养的国兰大多都作为家庭摆设及重大庆典之类的会场布置，也有作为极高贵的馈赠品的。

20世纪80年代末至90年代初期，中国台湾兰友对品种的追求屡有更替，从稍早期的艺兰类（如龙凤、大石门等）转到奇形花类（大屯麒麟、国香牡丹、玉狮子、复翠等）再转到奇色花类（玉妃、桃姬、樱姬等）。其中特别值得一提的是产于中国台湾北部大屯山系的奇形花品种“大屯麒麟”，于1987年参加在日本东京举行的第十二届世界兰花博览会，获得了所有评审的一致赞赏，荣获本次博览会的最高荣誉——蓝带金牌奖。其后奇花类经过众多兰友多年栽培，数量上迅速大量增加，使得兰花在价格上慢慢大众化，从而使兰花逐渐进入了千家万户，使更多的兰友得以认同、购买、栽培、欣赏。随之，中国台湾兰界进入“达摩”的全盛时期，“达摩”乃中国台湾本地所产的报岁兰品种，从山上采得进行栽培时，本属矮种报岁兰，叶青、质厚。经若干年栽培后，出现线艺，且几乎所有的线艺类型如扫尾、中斑、浮底、片爪、爪艺、爪中斑艺、斑缟艺、鹤艺、覆轮艺、中透、中透缟等等变化无穷，引人入胜。兰友们争相求购，期望得到此品种来栽培和欣赏，一时蔚为风潮。期间有日本、中国香港等地兰友引购到当地进行栽培，连续十几年不堕。

20世纪90年代中叶起，中国台湾兰界开始和内地进行兰花交流，从沿海的福建、广东、广西、浙江等地渐至内陆的四川、云南、贵州、湖北等地。1997年，中国台湾兰界集资到当时的内地兰花重镇——广东顺德陈村镇，投资创立宝乔兰艺园有限公司，成为海峡两岸兰花交流的重要里程碑。在此时期，中国台湾引进大量广东、广西、福建等地所产的国兰品种，包括线艺兰（白玉素锦、北辰等）及奇花素（神州奇、大胜奇花、白玫瑰等）以及随后的奇形叶（奇异水晶、凤来朝、白天鹅水晶等），到中国台湾后受到当地兰界的相当重视和接受。

期间内地进行改革开放，经济日渐发达，人民生活水平有了很大的提高，对兰文化的追求使一部分人有意愿和能力来购买和培养国兰，国兰市场日渐红火，需求日渐增加，更进一步地促进了两岸兰界的交流和共同繁荣。中国台湾兰界从日本引进国兰品种如宋梅、大富贵、余蝴蝶、万字、萧山蔡梅、环球荷鼎、翠一品、春一品等，这些本属中国所产的兰种，早期流传到日本，经日本兰友进行培养后，又由中国台湾兰界带回到内地，满足内地市场的需求，带动和提升了内地养兰、爱兰的风气。

随着经济改革的成效日渐明显，内地喜爱兰花、培养兰花的人士逐年增加；各地成立的兰花协会，规模逐渐成型；各地的兰花资源也逐渐获得重视和开发；除了固定的老品种的培养之外，屡有新品种出现，并获得了广大兰友的重视和追求。此时中国台湾兰界朋友到湖北、安徽寻求蕙兰品种；到浙江、江苏寻求春兰、蕙兰的品种；到四川寻求春剑、春兰、四季兰品种；到云南寻求莲瓣兰品种；到广西、广东寻求报岁兰品种，到福建寻求寒兰、报岁兰品种，其中部分带回中国台湾培养，部分销往日本、韩国。他们不辞辛劳，千里跋涉，逐年扩大海峡两岸的交流，成绩卓著，兰花资源也获得了保护和精心的照顾。

随着两岸交流的日渐扩大，每年都有相当数量的内地兰友前往中国台湾各地兰园进行参观访问，中国台湾兰友无不尽力热忱接待，对于两地兰友加深感情及国兰品种的交流、栽培技术的观摩起到了极大的促进作用。对于中国兰文化的延续和发扬光大也有一定的提升作用。

纵观20年来中国台湾兰界的发展过程，也就是这20多年来中国台湾经济的进步和发展的过程、海峡两岸交流日益密切的发展过程。我们期待随着两岸交流的更大发展来促进两岸经济互补的效益，从而创造5000年来炎黄子孙的另外一个“大唐盛世”。

中国台湾国兰联合总会

中國花卉協會蘭花分會

China Orchid Association

中国花卉协会兰花分会 会徽

中国花卉协会兰花分会 会旗

中国花卉协会兰花分会大事记

1987年1月10日-14日在广东省顺德市陈村镇召开了全国兰花代表会议，有100多人参加。会上选举产生了中国兰花协会首届理事会。推选广东省农科院院长伍尚忠为会长，何清正为秘书长。协会挂靠广东省农业科学院。

1987年3月14日25日中国兰花协会首次派出由伍尚忠等5人组成的代表团参加在日本东京召开的第12届世界兰花会议。继后，先后五次组团赴日本参加东京兰花展览，派员赴英国、泰国、新西兰、韩国、美国进行考察交流。

1988年3月何清正应邀先后前往香港与澳门参加当地的兰花展览，并面邀港澳兰会领导参加我会在九月举办的首届中国兰花博览会。

1988年9月27日首届中国兰花博览会在广州市文化公园开幕。吴南生、梁灵光、李兰芳、石安海等省市领导出席开幕式。著名画家关山月、黎雄才以及漫画家廖冰兄参观了兰展。日本、新加坡等国家和中国香港、澳门、台湾地区，以及内地15个省市的共600多名兰友参加兰展，共展出兰花近2000盆。

1988年10月5日在广东省农业科学院花卉研究所召开常务理事扩大会议。伍尚忠、何清正、李少球、杨五烘、陈榕生、黄鸿枢等25位理事及媒体记者近50人参加。会议讨论吸收理事、第二届中国兰花博览会承办地点及兰花杂志出版等问题。会议建议由厦门植物园承办第二届兰博会，该园主任陈榕生常务理事表示积极支持，回去后跟市政府汇报后正式答复承办。

1989年何清正在庐山开完杜鹃花协会理事年会后专程到厦门考察。

1989年9月15日中国花卉协会刘近民秘书长到广州了解全国兰协工作情况，要求推荐一名专家参加在南京召开的中国观赏植物品种登录委员会。何清正与伍尚忠会长汇报后，推荐吴应祥参加此会，并电知了吴应祥先生。会后，何清正出差到北京时专访了吴应祥，商量兰花品种如何登录事宜。

1990年2月15日第二届中国兰花博览会暨学术交流会在福建省厦门市园林植物园百花厅隆重召开，共有7个国家的兰花专家和爱好者参加，国内共有24省市参加，到会人员有千余人，参观者十分踊跃。福建省人民政府副省长刘金美同志受王兆国省长的委托出席开幕式并致词，会期三天，共成交金额数百万元，收到论文近百篇，特别是台湾兰花专家及爱好者百余人到会参加，开创了海峡两岸兰花学术交流的新局面。会上选举产生了中国兰花协会新一届的领导班子。

1990年4月22日陈远星理事报本会关于出版《中国兰花文化系列丛书》的计划。建议伍尚忠会长为总顾问、何清正为总编辑、陈远星为副总编辑。当年由四川美术出版社出版了一册《中国兰花图谱》上册，下册和《中国兰花素问》于次年出版。这是本会成立以后较早出版的3部兰书。

1991年3月中国兰花协会和中国兰花学会的负责人及两会部分理事在浙江省绍兴召开联席会议，决定两会共同组成全国兰花品种登录委员会。委员会主任委员吴应祥、常务副主任委员何清正。办公室设在广东省农科院的中国兰花协会。

1991年10月25日伍尚忠会长与刘清涌教授在广东韶关市签订了一份关于出版经营《中国兰花》杂志的协议书，由刘清涌任主编。

1992年上半年恢复了曾在成都出版3期的《中国兰花》期刊，并一直坚持至今。

1992年2月28日-3月4日由中国兰花协会主办、深圳市园林总公司和深圳市兰花协会承办的第三届中国（深圳）兰花博览会在深圳市东湖公园隆重召开。有中国内地十多个省、市、自治区以及台湾省、香港、澳门共三十多家单位以及日本兰花界代表400多人参加。展出兰花有300多种共1000多盆。广东、福建和港台地区参展尤为踊跃。

1992年9月余之德副会长、何清正秘书长应美国兰花协会会长邀请前往夏威夷与旧金山考察当地洋兰产销情况，返国后撰写了“美国兰花探访”一文刊在当年10月的《中国兰花信息》上。

1993年4月在第一届中国花卉博览会期间，台湾、广东、福建、四川、云南、北京、天津、江苏、浙江等省市兰花社团10多位领导在北京长城饭店举行两岸兰花社团高层人士聚会。中国花卉协会会长何康出席宴会，并发表了热情洋溢的讲话。

1993-1994年期间，广东兰市推出“神洲奇”（树形花墨兰），掀起内地国兰的第一个高潮，先后带动了“珠海渔女”、“飘逸”、“佛手”、“闪电”和水晶系列新品价格暴升，到世纪末才开始下滑。

1994年根据民政部的有关规定，从1994年起中国兰花协会正式更名为中国花卉协会兰花分会，简称“兰花分会”。

1994年3月3日-9日第四届中国兰花博览会暨'94四川国际兰展在成都锦江大礼堂隆重举行。开幕仪式由副省长李蒙主持、杨超、刘海泉、杨万选等老领导亲自剪彩。全国15个省市自治区兰花组团参展，中国台湾、香港、澳门地区和日本、韩国、美国等国家的友好人士也莅临大会。参展的精品4000余盆，参评代表品种1200余盆，打破了当时全国记录。这是全国兰博会首次在大西南举行，有力地推动西南地区各级兰花组织的发展和壮大，为我国西部国兰产业的的迅猛兴起起到宣传组织和推动的作用。

1995年广东省农业科学院院长谢明权博士、研究员担任第二届会长。

1995年2月15日-20日第五届中国兰花博览会在昆明市西华园举办。有来自全国18个省、市、自治区的兰协组织和兰友代表前来参展。注册报到的代表300余人。来自日本、韩国和中国香港、澳门、台湾地区兰界代表和兰友百余人与会参展或参观展览。昆明市政府为筹备本届博览会投资50万元，专门在西华园新建展厅，又拨款30万元用于兰展筹备经费。展览期间共有六万人次前来参观。

1995年9月19日兰花分会组织"国兰万里行"活动。何清正秘书长率海峡两岸兰友从广州乘专车出发，经广东大半个养兰地区后直驱闽西与厦门，历时7天。中国花卉报社总编辑冯德珍全程参加，返京后连续在报上发表三篇访问记，影响甚广。

1996年3月4日第六届中国兰花博览会在广东省汕头市潮汕体育馆举办。原广东省政协主席吴南生、时任广东省政协副主席林兴胜、汕头市委书记许德立、市长周日方及我国港澳台和日本国兰界的知名人士参加了开幕式。设展位百余个，国内15个省市、近70个单位送花参展，展出各类兰花2000多盆。本届兰展首次制挂中国兰花博览会会旗，创作中国兰花博览会会歌《兰花之歌》。还首次制作专门会刊《汕头兰韵》一书。

1997年2月21日-24日第七届中国兰花博览会在广西北海市举行。来自9个国家和国内24个省、自治区，港、澳、台的参展代表以及嘉宾2200多人光临盛会；博览会展出4天，参观人数45000多人次。展馆设130个展位，展出3270盆兰花精品。张学良将军委托台湾世界兰蕙交流协会会长黄秀球先生送来亲手栽培的兰花参展并特意制作了30枚镶有纯金牌的奖状加赠金奖得主。

1998年2月13日第八届中国兰花博览会在广东省中山市体育馆举办。来自国内24个省、市、自治区和香港、澳门、台湾以及日本、韩国等11个国家和地区的代表出席了本次盛会。设展位145个，展出兰花3965盆，入场参观人数58000多人次，为期五天的展览，销售额达500万人民币。期间，谢明权会长向日本知名兰蕙专家平见和夫与神谷高树颁发了荣誉顾问证书。

1999年3月10日第九届中国兰花博览会在江苏省无锡市锡惠名胜风景区举办，来自国内16个省市，以及日本、韩国、新加坡等国的近600位代表参加了博览会。近百家单位及个人送展的兰花2000多盆。兰博会历经6天，共接待观众30万人次。

1999年9月18日由兰花分会策划并审查批准的我国第一个国兰品种园莲瓣兰品种园在碧龙兰苑正式挂牌成立。陈心启、何清正前往云南洱源县参加了落成典礼。

2000年3月3日-8日第十届中国兰花博览会在浙江省杭州市杭州花圃内举行。展出数百个品种共3000余盆。会期中还召开了兰文化交流会和兰花展销活动，交易额超100万元人民币。谢明权会长特地向全国人大请假参加了开幕式并致贺词。

2000年兰花分会正式批准广东饶平市云峰兰苑为兰文化示范园。

2000年11月15日兰花分会正式批准在福建省上杭县兰花研究所兰园创建中国花卉协会兰花分会建兰样品园，并于2001年7月6日隆重开园。何清正、刘清涌参与了考察。

2001年2月16日-20日"金阳杯"第十一届中国兰花博览会在贵州省贵阳市白云公园隆重举行。本届博览会参展1500多人，参展兰花3000余盆。展览期间参观人数达70多万人，其中开幕式当天，观众人数就达10万人，产生的影响较大。本次兰博会开创了企业冠名中国兰花博览会的先河。在同期召开的理事会年会上，广东省农业科学院花卉研究所所长王碧青研究员被增补为兰花分会副秘书长。

2001年2月16日中国兰花网（www.guolan.com）正式开办。该网站在Alexa.com的世界网站排名中进入一万名以内，有300万人次浏览了网站。美国、韩国、阿根廷、法国、澳大利亚等一些花卉批发商与该网建立了购销交易关系。

2001年春在广东汕头市召开新世纪中国兰花交流会。有陈心启、何清正、刘清涌、陈少敏、何陆壹、钟隆旺等两岸兰界人士出席会议。兰花分会根据中央开发大西部精神，及时提出兰市西移和发展国产化洋兰等举措，使与会代表取得了共识。会后，台湾国兰洋兰纷纷搬迁到大陆来办兰花企业。

2001年底广东省农业科学院院长罗富和教授任第三届会长。

2002年春"金茂杯"第十二届中国兰花博览会在四川省彭州市举办。设有彭州馆、四川馆、中华馆和交易厅，共有6000盆兰花参展，1500盆兰花参评。参观人数达40万人次，高峰日逾10万人次，成交金额达5000余万元。赢得了"规模最大、档次最高、精品最多、内容最丰、环境最好"等美誉。

2002年浙江金定先理事的兰园经中国花卉协会兰花分会正式批准为"中国春兰样品园"。杨五烘、何清正、吴章荣参与了考察。

2003年2月12日-17日第十三届中国兰花博览会在云南省大理市举行，全国13个省、市、区和香港、澳门、台湾地区以及韩国、日本、新加坡、南非、澳大利亚等国家和地区兰花爱好者参加，参展兰花5000余盆，吸引了12万人次的参观，馆内交易超过1000多万元人民币，馆外交易超过3000多万元。罗富和会长出席了开幕式并致贺词。

2004年2月7日-12日第十四届中国兰花博览会在云南省玉溪市成功举办。共展出兰花等4000多盆，共接待参观人员9.6万余人次，展馆内外兰花交易额3500多万元。在同期召开的理事会年会上，推举王碧青任兰花分会秘书长，何清正任常务副会长，并增补刘清涌为副会长。

2004年4月9日-11日首届中国兰文化博览会在浙江省绍兴县鲁镇举办。全国26个省市的2600多件兰文化作品及兰花品种参加展出。日本、韩国、美国、东南亚等国家以及我国港澳台地区的兰花组织，兰花人士等300多位嘉宾出席开幕式，文化部原部长高占祥、兰花分会罗富和会长莅临祝贺。

2005年2月26日第十五届中国兰花博览会在四川省乐山市时代广场隆重举行。历时6天。由领地集团提供的本届兰博会主展场面积达8000m^2，展出中外名兰8000余盆。参加展出的有10余个国家和地区，全国30余个省市，四川20余个州市，乐山11个区县，与兰博会同期展出的中国西部奇石展展馆2000m^2，展出精品奇石1000余枚。展出知名书画家书画400余幅。在全国兰博会开幕式上首创奏国歌、升国旗、奏会歌、升会旗。罗富和会长出席了开幕式并致贺词。

2005年5月由陈少敏策划的广东兰花访问团前往台湾进行观光考察，何清正、刘清涌参加。返粤后在《中国兰花信息》上发表了7篇访问散记。

2006年2月17日-22日“国酒茅台”第十六届中国（贵阳）兰花博览会在位于贵州省贵阳市人民广场的贵州省民族文化宫隆重召开。兰博会室内展区面积6000平方米，室外展区面积达8000平方米，规模宏大、气势不凡。吸引了来自14个省、市、自治区及贵州省九个地专州以及中国香港、澳门、台湾地区和日本、韩国、德国的兰协、兰花企业、兰花爱好者前来参展、观摩，6000多盆精品兰花汇聚一堂，争奇斗艳，争相绽放。在历时6天的展出时间中，共有30多万人次前来观赏、交易兰花。成交额超过1亿元。

2006年2月18日在十六届兰博会上同期举行了理事会年会，通过产生了由40名常务理事组成的新领导机构，增补王重农、潘兆清、李金国、陈少敏、王碧青为副会长，朱根发、刘兴邦、郑宇晖、黄毅、卢秀福为副秘书长。并通过了《中国花卉协会兰花分会工作条例》、《中国兰花博览会管理办法》和《中国兰花博览会兰花评审暂行办法》等3个文件。表决通过了第18届中国兰花博览会的举办地，浙江省温州市获得了承办权。

2006年4月24日-25日罗富和会长，何清正、刘清涌、王重农、潘兆清、王碧青、陈少敏副会长，朱根发、黄毅副秘书长，钱登荣、宋世平常务理事等领导在广东省农业科学院白云基地专家大院共商兰协20周年纪念活动有关事宜，并参观了广东省农业科学院花卉研究所的兰花种质资源库和产业化生产基地。

2006年5月17日《兰花宝典》编辑部申请，[illegible]《兰花宝典》杂志，[illegible]主办，于2004年8月试刊。

2006年12月9日-15日由我会作为支持单位的首届中国（三亚）国际热带兰花博览会在海南三亚举办，兰博会共有10多个国家以及港澳台地区,国内、省内近百家企业参展,参观人数超过10万人次。世界兰花大会主席、中国花卉协会会长等人对兰博会给予了高度的评价。

2006年全国各地兰友纷纷要求加入兰花分会。经兰友申请，当地兰协或本会两名以上常务理事推荐，本会办公会议研究决定，144名兰友被批准加入兰花分会，其中116位兰友已办好入会手续成为我会理事。

2007年1月26日由我会协办、李映龙常务理事策划组织的首届中国兰文化大展（德馨杯）系列活动在北京人民大会堂、钓鱼台国宾馆、中国军事博物馆、全国政协礼堂成功举办。300多位兰友携兰参与此次盛会。何鲁丽、周铁农、迟浩田、王光英、彭佩云、万国全、范宝俊、江泽慧等出席了开幕式。

2007年3月9日第17届中国（武汉）兰花博览会在湖北武汉举办，同期举行纪念中国花卉协会兰花分会成立20周年纪念大型晚会，发行纪念画册《兰香蕙馥二十年》，并表彰一批先进单位和个人。

中国花卉协会兰花分会工作条例

第一章 总则

第一条 本机构定名为“中国花卉协会兰花分会”（China Orchid Association）。本会于1986年由中国花卉协会建议组建，1987年1月在广东顺德陈村召开全国兰花代表会议正式成立，并通过选举产生了首届理事会。本机构的设立已经国家相关部门批准。现根据《中国花卉协会分支机构管理办法》制定本工作条例。

第二条 本机构的性质：本机构是一个以在中国境内兰花企业、事业单位和兰花种养者为理事成员组织起来的专业性社团组织，按照入会自愿、退会自由、互利合作的原则成立，是中国花卉协会下属非营利的专业性社团组织。

第三条 本机构的宗旨：为弘扬中华兰文化，繁荣兰花经济、促进兰花产业发展，为本会理事成员及广大兰友提供服务。本会坚持倡导兰德，以兰会友，依法维护兰友的合法权益，为国家和地方两个文明建设和构建和谐社会做出应有贡献。

第四条 本机构遵守国家法律法规，依法运作和管理，维护国家和社会公共利益，接受中国花卉协会和挂靠单位的领导、监督。

第五条 本机构挂靠广东省农业科学院，办事机构设在广东省农业科学院花卉研究所。

第二章 业务范围

第六条 本机构的业务范围：

1.组织开展兰花行业调研并向政府部门提出发展建议，协助政府有关部门制定兰花研发、生产和经营的指导性计划；

2.组织开展学术研究、技术交流和业务培训，为本机构理事成员进行兰花生产技术和经营策略指导；

3.开展市场调研，分析市场动态，搞好市场预测，为本机构理事成员提供信息服务；

4.组织兰花的宣传、推广、展览和文化活动，经批准开办兰花杂志、网站，引导和普及兰花消费；

5.维护兰花的公平交易，防止恶性竞争，帮助本机构理事成员开拓市场；

6.协助有关单位做好我国兰花生态保护和兰花种植资源保护工作；

7.承办主管部门委托的其他业务。

第三章 理事

第七条 凡在中国境内从事兰花科研、教学、生产和经营者，以及企业、事业单位，承认本机构工作条例，经当地县、处级以上部门或者花协、兰协推荐，或经本会两位常务理事书面推荐，由个人、企业或者事业单位提交申请，并缴纳本机构规定的最低数额的会费，经会长联席办公会议审查批准，即可成为本机构的理事成员，并发给理事证。本机构的理事也是中国花卉协会的会员。

第八条 理事享有以下权利：

1.参加本机构的理事大会，并有表决权、选举权和被选举权；

2.优先参加本机构组织的各项活动；优先享受本机构提供的各种服务；

3.参与本机构共有成果的受益和分配；

4.可对本机构的运作机制、财务管理等提出建议、批评和质询，并进行监督；

5.建议召开理事成员大会；

6.本机构规定的其他权利。

第九条 理事承担下列义务：

1.遵守本机构工作条例；

2.执行理事成员大会、常务理事会的决定；

3.参加每年举办的中国兰花博览会，并携带两盆以上的优质兰花参加展出；

4.按规定缴纳会费；

5.积极参加本会举办的各项兰事活动，维护本会的利益；

6.发扬互助合作精神，群策群力，共同促进本机构理事成员的生产经营，减少不正当的竞争；

7.团结广大兰友，扩大本机构的规模及影响力；

8.本机构规定的其他义务。

第十条 理事有退会自由：

1.理事以书面形式提出，经常务理事会批准，方可办理退会手续，并收回理事证；

2.理事退会时，其理事费不予退还。

第十一条 理事有下列情形之一者，经常务理事会或理事成员大会决议，取消其理事资格。取消理事资格，须由常务理事会审议表决，二分之一以上的常务理事同意方可生效：

1.不遵守本机构工作条例，不履行理事义务；

2.从事与本机构利益相矛盾的活动；

3.其他有损本机构名誉或利益的行为；

4.不参加当年的中国兰花博览会及一年一度的本会理事年会且不请假的；

5.无任何原因，连续三年不参加中国兰花博览会及本会理事年会者；

6.不缴纳理事费又不说明理由者。

第四章 组织结构和负责人的产生及职权

第十二条 本机构设立理事成员大会和常务理事会。

第十三条 理事成员大会是本机构的最高权利机构，理事成员大会由全体理事组成。

第十四条 理事成员大会行使以下权利：

1.通过和修改本机构工作条例；

2.决定有关与本机构的终止或与其他协会合并、联合等重大事项；

3.选举或罢免常务理事；

4.决定常务理事会日常办事机构的设立或撤消；

5.审议通过常务理事会的工作报告；

6.审议常务理事会的财务报告；

7.审查批准本机构的生产经营方针和发展计划；

8.审查批准常务理事会日常办事机构的职员的报酬标准；

9.讨论和决定其他重大事项。

第十五条 理事成员大会每年召开一次，遇有下列情形之一时，可召开临时理事成员大会:

1.常务理事认为有必要时;

2.三分之一以上的理事成员联名提出要求时。

第十六条 关于理事成员大会:

1.理事成员大会须有二分之一以上的理事成员出席，召开方为有效;

2.理事成员大会表决实行一人一票制;

3.理事成员大会所审议的各项决议，须有出席会议的半数以上理事成员同意方能生效。

4.修改条例、本机构终止与合并等重要事项，须有二分之一以上理事成员同意;

5.理事成员大会决议对每个理事成员都有约束力，缺席或反对均不例外;

第十七条 常务理事会是本机构的执行机构，由理事成员大会从本机构理事成员中选举产生，对理事成员大会负责。

第十八条 常务理事会由若干名常务理事组成，并从常务理事中选举会长1人、副会长若干人。常务理事任期4年，可连选连任。

第十九条 常务理事会的职责如下:

1.组织召开理事成员大会，并向理事成员大会报告工作和其他需要理事成员大会讨论、审议、通过的事项;

2.在理事成员大会闭会期间，负责本机构的领导工作;

3.执行理事成员大会的决议;

4.制定本机构的经营方针、发展规划、年度计划和内部管理制度;

5.管理本机构的财务和资产;

6.聘任或解聘本机构常务理事会日常办事机构的职员，并对他们制定报酬标准和奖励、处罚办法;

7.对外代表本机构签订合同或协议;

8.组织本条例第二章业务范围所规定的业务活动;

9.根据本机构条例的规定取消理事成员资格;

10.本机构条例和理事成员大会授予的其他权力。

第二十一条 常务理事会的工作由会长主持，工作实行协商一致原则。常务理事会每年召开一次。如会长提议或三分之二以上常务理事要求，可临时召开常务理事会。常务理事会须有二分之一以上常务理事出席才能召开。所做决定须取得出席会议半数以上常务理事的同意方可生效。

第二十二条 秘书长行使下列职权:

1.秘书长从常务理事中产生，由会长提名，常务理事会认可并任命;

2.对会长负责，协调处理常务理事会日常工作;

3.组织实施年度工作计划;

4.提名副秘书长人选交由理事会或常务理事会通过并任命;

5.处理其他日常事务。

第二十二条 本机构的会长、副会长、秘书长、副秘书长、常务理事、常务理事会日常办事机构的工作人员必须具有下列条件:

1.坚持党的路线、方针、政策，政治素质好;

2.未受过剥夺政治权利和刑事处罚;

3.具有完全民事行为能力;

4.会长、副会长、秘书长、副秘书长、常务理事等在本机构行业领域内必须有较大影响;

5.常务理事会日常办事机构的工作人员，可以是专职，也可以兼职，可以是本机构的理事成员，也可以不是本机构的理事成员。

第五章 财务管理

第二十三条 本机构自有资金包括以下几项:

1.举办大型展览的收入;

2.理事成员费;

3.社会捐助和政府、有关部门扶持资金无偿部分;

4.上年的结余;

5.其他。

第二十四条 理事缴纳会员费必须以现金或银行转账方式，不得以其他债权、实物和有价证券等折价入会。

第二十五条 本机构理事缴纳理事费为300元/年。

第二十六条 本机构对外捐赠等都要经理事成员大会讨论决定。接受个人、团体捐赠和政府资助、无偿拨款等，均按接受时的现值入账，作为本机构的共有财产。

第二十七条 本机构共有财产属全体理事成员共同拥有，任何单位或个人都无权平调、挪用。

第二十八条 本机构按照国家有关政策和会计制度建立账目，进行会计核算。

第二十九条 本机构实行财务公开，接受监督。常务理事会须每年将财务收支情况向理事成员公布一次，并及时解答理事成员提出的疑问。

第三十条 本机构各财政年度收入扣除各项开支和税费为盈余。盈余留作本机构下一年度的收入。

第六章 终止和解散

第三十一条 本机构有下列情况之一时，经理事成员大会决定，报有关部门批准后予以终止并进行清算:

1.本机构三分之二以上理事成员要求解散或重组的;

2.与其他社团组织合并时;

3.其他原因造成本机构无法开展活动时。

第三十二条 在批准解散或重组后，常务理事会在1个月内向理事成员和社会宣布。

第三十三条 本机构解散时，由理事成员大会选出10人成立清算小组，对本机构的资产和债权、债务进行清理，并制定清偿方案报理事成员大会批准。未经批准，任何单位和个人均无权处理本机构资产（法律另有规定的除外）。

第三十四条 清算时，本机构共有资产在支付清算费用后按以下顺序清偿:

1.本机构聘用人员工资、生活费用、补贴等;

2.本机构所欠税费、贷款;

3.抵偿债务。

第七章 附则

第三十五条 本条例经2006年理事成员大会表决通过，并报中国花卉协会、广东农业科学院备案。

第三十六条 本条例未尽事宜，由常务理事会负责补充或修改。

第三十七条 本条例由常务理事会负责解释。

中国花卉协会兰花分会领导机构及理事名单

第一届创会会长**伍尚忠**

第二届会长**谢明权**

第三届会长**罗富和**

第一届
第二届
第三届(前期) 秘书长**何清正**

第三届(后期)秘书长**王碧青**

第三届中国花卉协会兰花分会理事会名单

会　　长：罗富和

副 会 长：何清正　潘光华　刘清涌　王重农　李金国　潘兆清　王碧青　陈少敏

秘 书 长：王碧青（兼）

副秘书长：朱根发　刘兴邦　郑宇晖　黄毅　卢秀福

常务理事：(以下排名不分先后)

广东：罗富和　何清正　刘清涌　陈少敏　王碧青　朱根发　郑宇晖　李廷福　杨克汉　吴璧顺

云南：潘光华　刘兴邦　李映龙　刘忠贵　陈述新　孙智勇　李红鉴

四川：潘兆清　徐公明　钱登荣　刘世渡　邱厚云　李盛根　宋世平　黄　毅

贵州：张礼安　周庆

浙江：李金国　卢秀福　金定先

江苏：邬秉佐　刘小鋆　陈学祥

安徽：李仁韵

山东：徐同吉

湖北：王重农

广西：雷尊巍　龙起明

海南：孙崇格

福建：杨际信

理 事

广东省

罗富和 何清正 刘清涌 陈少敏 王碧青 朱根发 郑宇晖 李廷福 吴璧顺 杨克汉 张志胜 陈汉利 彭长荣 陈成钊 余惠德 庄和明
周 荣 曾庆亮 肖 莉 刘啟秀 黄灿洪 吉以秋 马国昌 卢锡祥 冯细培 余立宪 麦大深

四川省

潘兆清 黄 毅 徐公明 钱登荣 宋世平 刘世渡 李盛根 邱厚云 杨冬生 王玉琳 余顺华 孙俊林 廖家发 杨德明 吴文英 袁慎先
梅章发 周英福 王义刚 肖正聪 彭启云 黄海涛 杨水源 赵永清 骆大军 彭良正 段明权 瞿家椿 曾 毅 李雅江 毛兴正 李学林
唐贤智 盛心志 孟宏伟 陈昌久 蒋大勇 陈映良 傅华龙 杨文祥 毛明远 叶瑞金 李文良 梁泽根 刘礼洪 陈岱开 周家长 赵一贵

浙江省

李金国 卢秀福 金定先 平张富 吴章荣 冯仰澄 寿济成 冯 鸣 关文昌 靳书伦 葛伟文 麻 勇 叶建华 赵小道 陈小中 梁品富
王森尉 钟勇军 王泽夫 卢忠米 王德仁 孙胜利 陈长开 方若晗 胡锦坤 蔡忠坤 倪金林 姚毓枰 王庆春 庞国永 史美根 毛吉祥
方 平 卢金贵 吴维龙 汪志秀 张卫星 陈华峰 钱建法 林申燎 王金福 孙国华 柴一心 陈官山 何水昌 卓观园

云南省

潘光华 刘兴邦 刘忠贵 李映龙 李红鉴 孙智勇 陈述新 贾丽华 杨树堃 郭志强 袁玉芳 晋小容 李安明 邓怀俊 顾开顺 杨爱国
陈嘉勋 杨加德 杨述尚 和建宏 杨求宝 沈耀星 蔡志波 杨红学 黄德敏 邹开府 马志宏 宗志勇 李光宏 谢时生 刘光全

贵州省

周 庆 张礼安 李若屏 谢 浩 邹永禄 刘亚风 赵熙黔 罗建强 张翠能 王政芳 张茂新 陈正文 周 怡 肖显福 向廷藻 邵 强
刘仕国 彭 毅 卢增斌 唐先林 叶秋兰 叶家俊

江苏省

刘小鋆 邬秉佐 陈学祥 陈海蛟 李永荣 陆明祥 陶祖荣 严雄飞 刘庆松 许玉琪 李三保 杨源源 陈晓明

安徽省

李仁韵 吴正香 李 震 吕 斌 郐剑钟 戴源道 孙叔全 胡华清 龚仁红 杨昌武 鉏金榜 夏光炎

湖北省

王重农 张守进 谢文照 高 翔 杜晓华 [illegible] [illegible] [illegible] 李志明 刘京秋

山东省

徐同吉 林怀汉 张国平 丁隆泰 张英男 刘继成 史宗义 孔庆满 赵秀勋

福建省

杨际信 林伟文 郭国兴 刘振龙 郭伟红 肖锐明 刘宜学

上海市

吴志谦 陈基琼 张 飞 徐 波 俞可刚 徐 亮

广西壮族自治区

龙起明 雷尊巍 王 江 周毕发 刘 捷 黄卫东

中国澳门

邓祖基 杨 熙 卢锦河 刘仕强 陆伟明

陕西省

[illegible] [illegible] [illegible] [illegible]

北京市

[illegible] [illegible] [illegible]

江西省

郑丰生 虞信远 潘颂和

辽宁省

魏克彭 牛安样

新疆维吾尔自治区

郭清海 倪素梅

内蒙古自治区

王文利

重庆市

陈波

河南省

张学博

海南省

孙崇格

湖南省

瞿龙彬

优秀工作者名单

序号	名称	推荐单位
1	刘达雄	广东省兰花协会
2	冼干明	广东省兰花协会
3	陈　东	广东省兰花协会
4	李廷福	广东省兰花协会
5	周　锐	广东省兰花协会
6	雷嗣鹏	广东省兰花协会
7	郑丰生	江西省兰花协会
8	[illegible]	江西省兰花协会
9	雷尊魏	广西兰花协会
10	龙起明	广西兰花协会
11	刘　捷	广西兰花协会
12	王　江	广西兰花协会
13	凌绪柏	海南省兰花协会
14	杜世拔	海南省兰花协会
15	孙崇格	海南省兰花协会
16	张礼安	贵州省兰花协会
17	卢增斌	贵州省兰花协会
18	肖显福	贵州省兰花协会
19	薛天民	贵州省兰花协会
20	张方卡	湖北省花木盆景协会兰花专业委员会
21	王久权	湖北省花木盆景协会兰花专业委员会
22	谢文照	湖北省兰花学会
23	刘京秋	湖北省兰花学会
24	潘光华	云南省兰花协会
25	刘兴邦	云南省兰花协会
26	刘忠贵	云南省兰花协会
27	邹开府	云南省兰花协会
28	孙智勇	云南省兰花协会
29	李映龙	云南省兰花协会
30	李仁韵	安徽省兰花协会
31	吕　斌	安徽省兰花协会
32	郭炳传	安徽省兰花协会
33	邰剑钟	安徽省兰花协会
34	蒋大勇	四川省兰花协会
35	魏亚钬	四川省兰花协会
36	潘禄高	四川省兰花协会
37	邱厚云	四川省兰花协会
38	冯文强	四川省兰花协会
39	李琪宾	四川省兰花协会
40	宋世平	四川省兰花协会
41	刘振龙	福建省兰花协会
42	杨际信	福建省兰花协会
43	梁品富	浙江省兰花协会
44	麻　勇	浙江省兰花协会
45	叶建华	浙江省兰花协会
46	朱关烈	浙江省兰花协会
47	卢秀福	浙江省兰花协会
48	凌　华	浙江省兰花协会
49	瞿龙彬	湖南省花卉协会
50	齐大德	湖南省花卉协会
51	陈　波	重庆市花卉协会
52	王晨	山东省兰花协会
53	孙文彬	山东省兰花协会
54	林怀汉	山东省兰花协会
55	闫旸德	山东省兰花协会
56	殷继山	江苏省兰花协会
57	刘小鋆	江苏省兰花协会
58	陈耀明	江苏省兰花协会
59	张逸民	江苏省兰花协会

优秀兰花组织名单

省级：

云南省兰花协会 广东省兰花协会

四川省兰花协会 浙江省兰花协会

贵州省兰花协会

市县级：

序号	名称	推荐单位
1	顺德国兰协会	广东省兰花协会
2	南海兰花协会	广东省兰花协会
3	澄海兰花协会	广东省兰花协会
4	九江市兰花协会	江西省兰花协会
5	北海市兰花协会	广西兰花协会
6	广西荔浦县兰花协会	广西兰花协会
7	广西容县兰花协会	广西兰花协会
9	贵阳市兰花协会	贵州省兰花协会
10	贵州省金沙县兰花协会	贵州省兰花协会
11	随州市兰花协会	湖北省花木盆景协会
12	荆门市花木盆景协会兰花专业委员会	湖北省花木盆景协会
13	来凤县兰花协会	湖北省兰花学会
14	玉溪市兰花协会	云南省兰花协会
15	保山市兰花协会	云南省兰花协会
16	巍山县兰花协会	云南省兰花协会
17	鹤庆县兰花协会	云南省兰花协会
18	安庆市兰花协会	安徽省兰花协会
19	淮北市兰花协会	安徽省兰花协会
20	成都市兰花协会	四川省兰花协会
21	乐山市兰花协会	四川省兰花协会
22	雅安市兰花协会	四川省兰花协会
23	泸州市古蔺县兰花协会	四川省兰花协会
24	南靖县兰花协会	福建省兰花协会
25	武夷山市兰花协会	福建省兰花协会
26	绍兴市兰花协会	浙江省兰花协会
27	台州市兰花协会	浙江省兰花协会
28	瑞安市兰花协会	浙江省兰花协会
29	建德市兰花协会	浙江省兰花协会
30	郴州市兰花协会	湖南省花卉协会
31	济南铁路局兰花协会	山东省兰花协会
32	莱芜市兰花协会	山东省兰花协会
33	扬州市兰花协会	江苏省兰花协会
34	宜兴市兰花协会	江苏省兰花协会

中国花卉协会兰花分会
理事行为守则

一　以担任中国花卉协会兰花分会理事为荣。

二　以弘扬优秀国兰文化，发展国兰经济为使命。

三　诚信、公正、务实、创新，注重兰德，树立兰界新风。

四　科学养兰，开发兰花良种，建设有特色兰苑，保护兰花资源。

五　为兰友服务，构建和谐兰界。

六　为社会作贡献，优化兰界社会形象

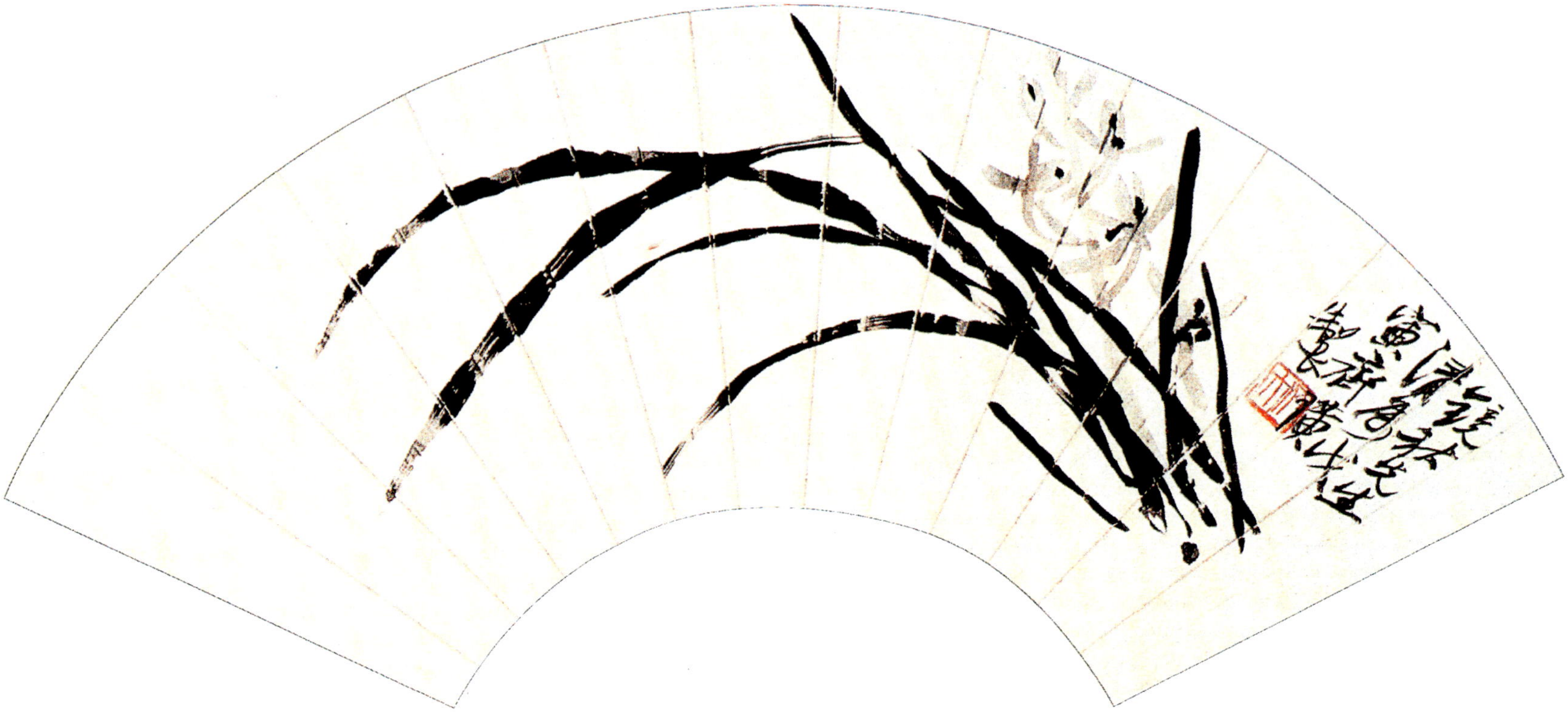

芳菲蘭園
Fragrant Orchid Nursery

陈少敏
中国花卉协会兰花分会副会长
广东省远东国兰有限公司董事长
地址：广东省　澄海
手机：13809673675

《中国兰花》主编刘清涌教授评价说：“以陈少敏为董事长的远东国兰有限公司，现已发展为全国最大的国兰企业，栽培收集了来自全国各地绝大部分国兰精品。春兰、蕙兰、春剑、莲瓣兰、豆瓣兰、建兰、墨兰、寒兰名品应有尽有，这里实际上已成为名符其实的中国兰种资源的博物园、保护园，也成为海内外名闻遐迩的国兰贸易基地，为全国乃至东南亚兰界马首是瞻的企业。”

播美扬芳 功在兰界

——记陈少敏先生及其远东国兰有限公司

中国花卉协会兰花分会副会长陈少敏，属虎，1962年出生于广东省澄海一个文化家庭，祖父是医务工作者，父母亲是教师，几代人对兰花情有独钟。兰花丰富的美学内涵，潜移默化地在他幼稚的心灵中沉淀，长大之后，种兰成为他的业余爱好。刚开始属于自娱自乐，直到20世纪90年代，他才真正有了不得不说的故事。

陈少敏曾经是一家集体工厂的供销员，闲来种些大青、铁骨素等潮汕地区传统名品以怡情养性。在这家工厂从基层一直干到副厂长、厂长，到后来工厂改制时，陈少敏买下股份自己经营医用包装品业务。有了自己的工厂，陈少敏积累了一定的资金，为今后投资兰花做好了铺垫。20世纪90年代中期兰花产业开始影响中国市场的那段时间，是他事业的一个转折点。当时广东兰花经济主要由台商掀起，与之相适应的是各地的兰展开始活跃起来。1992年，广东顺德的一次兰展改变了陈少敏的人生之路。那一年，陈少敏出差到顺德，在兰展上看到并不起眼的兰花居然可以卖到几百元、几千元，一些珍稀新品种竟然十几万元一株，陈少敏大吃一惊，在商海中历练出一双投资慧眼的陈少敏意识到兰花身上所蕴藏着的巨大经济价值，这次他果断出手，一口气买下了几万元的兰花，回家后建起一个简易兰棚养起兰花。

此后，每次到顺德出差，他总是带回几万、十几万的兰花，慢慢收集品种。至1993年，他一共投入了500多万元，在当时这无疑是让人感叹的大手笔。在投入大量资金的同时，他也投入了大量的精力，四处拜师学艺，提高自已的鉴赏水平，在吴应祥、陈心启、何清正、刘清涌等专家、学者的指导影响下陈少敏的艺兰水平突飞猛进，投资的兰花也得了到预料中的回报。1994年的广东兰花经营发展超乎寻常，借着这股兰花热潮，陈少敏的兰园也逐渐壮大，至1996年，已投入了800多万元，有上千个珍、稀、新品种汇聚于此，成为当时国内品种最多的兰园，在兰界引起广泛的关注，各地兰友纷至沓来。当年，中国花卉协会兰花分会秘书长何清正就盛赞陈少敏的兰园是“潮汕兰友与海外兰友的交流中心”。

1	2 / 3

1　寒兰新品荷
2　白孝荷
3　叶蝶三星蝶

由于在兰界声誉鹊起，陈少敏感到在兰界大有可为。于是在1997年果断卖掉工厂，将资金全部投入在澄海东里镇购置六亩土地，建起中国第一个兰花专业化公司—远东国兰有限公司，从此专事兰花事业。陈少敏为国内将兰花推向产业化经营的先行者，他的成功为中国兰花的产业化发展提供了示范样本。远东国兰有限公司成立后因其规模化的运作、现代化的种养技术及经营理念，在兰界一路所向披靡，成为全国乃至东南亚地区最大的兰花经营实体。陈少敏意识到兰花资源越来越稀缺，开始大量收集高档珍稀品种。陈少敏不辞辛苦，立足广东，远赴四川、云南、贵州、湖北等产兰区，亲自带人大量收集高档品种，有兰花的地方就有陈少敏的足迹。由于远东公司的大量收购，对90年代的四川、云南等重点产兰区的兰花市场有很大的带动，使云贵川兰友也认识了兰花的价值，为现在云南、四川兰花市场起了很大的推动作用，也使远东国兰公司的兰花精品多达3000余种，成为目前东南亚地区兰花品种拥有量最多的公司。《中国兰花》主编刘清涌教授评价说："以陈少敏为董事长的远东国兰有限公司，现已发展为全国最大的国兰企业，栽培收集了来自全国各地绝大部分国兰精品。春兰、蕙兰、春剑、莲瓣兰、豆瓣兰、建兰、墨兰、寒兰名品应有尽有，这里实际上已成为名符其实的中国兰种资源的博物园、保护园，也成为海内外名闻遐迩的国兰贸易基地，为全国乃至东南亚兰界马首是瞻的企业。"

由于远东公司的规模及实力的不断壮大，公司于2000年开始染指东南亚等国家及我国港、澳、台的兰花市场，其经营地域有了较大的突破。2000年，陈少敏与澄海市党政有关领导组团到中国台湾考察兰花产业，在中国台湾高价收购了一大批中国台湾的国兰精品，开创了内地兰友直接到中国台湾收购中国台湾本地产兰花的先河。以前只有中国台湾兰友到内地高价收购兰花，而陈少敏此举为两岸国兰的双向交流树立了榜样，也显示了改革开放之后的中国内地兰友的实力，增强了中国台湾兰友养兰的信心，让中国台湾兰友开始意识到中国兰花最大的市场在中国内地。陈少敏也成功地将原来中国台湾兰友所不认识的细叶兰如春兰、春剑及莲瓣兰等精品推广到中国台湾。从2001年开始，远东公司多次赴日本大量收购原来由中国流入日本的传统春兰、蕙兰名品，使低迷了十几年的日本春蕙兰市场重新活跃起来，养兰信心大增。

2006年，陈少敏先生应邀赴韩国参加日本、韩国、中国及中国台湾地区联合举办的国兰名品大会。在展览场上花韩币2亿多元购买韩国春兰线艺之高级品种三盆，在韩国兰界引起轰动，使韩国高档兰花市场信心大增，交易活跃，价格上涨。日本全国春兰联合会会长平见先生感叹说："一个公司能够影响海峡两岸及日本兰花市场，目前只有中国的远东国兰有限公司能够做到。"目前，陈少敏带领下的远东国兰有限公司已经在美国纽约市、日本福冈市、韩国汉城设立远东公司总代理，成功地将中国兰花大量推广到以上国家，使远东公司名符其实地成为了中国兰花与日本、韩国及中国台湾地区兰花交流的桥梁。由于陈少敏先生对中国兰花事业做出的巨大贡献，被东南亚地区及国内兰友公认为"中国大陆最著名的兰家"。国内100多个兰花团体及韩国、日本、美国、台湾地区多个兰花团体聘其为名誉会长或顾问，日本、韩国及国内大型兰展均邀请其为兰博会评委，受到海内外兰界朋友的普遍尊重。但陈少敏没有满足于已取得的成就，他更着眼于未来。由于目前中国兰花市场的兴旺，带来了兰花资源的严重破坏，在陈少敏的提议及各级政府的大力支持下，陈少敏着手筹建"中国兰花资源保护开发中心"，征地60亩，建成一个集中国兰花资源收集、保护、开发为一体的现代化兰花培养基地，让所有国兰种质资源在此汇集，让所有国兰精品在这里世代相传，让五湖四海的兰花爱好者在此相聚，这是陈少敏用生命对兰花事业做出新的巨大贡献，攀登无绝顶，在寻芳路上，陈少敏是一头不知疲倦的领头羊。

兰界先锋宋世平

1988年的一天，宋世平到成都花市采购花木。无意中，他看到旁边的花商正在交易兰草，并拿出放大镜在兰草上照来照去。出于本能的好奇，他凑上去看热闹。他也没想到，这一看，就让他一下子对兰花有了新的认识。于是，他用身上仅剩的600元钱买了几十斤兰花回家栽培。最初，完全是出于一种喜欢，有事没事总要看看苗，浇浇水，施施肥，然后便盼着兰草长得更好，花开得更漂亮。这样的好日子，让他有了许多别人感受不到的滋味。一次，宋世平请花商去自己家里看兰花，经过一番精挑细选，花商们选走了五六十株，付给他一叠厚厚的钞票。这是宋世平第一次看到这么多钱！正是由于看到了兰花的潜在价值，他决定投资兰花。那时的兰花行业刚刚起步，四川兰花大户很少，双流县的养兰者更是为数不多。

1990年从园林工程转行做起兰花的宋世平，第一次就投入20万元买了1000苗"银杆素"和"西蜀道光"，在当年发苗后就收回了成本。如今"西蜀道光"已经从当年的一千多元一苗涨到了现在的几千元一苗，而宋世平的身家也因此增长了几十倍。兰价的飞涨发生了许多一夜暴富的故事，而许多故事本身就有浓郁的传奇色彩。盛世花业董事长宋世平有15年之久的养兰经验，在他的兰园里从普草到春兰、春剑等传统名品应有尽有，数量在1万盆以上。15年前宋世平名不见经传，现在却名满天下，成为兰界响当当的领军人物之一。

1 盛世花业董事长宋世平先生(中)与中国花卉协会兰花分会秘书长(左一)王碧青在首届中国(三亚)国际热带兰花博览会上陪同中国花卉协会会长江泽慧(右一)一起观看兰展

2 盛世花业董事长宋世平先生(右一)与意大利兰协代表VelenzaAlessandro 先生(中)中国花卉协会兰花分会副会长何清正(左一)在国际热带兰花博览会上合影

3 盛世花业董事长宋世平先生与世界兰花大会理事会主席彼特 (Mr. peter) R.Furniss在新加坡亚太兰展盛世花业展厅前亲密合影

4 宋世平先生与中国第九届政协副主席孙孚林等国家领导一起共进午餐并汇报兰花产业的发展情况

宋世平在兰界是传奇人物。如果仔细梳理他的人生历程，不难发现，他是靠个人努力成就了今天的事业。

宋世平现任中国花卉协会兰花分会常务理事、成都市兰花协会副会长、四川省双流县兰花协会会长、盛世花业董事长，是四川第一家兰花杂志的发起人之一，首创兰花网络电视。

园主：宋世平
中国花卉协会兰花分会常务理事
成都市兰花协会副会长
四川省双流县兰花协会会长
地址：四川省　双流县
手机：13908204868

宋世平，被四川兰界的兰友们称为"兰花大使"，由于他有着全国各地,包括中国台湾，以及韩国、日本等地庞大的销售网络，而他们到成都几乎就只认宋世平，成都绝大多数的珍稀兰花都会先汇集到他的手中，然后再经他的手卖出去。像这样的例子发生在宋世平身上是很多的。这跟他对兰花的鉴赏水平是分不开的，更与他在兰友中的良好口碑息息相关。据介绍，他已跟一位广东老板签下了每年从四川订购80万苗兰花的协议。在兰界，凭着宋世平的传奇经历和对兰文化所作出的贡献，他与广东的陈少敏并称为"东陈西宋"。

宋世平先生说，发展兰花产业离不开兰花文化的宣传,而兰花文化的宣传不仅仅是靠一个人的努力就能完成的。宋世平先生积极地参与多家兰花期刊杂志、网站的策划和网络电视的传播,也是我们有目共睹的。

2005年，在中国花卉协会兰花分会和全国兰友的大力支持与关注下，盛世花业与四川网络电视台强强联手,以崭新的经营理念和管理模式打造出花卉媒体一流平台—“名人名园”，董事长宋世平先生担任该栏目组总制片人,该栏目的出现不仅在四川，在全国，甚至在全球都是第一家,同时宋世平先生一跃成为兰界、乃至于花卉界网络电视行业的拓荒者。

2006年10月由盛世花业、温江区人民政府主办，盛世天逸花卉文化传播有限公司承办的“盛世花业”兰文化展示会在温江天府花城隆重举行。目的是将国兰文化的风采展示在世界兰友的面前，让兰花真正地实现产业化发展，真正地进入寻常百姓家。此次兰文化展示会还有一个突出的特点，那就是推出了将“人”与“兰”融合的展会风格，在古韵悠扬的氛围中，通过不同场景的设置，将兰花文化诠释出别样的风采。规模大，而场面壮观的展示会耗资相当巨大，据宋世平介绍，此次展示会的资金都是由盛世花业提供的。

在谈到中国兰花的未来时，宋世平先生认为，只有全国各地的兰协、兰友共同努力才能把兰花产业做大、做强，真正使兰花走进千家万户，香飘世界。

作为四川兰界年轻的养兰家和鉴赏家，他在中国兰界享有"兰界先锋"和"兰界少帅"的美誉。2006年11月盛世花业董事长宋世平先生应邀参加由中国工商联、中国民（私）营经济研究会、中国管理科学研究院联合在中国人民大会堂举行的中国诚信民营企业家与中国经济建设杰出人才表彰大会，宋世平先生作为花卉界唯一代表分别荣获中国诚信民营企业家奖和中国经济建设杰出人才奖。

致富不忘回报社会。近年来，他不断地拿出资金做公益事业。这些活动包括：在双流县扶助5名贫困大学生完成学业；每年为全县的特困户提供一些生活用品。他在谈到做这些事的动机时说："我不是为了名利，而是因为我也是从农村出来的，能有今天这样的成绩，考虑回报社会是自然而然的事。"

园主：钱登荣
地址：四川省 成都市
手机：13908050368

闻名兰界的军中兰家

能白亦能黄，无人亦自芳。寸心原不大，容得许多香。

兰花是一种高级的艺术欣赏品，也是一种文化的体现，它表现了中华民族的优秀品德和悠久的历史文明。自古以来，人们都寓意兰花是高尚人格的象征，孔子弘扬兰之善、屈原歌颂兰之美，通过颂扬兰花来求真、求实、求善、求美。修身养性，成为道德高尚的君子。

在巴蜀大地上，有一位知名的兰界成功人士，他就是解放军某部军医院院长、军华兰园园主钱登荣先生。现任中国花卉协会兰花分会常务理事、四川省兰花协会副秘书长、成都市兰花协会副会长、成都市兰花协会城区分会会长。钱登荣为四川兰花事业的发展做出了卓越的贡献，他在养兰的道路上积累了丰富的经验，他的兰品、人品令人钦佩，是一位闻名兰界的军中兰家。

1984年，钱登荣在中越边境老山前线第一次看到兰花时，就被兰花的冰清玉洁、千姿百态所吸引，被她的幽香、高雅所陶醉，从那时开始，他就和兰花结下了不解之缘。也是从那时起，兰花的高贵品质就一直影响着他的人生。

1	2

1 春剑 · 花中花
2 春剑 · 圣麒麟

1992年，钱先生开始利用工作之余种养兰花。刚开始的时候，由于识别兰花经验不足，走了很多弯路，付出了极大的代价，但他没有灰心过，兰花坚忍不拔的品质深深地影响了他。在困难中，他认真总结经验教训，持续不断地学习兰花知识，走出了一条自己发展兰花的道路。从1993年起，钱先生就开始种养水晶兰和传统名兰西蜀道光等。功夫不负有心人，几年时间他就得到了丰厚的回报。此后的数年，他一直致力于兰花的品种收集和栽培，使得现在的军华兰园拥有了春剑、春兰、莲瓣兰、四季兰、蕙兰等上百个名优高档品种和各种传统品种草。发展成为了省内规模大、档次高、品种齐的知名兰园之一。

钱先生在养兰上特别强调取之于民，用之于民。只要有利于兰花事业的事他就做，只要是兰事活动他就积极参加，大力支持。这就是他在兰花事业上勇往直前的力量源泉，真可谓是"人兰两忘，境界高尚"！他不仅是一位兰界名家、专家，更是一位积极促进兰花事业发展，带动和团结广大兰花爱好者的兰界领路人。他不仅自己种好兰花，更引导了许多兰花朋友共同走向致富的道路。在他的提议下，各地兰友为了能经常进行各种兰花文化、种植技术和产业知识的交流活动，开始为成立成都市兰花协会城区分会而努力。为了成立分会，钱先生不辞辛苦、四处奔波，带领大家做好各项细致有效的工作。在资金不够的情况下，他主动带头捐出了自己的名兰。随后，在他的影响下，大家纷纷慷慨解囊，解决了资金问题，为协会今后的活动经费奠定了较好的基础！

钱先生与众不同的地方在于：对兰花市场的分析和预测，对兰花文化的理解以及兰花的栽培、鉴赏。他认为，养兰要面对和处理好几种关系，一是要处理好工作与养兰的关系，二是要处理好与兰花界朋友之间的关系，三是处理好兰花种养的传统观念和先进技术的关系。

钱先生总结自己养兰最重要的体会是：养兰先养德，兰德好，兰花会养得更好。他常对兰友说：要对兰花有正确的认识，不可贸然投资，要在兰德方面和提高对兰业现状认识的基础上逐步投资，才会有好的社会效益和经济效益。

钱登荣先生愿交天下可交之友，共创国兰之盛世！

芳菲兰园 Fragrant Orchid Nursery

发扬真善美 以花为媒广交朋友

园主：何治富
地址：四川省 成都市
手机：13808072588

一个坐落在成都市锦江河畔的屋顶花园，不仅可以俯瞰锦江秀丽的景色，还可欣赏翠绿幽香的兰花世界。这就是成都市兰花协会城区分会副会长何治富先生精心呵护多年的富丰兰园。兰园布置科学，设计规范，结构合理，盆下池水荡漾，盆上阳光灿烂，加之栽培管理有方，盆盆兰草长势茂盛，放花时节兰香绕屋，沁人肺腑。尽管园主起早睡晚，十分辛苦，却乐此不疲，如痴如醉。

何时与兰结缘？何先生说："1992年，经养兰朋友的引见，对兰花的芬芳产生了兴趣，从此爱上了兰花，与兰结下了不解之缘。"他在工作之余，学习兰文化，试栽普通兰草，不到两年时间，掌握了不少栽培兰草的知识，了解了兰草的生长习性，学会了栽培管理的技能，1994年便开始购买普通名兰，又托朋友购买了一些传统名品。何先生虽然没有深入山谷野林采集兰花，但却得益于全国最大的成都市青石桥兰花市场，在市场上常和兰界朋友品茶赏花，切磋兰艺，了解市场行情。同时，不辞辛苦，大海捞针，寻觅奇花异草。工夫不负有心人，现在何先生已是一个资深的兰家，拥有数百盆名草名花。除了已知的玉海棠、五彩麒麟、五彩梅、双喜梅、玉荷素、金银满堂、梓桐蝶、品蝶、西蜀道光等春剑名品，以及春兰天彭牡丹、中华麒麟、碧水珍珠、绵州梅、光明蝶、夏兰盖梅、红花梅等名品外，还有几十个不同种类的梅瓣、荷瓣、牡丹瓣、三星蝶、春剑复色花、春剑奇花素、春兰缟草缟花、寒兰缟草、蕙兰缟草、春兰矮种荷瓣、春剑矮种、送春奇花等新品尚未亮相社会。何先生颇为感慨地说："能收集栽培这么多新品种，是兰界朋友的支持，也是一个机遇，只有精心培植，待有了一定数量后，将奉献社会，为兰花事业做点贡献。"

富丰蘭園

1 春兰 · 素三星
2 春兰 · 梦梅
3 春剑 · 缟草缟花
4 春兰 · 红福蝶

何先生养兰获得成功，但仍然谦虚低调，平易近人。他常说："养兰人要坚持有一个平常的心态，养兰难，兰难养，要活到老，学到老。"2006年6月，成都市兰协城区分会成立，因经费困难，他捐助了分会一苗天彭牡丹，受到兰界朋友的好评。他说："钱这个东西，生不带来，死不带去，把兰协事办好了，让更多的人分享兰花的幽香，让更多的人致富，这是我应该做的事。"

总之，何先生主张养兰人要带头发扬兰花真、善、美的品德，以花为媒，广交朋友；团结一致，共谋兰艺；互相帮助，共同富裕；弘扬兰文化，发展兰花经济，做一个讲风格、守信誉、有贡献的养兰人。

园主：白光群
四川省成都市兰花协会副秘书长
成都市兰花协会城区分会副会长
绵阳市兰花协会副会长
地址：四川省　绵阳市
手机：13608063798

人有兰德 信誉值千金

姐弟蘭園

1992年春天，一位山村女青年到成都准备做小生意或打工。她阴差阳错地来到了青石桥兰花市场。眼前一堆堆兰草，一盆盆兰花吸引了她。她很好奇“怎么这么多人卖兰草？又这么多人买兰花？一群人为什么用放大镜看兰草？又一群人围着一盆兰花在议论什么？这时，一位男士抱着一盆绽开的兰花走过她的身边，“哇”，好香啊！这小小兰花怎么这样好看？”她对兰花的奥妙一无所知。晚上她住进小旅馆，恰巧和一位卖兰花的女青年同住一室，桌上放了一排兰花，主人正小心地擦兰叶上的泥灰。她迫不及待地问：“兰花能卖钱么？卖多少钱？”这位姑娘如实告诉她：“城里人喜欢兰花，碰上爱花的还要卖大价钱呢。”当晚她思绪万千，久久不能入眠，当她进入梦乡时，仿佛做起了兰花生意。第二天一早她就在市场上用80元买了4斤生草，当天卖了300多元。就这“第一桶金”，决定了她与兰花相依为命的人生。这位女青年就是当今兰界著名的女兰家白光群女士。人们习惯称她“小白”。

992年春天，一位山村女青年到成都准备做小生意或打工。她阴差阳错地来到了青石桥兰花市场。眼前一堆堆……一盆盆兰花……了她。她很好……“怎么这么多……兰草？又这么……买兰花？一群……什么用放大镜……草？又一群人围着一盆兰花在议论什么？这时，一位男士抱着一盆绽开的兰花走过她的身边。“哇”，好香啊！这小小兰花怎么这样好看？”……对兰花的奥妙一无所知。

小白一踏上神秘的兰花之路，便开始了她艰辛、坎坷、曲折的征途。但是，她是一个极有悟性的女性。她的第一个感悟：要做好兰花生意，必须学习兰文化。于是，她不分白天黑夜孜孜不倦地学习兰花知识，不懂就向行家请教。不到两年时间，她对有关兰文化、兰花鉴赏、兰花种养等知识有了较深刻的理解，知道了悠久的兰花文化是中华文化的一部分，兰花是国香，是花中真君子，具有真、善、美的品格等等，从而解开了她心中对人们为什么痴迷兰花的疑问。第二个感悟：在兰友的交往中，必须以兰馨为德，诚信为本。她常说："人要有兰德，不能坑害他人，信誉值千金"。第三个感悟：购兰草要三思而行。即：必须仔细观察叶、茎、根、芽、花，万无一失，宁愿多花钱买壮苗，也不低价购买病、弱、残苗。第四个感悟：栽户栽户要栽才富。她认为不管价高价低，不能卖绝品种，要种养一定规模，以发苗率求效益。第五个感悟：要把兰花产业做大做强创品牌。她认为这是盛世兰花发展的趋势，栽培管理要规模化，创品牌才能扩展销路，收到最佳效益。第六个感悟：要发扬中国人行善的美德。她与兰结缘致富了，但她没忘记还有不少的困难人群，也知道不少养兰花的人还面临种植、管理、治虫、防病、运货等困难。在兰友活动中，她都热情给予支持，愿大家都富起来。第七个感悟：养兰人必须做好安全防盗措施。她说："兰草一旦被盗，心血付之东流，难以恢复元气。"第八个感悟：家兴、兰兴、万事兴。姐弟兰园（原白林兰园）的雪球越滚越大，这得益于有一个兄弟姐妹和谐的氛围和环境。

小白的悟性是从天上掉下来的吗？不是，正如她所感慨的："我的悟性是兰界泰斗吴应祥老人的祝福激发出来的。"1995年，小白进京请教吴老传授兰经时，吴老语重心长地说："你年轻，又是一位女娃娃，能喜欢兰花，真是少见，希望多学习有关的兰花知识，种好兰花，前景是很好的。"小白与兰的深厚情感和对兰艺的执着追求，与吴老的殷切希望、鼓舞、鞭策是分不开的。

小白十多年的兰花生涯，敢于迎接兰花市场的挑战，全身心地投入兰花事业，几乎走遍了全国各地方兰区，2005年还参加了两岸兰艺交流联谊会。她以花为媒，广交朋友；参与展销，寻觅精品；交流兰艺，共谋发展；与人为善，诚信为本；互利互惠，共同富裕。这些都受到了兰界同仁们的好评，称她是兰界的女强人，巾帼英雄。她在兰花事业的道路上成功了，在全国及省、市、县的兰展活动中，获得特金奖、金奖、银奖、铜奖等共43个，并收集种养了春兰：天彭牡丹、锦绣中华、中华巨龙、七彩云南、红蝴蝶、红荷蝶、冠神、醉妃；春剑：五彩麒麟、桃园三结义、冠蝶、天香蝶；四季兰：君荷、善梅等；送春：天台之光等，以及尚未面世的各类瓣型花、蝶花、奇花、复色花、水晶花、素花等共百余个品种。她能成为一个养兰大户，是她辛勤耕耘的结果，再一次说明了功夫在书外，天道酬勤。更可喜的是，小白寻觅到了一个春兰素花白牡丹新品，可谓春兰中的瑰宝，同仁们祝贺她，纷纷称小白为"白牡丹"。兰花事业任重道远，但愿这朵春天的白牡丹芬芳悠长，开放得更加美丽！

1 春剑 · 老荷瓣
2 春兰 · 三星蝶
3 春兰 · 光明蝶
4 春剑 · 邛州红荷

蘭舞人生

叶瑞金风雨三十年

园主：叶瑞金
地址：四川省　温江区
手机：13908071668

世界是舞台，每个人都是演员。在现实生活的舞台上，不管你采取怎样的生活方式，实际上都在进行人生的表演。至于演的是正剧还是闹剧，是喜剧还是悲剧，就取决于你对生活的态度了。

原温江县县委常委常务副县长、政协副主席的叶瑞金，退休后担任了中国花卉协会兰花分会理事、成都市兰花协会副会长、温江区兰协会长、四川省盆景艺术家协会副会长、中国盆景艺术家协会高级顾问。

62岁的叶瑞金从20世纪60年代中期就开始了花卉盆景的栽培，从小就喜欢花卉艺术，当我见到他时，只能用“年轻”二字来形容。他略显疲惫刚办完事，还没休息就匆匆赶来接受我的采访了。就着一杯清茶，我听他娓娓道来养兰32年的故事。

1970年，叶瑞金正式拜师陈开钦老师学习盆景艺术。就在那个时候，他认识了很多种养兰草的朋友，并且从那时候起就喜欢上了兰草。1974年开始养兰。不过，那个时侯养兰只是为了欣赏，送朋友，没有任何经济效益。到了1980年，他在老师和朋友的帮助下，买了差不多一亩地的生草和一些素草，1982年开始买传统草。就这样开始慢慢发展。

可以说叶瑞金的养草道路是一波三折，跌宕起伏。1982年买大红硃砂，想买2000苗、但是只有500苗可以买，后来也就没买成。1991年，200苗的雪兰和几十苗的硃砂，因为打药不善死掉。1993年从通江买了10万苗春剑生草进行栽培，从中选出的精品又被人“弄丢了”。叶瑞金心灰意冷了，不愿意再做兰花行当了!

1　2　3

1　春剑 · 天府晶蕊
2　春剑 · 鱼凫芯蝶
3　春剑 · 鱼凫荷蝶

虽然没有从事专业的兰花养植，但这并没有让叶瑞金丧失对兰花的热爱。他原本养兰就只是为了修身养性，在此后的几年，他过着和原来一样的与兰花、盆景为伍的幽静的生活。

转眼到了2001年，叶瑞金退休了，在众人的推选下，在兰协的关心下，他重出江湖当起了温江兰花协会的会长。这年，他买了些好的品种，在修身养性、平和心态的前提下开始重新养植兰花。这次，他没有大规模的养植，主要是选育新品种。

现在的金兰园，有叶瑞金选育培养的牡丹新蝶、鱼凫奇素、鱼凫牡丹、鱼凫梅、荷蝶等。也有一些新品春兰如天彭牡丹等。叶瑞金说，他养兰不单纯追求利润、大进大出、大起大落，而是平稳的坚持一直走下去。

叶瑞金一直都乐于帮助有困难的人，但是从来都不愿意留下姓名。每次兰协有事情，他都走在前面，出钱出力。家乡办公益事，家乡人有困难，他都带头捐款：有人房子垮了、稻子坏了，他都出钱支助；走在路边看见别人骑摩托车出了事故便悄悄留下几千元钱……在他的眼中，付出和收获同样快乐。他无论在什么情况下都可以保持平和的心态，善于把一种想法或感情表达出来。在过去的三十多年里，叶瑞金一直在喝彩声中奋战，他就是怀着这样建立起来的信心大步登上舞台的。

生活与舞台之间从来就没有不可逾越的鸿沟。艺术真实地赋予各种角色以不同的审美价值，供我们去静静思辨；生活平等地赐予芸芸众生灵魂曝光的千百次契机，任后世去细细评说。于是乎，艺术舞台五彩缤纷，人生舞台千姿百态。我不用问叶瑞金保持年轻的原因了。就是他淡薄名利这一点就已经足已。

叶瑞金说：三间茅屋，十里春风；窗里幽兰，窗外修竹，此何等雅趣！对芳兰，啜苦茗，时有微风细雨，润泽于疏篱仄径之间，俗客不来，良朋辄至，我喜欢这样的生活！

园主：刘礼洪
地址：四川省　温江区
手机：13980697845

江山如有待 花柳自无私

踏上温江的土地，抬头就看见四川少见的蓝天白云，闻着清新的空气，洗去身上的尘埃，仿佛心灵也被净化了。刘礼洪先生就生活在这个美丽的城市，沐浴着自然的纯美，吮吸着文化的精髓，平静、祥和、快乐地生活着。

初次见到刘礼洪先生，印象最深的是他炯炯有神的眼睛和谦虚真诚的笑容，言谈举止幽默豁达，让人感觉踏实安然。我已经忘了这是第一次见到他，仿佛已是认识多年的老友。

刘礼洪是从一名普通的菜农加入养兰队伍的，在长辈们的影响下，自幼就对兰花有特别的感情。他的人生之路虽不能说是历尽苦难但也颇多坎坷。1984年起，爱草成痴的他就开始用起早贪黑卖菜的钱买一些普通的草。1989年，开始做一些小的兰花生意，有空就骑着自行车到青石桥买下山草。那时候他没有师傅也不懂怎么养花，只能边摸索边养植，走了不少的弯路。1996年，刘礼洪走向了专业养植兰花的道路，把大多数时间就都用在兰花的身上。

那时兰市低迷，但是这并没有动摇刘礼洪的信心，因为他不是唯利是图的商人，他坚信纯洁、高雅、芬芳、无私的兰花会被推崇。他说："兰花自古以来被人们誉为'香祖'、'国香'、'第一香'，无论何时何地，只要闻到兰花的香气，都会让你有置身仙境忘却一切烦恼的感觉。孔子说过'芝兰生于谷，不以无人而不芳。君子修道立德，不为困穷而改节。与善人居，如入芝兰之室，久而不闻其香，与之俱化。'可见国兰在人们的心中，在数千年前即已奠定了崇高雅洁的地位，千百年来，很多骚人墨客爱兰、养兰、咏兰、画兰，与兰花结下了不解之缘。一个人如果养兰只是为了赚钱，那只能说明他不是一个真正的养兰人。"

经过20余年的辛勤耕耘，刘礼洪在兰协的带领和帮助下，现在，他的兰园除了精品区外，还发展了数十亩的下山草。他认为养兰花要有新观念，把品种选好，并且要技术过硬！他用全天然的栽培方式养植的鱼凫梅、天府之娇、新品蝶花等远近闻名，出自他手的鱼凫芯蝶更是独树一帜。

我问刘礼洪先生最大的骄傲是什么？有什么名品让他感到自豪？他笑了笑，对我说：“我最大的自豪不是我所拥有的东西，而是带动周边上百户的人们靠养兰花致富了。”在他眼里，精彩都是积累的；在他心里，所有的名利只不过是过眼云烟。后来，我听旁人说起，刘礼洪向来乐善好施：有一次在西昌盐源县黄草镇一个偏远的兰花村出资为山民修井时，有人提议让媒体采访报道，刘礼洪只说了一句话：“要采访，就不修井！”这种乐于付出不求回报的精神不正是兰魂“幽兰吐香乔林下，仍自盘根众草旁。纵使无人见欣赏，依然得地自含芳”的真实写照吗？

和大多数的养兰人一样，刘礼洪也有买草被骗的时候。但是他的人生信条是：讲诚信，以诚待人，凡事忍让，在哪摔倒，就在哪爬起来！现在，只要有人向作为温江县兰协常务副会长的他讨经拜师，他总是热情相授，毫无保留。他觉得，能让别人少走弯路，是兰协也是他自己的责任和义务。而且，这样做既能帮助他人，也能推动兰花产业的发展，还可以丰富人们的精神生活，何乐而不为呢？

有人问刘礼洪：“天天快乐的秘诀是什么？”

刘礼洪笑答：“交天下可交之友，品百年杂味人生，心中有幽兰，再苦也是甜！”

1 春兰 · 幸运之星
2 蕙兰 · 群花共舞

园主：王元修
地址：四川省　都江堰市
手机：13908195373

兰界“王三星”

在兰界，只要提起“王三星”，没有一个不知晓、不崇敬的。“王三星”其人，就是都江堰市兰花协会副会长，“桃园三结义”的培育者王元修老师。

王元修之所以那么知名，是因为他对兰花的执著追求，25年不间断地在兰花园地辛勤耕耘，培植、打造了两个兰花知名品牌“桃园三结义”和“奥迪牡丹王”。兰界之所以崇敬王元修，是因为他有好的兰德、好的人品、好的为人，无私的回报社会。

追寻王元修的艺兰足迹，25年前的1982年，他开始了自己的艺兰人生。那时，夫妇两的月工资仅120元，一家人要生活，还要供养两个孩子读书。为了买兰花，俩夫妇硬是省吃俭用下1800元买了60苗银杆素，建起了自己的兰园。经精心养护培植，滚动发展，几年后又增添了金鸡黄、大红朱砂、西蜀道光等品种，兰园不断壮大。1990年，王元修把自己精心培育的一盆西蜀道光送到厦门参加第二届中国兰花博览会，一举获得金奖。这是他养兰以来第一次参展获得的奖牌，也是都江堰乃至四川参展兰花获得的首枚奖牌，是他八年养兰的成果。成功的喜悦溢于言表。他说：“养兰花具有精神和经济的双重效益，养着它，就像进入梦中的伊甸园，找到了精神上的万灵药方；养着它，给社会创造了财富，给自己带来了经济效益……”谈及养兰的经验时，他说：“是我对兰花的痴迷和执著、刻苦耐心的结果，如果投机、浮躁，养兰是不会成功的。”

随着兰业的发展和效益的增加，王元修开始寻觅新的珍品。他说：为得一新品，有时翻山越岭，跑遍大江南北，散尽千金而获得。王元修就是凭借这种开拓精神，以慧眼识珍兰的高见，以“舍得金弹子，打来凤凰鸟”的胆识，于1997、1998年，分两次以3万元一苗的价格，从马边山区购回13苗花叶双蝶的春剑三星蝶，1999年送展无锡第九届中国兰花博览会荣获金奖，并由刘清涌教授命名为“桃园三结义”，2003年2月10日在中国兰花品种登记注册委员会登记注册，成为国兰种质资源库的优秀品种。此花由于花的色斑出现在叶上，其观赏价值大增，赏玩队伍不断扩大，“王三星”也因此而传开。

1　春剑·桃园三结义(草蝶)
2　春剑·西蜀道光
3　春剑·桃园三结义

养兰的又一次成功，再次激发了王元修为国兰再做贡献的信心。2004年3月，他和兰友杨华贵、王义刚在什邡农村发现了一株从未见过开着那样好的牡丹瓣蝶花的春剑，当即以230万元的价格购回12苗。此花经刘清涌教授点评后，命名为“奥迪牡丹王”，2005年送展乐山第十五届中国兰花博览会，获特别金奖，当场就被慧眼艺兰人以360万元的价格购走5苗，引起很大轰动。如今，“奥迪牡丹王”已成为国兰的又一知名品牌，于2005年8月15日进行中国兰花品种登记注册。王元修为打造了兰花又一品牌而高兴，他说：“种养兰花，就象干一项工程，培养出一个珍品、极品，就像完成一个伟大的作品，将世世代代传承。”

25年的养兰史，王元修为兰花种植资源库培育了两个品牌，带出了许许多多的养兰户，也为自己带来了较好的经济效益。收入多了，他不忘回报社会。十多年来，无论哪个地方成立兰花协会、举办兰展、编印兰文化丛书等兰事活动，他都鼎力相助；政府号召捐资助学，他带头响应；外地来都江堰市访问考察的兰界朋友或政府代表团，都是他承担接待费用，没让政府和兰协花一分钱；他居住的小区是老城区，周围居民居住条件差，他私人掏钱改造和完善居民的居住环境条件。这一桩桩、一件件善举，所花费用累计起来恐怕在6位数以上。但数字再大，都比不上王元修为社会无私奉献的博大胸怀。

园主：梁克成
地址：四川省　都江堰市
手机：13980983096

心系堂前兰　国香伴我行

"幽兰花，在空山，美人爱之不可见，裂素写之明窗间。幽兰花，何菲菲，世方被佩资簏施，我欲纫之充佩韦，袅袅独立众所非。幽兰花，为谁好，露冷风清香自老。"

自古以来，兰花以其高贵而独特的风姿和魅力吸引着无数的喜花爱草之人，也被众多的文人骚客、谦谦君子所喜爱和追逐，而梁克成先生就是其中一位。

梁克成先生原任都江堰市人民武装部副部长、民政局局长。现任都江堰市兰花协会副会长。他热爱兰花事业，自信前途无限；他发掘兰花新品，富有拼搏精神；他63岁了，却精神抖擞，身体健硕，看起来只有50岁出头的样子，每一天都对生活充满了激情。

养兰　馨香满襟袖

养兰是一门艺术。梁克成先生生长在国家自然遗产保护地四川的青城山。古语有云：峨眉天下秀，青城天下幽。在如此清幽的环境中长大的他从小就受到兰花文化的熏陶。梁克成先生一直认为兰花不仅仅是一种花卉植物，更重要的是自然遗产，是艺术品，这个艺术品不但有其再生的特性，而且对工业化生产有抗拒的特性，拥有这个艺术品本身就是一笔财富。

养兰是一个好的项目。在梁克成先生看来，兰花是物质与精神叠加的载体，具有非常广阔的市场潜力。养兰作为一门新兴的产业，生命力非常强，它不仅可以提高人民的生活水平，还可以提高民族的整体素质。种兰可养其心，可养其勤，可养其志，可养其富。而兰花作为一种产业，可以说是廉政工程、致富工程、养老工程。他认为办好这个产业需要技术、资金、场地三个不可缺少的因素。为了养兰，他虔心阅读各类兰花书籍及杂志，虚心向兰友请教，努力学习识别及培育兰花的知识和经验。在种兰的过程中，梁先生也曾遇到资金不足的困难，他向朋友借过钱，也向银行贷过款。

养兰是一本书。梁先生认为养兰这本书内涵丰富，外延宏大，要读通这本书，需要坚持不懈的努力。而发掘了一株好的名品兰花的心情，相当于文学家完成了一本伟大的传世巨著。种兰20多年以来，他持之以恒地发掘新品，先后选育出红梅冠、博鳌牡丹、怡林牡丹、富华牡丹、运红蝶等兰中精品，不得不令人敬佩。

1　2

1　春剑·仁荷(栽培者:梁克成、杨仁义)
2　春剑·博鳌牡丹

艺兰 風華錦綉帛

兰花为梁克成先生带来了财富，他不但盖了房子、买了车子，兰园的规模还在一天天地扩大。现在他的兰花产业已经走向了良性循环的道路。梁先生兰德高尚，善于积累并传授养兰知识。他说，一定要把兰花赋予他的好的东西与广大兰友分享。目前，梁先生带有28名学徒，学徒们均对兰花各有造诣，各自有些新品并逐渐初具规模，走上了致富道路。他交易兰花讲求诚信，不卖假草不卖病草，真实无虚，价格合理，做到了让利给买方。和朋友合伙栽草，如有亏损，宁肯亏自己也不亏别人。

兰花，在中国具有悠久的历史，2000多年前就有孔子云："芝兰生幽谷，不以无人而不芳"的话语，屈原也以兰喻己。梁克成先生在20多年的养兰道路上深深体味到了兰花中所沉淀的深远的历史文化。与兰相处，他胸怀更加宽广，他志向更加高远，他的心灵和精神都得到了升华。在今后的时间里，梁先生会更用心地对待兰花，大力发展兰花产业，为都江堰的兰花走向世界做出贡献。我们坚信他和他的兰花产业一定会前途无限。

园主：胡致东
地址：四川省　都江堰市
手机：13808210876

志比清兰洁 心随东兰高

在世界文化遗产保护地都江堰，在具有厚重历史文化底蕴的石羊镇，有一个享誉兰界的名园—东兰兰园。

园中兰香沁人，千姿百态，各种奇花、名品交相辉映，舒展神韵，让人目不暇接。一年四季，总有蝴蝶莺雀翩翩飞舞，为春季带来馨香，为夏季带来清爽，为秋季带来缤纷，为冬季带来暖阳。清幽之中，总会看见一个辛勤的身影穿梭于兰精灵之间，他就是被兰界人士称为“年轻企业家，兰花痴情汉”的东兰兰园的主人胡致东先生。

兰草青青　吐艳明朝霞

20世纪90年代，胡致东先生受朋友影响，开始少量投资兰花，资金在三万元左右。经过二、三年的时间，在他的精心呵护下，他的兰花快速成长起来，市值已达到五、六十万。前行的道路不总是一帆风顺的。首先他遭遇了金融风暴，后来又遭遇了小偷的光顾，辛苦培育出来的兰花被洗劫一空，让他着实心疼。但困难并不能打倒他，因为兰花是胡先生的真爱。1997年，胡致东先生重返兰界，斥资八十多万；到2000年，他不但收回了成本，还赚了不少品种，逐步发展壮大起来。

同时，胡致东先生还是都江堰市二江信用电站的负责人，他勤恳塌实，常为周围人着想，深受大家的尊重。他深知人是属于社会的，致富不忘记回报家乡。他热情帮助广大兰友，共同走上致富之路，赞助石羊镇老年协会开展活动，购买树种到广安栽种“思源树”，赞助两名贫困学生圆了大学梦，受到了社会各界的好评。

1 春剑奇花
2 春剑水晶花
3 春剑·粉蝶

文园兰叟　相识如沐春

孔子曰：与善人居，如入芝兰之室，久而不闻其香，即与之化矣。有人说，与胡先生相识是一种收获，因为他为人诚实，特别善良。我想，这与他的本质、他父母赋予他的先天人格古堰风水有关。古堰的山水不仅仅是大自然的神奇造化，更沉淀了悠久的历史文化。一方水土养育一方人，与胡致东先生相处，就如与兰花相处，初不闻其香，但是渐渐的，你会被他那广袤宽广的胸怀和深邃丰富的内涵所吸引。

胡先生说：爱兰，有很多种方式，要真正理解兰花，要理解她的文化内涵、意趣情怀、生活习性、生长规律等等，不要仅仅停留在经济上。兰花的文化、兰花的品格已深深地渗透进了他的灵魂。对于他来说，做人只要讲求诚信，四面八方的兰友自然会不远千里汇集起来。

天府名园　兰路铸辉煌

15年的苦心经营，胡致东先生把东兰兰园培育成了当之无愧的天府名园。并在中国第六届花卉博览会精品兰花展中被评为“全国诚信兰园”。目前，园中培养了各种兰蕙60余种、600多盆、5000余苗。主要名品有春剑：桃园三结义、五彩麒麟、美丽之冠、玉海棠、乌蒙雄狮、天府红梅、圣麒麟、锦江芙蓉、三星遗魂、中华红梅、银丝雪玉、西蜀道光；春兰：天彭牡丹、锦绣中华、枫丹白露、瑞荷、五湖四海、终河牡丹、彭州三星蝶；莲瓣兰：合家欢、黄金海岸、玲珑春晓、倚天奇蝶、玉龙雪莲等。

兰花叶片常年碧绿，花朵异彩纷呈，其香沁人心脾，其节矢志不移。愿胡致东先生的兰花茁壮成长，兰花事业永铸辉煌!

园主：莫岱祥 莫偃蹇 莫兰
地址：四川省 都江堰市
电话：028—87135693
手机：13558881988
13096353196

含笑蘭園

兰花，一个神秘的文化符号。兰花，一片极具魅力的投资领域。兰花是我国优秀的传统名花，具有两千多年的栽培历史，其气质高雅脱俗，不因清寒而贫贱，不以无人而不芳，其象征和代表的人格特征一直为国人所崇尚，故兰花也被人们珍惜而种之、赏之、歌之、吟之、画之。很多人喜爱兰花到了无以复加的程度，莫岱祥先生就是其中之一。

含笑不朽扬 佳气自远流

质秀气清　王者之草

莫岱祥先生是都江堰最早养兰花的那批人，他为人忠诚、正直，在兰界鼎鼎有名。从军旅中走进兰界的他，曾任都江堰市人民武装部部长、市政府调研员。1981年，尚担任彭县武装部副部长的莫岱祥先生在朋友的影响下，渐渐爱上了兰花。1985年，改革开放的旗帜高扬，莫先生也受到了鼓舞，经过再三思考，决定把自己喜欢的兰花作为一种产业来经营。当时兰花经济刚刚起步，他把引进银杆素、西蜀道光等传统名品作为自己投资的第一步。当时一株银杆素可以卖到80元的高价，相当于一个月的工资，他的行为引来了很多人的不解。但多年的军旅生活练就了他刚毅的性格，认准了路，就一定要走下去。

为了寻求好的兰花产品，莫岱祥先生无数次深入产兰区，跋山涉水采集品种。他白天四处寻觅兰草，晚上就住在当地农户家中或当地的武装部队中。上山采兰的日子持续了七八年，也寻觅到了不少好的兰花品种。对于一个真正的爱兰者来说，找到一个好的兰花新品种就像是完成了一件伟大的作品。所以他虽然很艰辛，却乐在心里。

1　蕙兰 · 劲松
2　春剑 · 菩提
3　春剑 · 天骄（缟草缟花）

在与兰花结识、结缘并相依、相存的过程中，莫先生被兰花的高贵、雅淡、志远、心善和坚韧的品质深深吸引。他孜孜不倦地收集好的兰花品种，发掘出了春兰“冠神”、春剑“红梅冠”、送春“国色牡丹”、蕙兰“劲松”、夏兰“忘忧草”和叶艺与花艺完美结合的春剑“天骄”等珍稀的兰花品种。其中最值得提出的是集大花蕙兰的艳丽与国兰的幽香于一体的春兰极品“冠神”。它在1997年第七届中国（北海）兰花博览会上获得了世界兰蕙协会的特别金奖与博览会的特别贡献奖。此后，凡“冠神”参展的兰博会上均夺金牌，2002年全国第十二届（彭州）兰博会和2005年的第十五届（乐山）全国兰博会均夺得金奖。她的艺术价值与经济价值得到了兰界友人的共识，成了养兰人梦寐以求的热销品种。人见人爱的春兰极品“冠神”，现在已成为了中国都江堰市兰花的代表品牌。

翰墨留香　我赏而宝

往往经过提炼的事物才能向世人展示它最精华的一面。莫岱祥的兰花事业在经济潮流中经受了千锤百炼，所以得到的果实也格外香醇。他在兰花上倾注了全副心血，兰花也给了他最丰厚的回报。三十多年的艺兰生涯结晶了如今的兰园。兰界泰斗吴应祥先生欣然为兰园题名，留下了“含笑兰园”这个珍贵的墨宝。含笑兰园在莫岱祥先生的辛勤经营下，已经发展成为四川地区较具规模的专业兰园了。园中收集、培养了各种兰蕙名品40余种，1000多盆。而莫岱祥也从最初的引进传统名品，发展到着力培育新、优、奇等品种，多次在全国及地方性兰展中获得重要奖项，得到专家及业内人士好评。全国各地，甚至日本，韩国都有兰友慕名而来，登门求草。现在莫岱祥先生由于身体的原因，他平时均在家管理和养护兰花，调养身体，与外面交流和兰花经营上的事情已交给了儿子莫偃蹇与女儿莫兰。

以兰为媒，广交天下兰友。含笑兰园欢迎所有爱兰者共同品兰、艺兰、交流养兰心得。

园主：刘承宪
地址：四川省 都江堰市
手机：13982260812

国香风递
笑傲东风里

都江堰市800公里山川错落，森林覆盖，诗曰：瀑布迎面来，清泉脚下淌，猿鸣鸟歌唱，兰芝阵阵香。灵地仙境闻名于世。夏无暑，冬无寒，雨量适宜，是兰花生长的好地方。从古到今是成都、四川乃至全国的兰花资源产地。如此优美之地，不仅孕育了多彩名兰，更培养了一代养兰名人。

都江堰的农民刘承宪就是其中之一，他被誉为“采兰飞人”，哪里有下山好兰，第一个到位的就是他。他为了收集好兰，跑烂了三个嘉陵牌摩托车。他的送春“中华奇珍”年年获得金奖。这个出了名的好兰、养兰的农民，就是现任都江堰兰花协会副会长、石羊兰花协会会长、留珍兰园园主刘承宪先生。一直以来，刘承宪先生凭借养兰的技术和对兰花的喜爱远近闻名。

留珍溢清香　幽兰吐芬芳

刘承宪先生是留珍兰园的好园主。他喜欢以兰会友，以花为媒，广交天下兰友。他最近斥资100万元修建了别墅和兰园，兰园气魄雄伟，规模宏大，各种设备均采用现代高科技产品。园中兰草茁壮成长，兰花竞相开放。人说好山好水滋养美颜美兰，厚天厚土孕育精华精品。留珍兰园常年拥有春剑、春兰的各种名品，如五彩麒麟、留珍芽黄、满堂红、华夏奇珍、冠神、观音坐禅、红宝石、黄色梅瓣、红鹦鹉、黄鹤等，品种五彩缤纷，各显风姿，尽展神韵。

兰园中夏兰未尽，秋兰又开，好一幅欣欣向荣的景象。刘先生对待兰花就像对待自己的孩子，精心呵护，爱不释手。刘先生说自己不仅仅是养兰，更是爱兰。多年的养兰经历，使他与兰花结下了深厚的情谊。兰花淡雅、高贵，刘先生质朴、深邃，兰花和他的生命紧紧相连，也不知道是谁影响了谁，但谁也离不开谁。

1　送春 · 华夏奇珍
2　春剑 · 满堂红

香在无心处　愈觉才情富

刘承宪先生是石羊协会的好会长。他为人谦逊、真诚，很有亲和力，兰品人德受到大家一致好评。兰协的原始起动基金主要来自于会员的会费和各方的赞助，基金主要用于会员定期聚会就餐、包车外出观展、举办兰花展销会，接待来宾和赞助其他兰协成立、办展等。一些兰协由于入不敷出，只好暂停或终止某些正常活动。而石羊兰花协会采用"基金滚动发展"的办法取得成功的经验值得各个兰花协会借鉴。石羊兰花协会在会长刘承宪的带领下，从2000年开始采用"坐庄制"基金管理方法。经过三年时间，石羊兰花协会的会员由四十余人增加到近七十人，兰协的基金从壹万多元，增加到叁万多元。

刘承宪先生是都江堰市的好市民。都江堰市在实施"双培双带"工程中,鼓励致富能手帮扶贫困党员,并注意在致富能手中发展党员。刘承宪先生致富不忘家乡和人民，他在入党后积极帮助贫困党员找致富路子，通过他的帮带，全村8户贫困党员走上了种植兰花致富的道路，刘承宪先生也被评为"双培双带之星"。

看着刘承宪先生为了家乡兰花事业的发展忙碌穿梭的身影，没有人不敬佩；而见到他因为好的兰花品种而开心的神情，没有人不感动。就冲着他爱兰的这颗心，我们没有理由不相信，他的兰花事业会如同他的兰花一样越来越美好、越来越辉煌!

十五年的輪回

园主：王学长　王进
地址：四川省　都江堰市
电话：028－87211262
手机：13608170650
13980045983

2003年11月29日，都江堰市中兴镇举行了一次隆重的新园落成仪式，都江堰市有关领导及川内外知名兰家300余人参加了揭牌仪式，这就是享誉川内外的天府名园—饮翠阁兰园。新园落成其实并不让人感到意外，这一切的到来和园主王学长密不可分。他的兰园总是让人看后觉得惊叹之余,一股敬佩之意油然而生。

从耕田好手到养兰名家

16岁的王学长就当上了生产队长，一当就是30多年，是农田耕作的一把好手。这和他遇事爱动脑筋，敢想敢做，精明、果断、执着、创新的干练性格是分不开的。

1982年，迎着改革开放的浪潮，他果断、干练的性格体现无遗，率先在家乡做起了粮食、饲料生意，而且越做越红火，成了当地前几批奔小康的万元户.

1991年7月28日，王学长先以两万元的资金投入兰市，在随后短短的两个月内，共投入了资金十三万元。

1991年，王学长在四川都江堰市中兴镇建立了初具规模的饮翠阁兰园。

1994年，王学长已经完成了把兰花从单一品种向多元化品种、传统品种向奇花异草的转变。但当时的兰花市场却开始进入疲乏低迷期。

1997年，王学长率先使用大棚养植兰花。

2000年，他又将兰花“请”进温室……

王学长先生养兰十五年.与兰相伴，人兰共性。十五年,曲曲折折，迭迭荡荡，人生三味，尽在其中，与兰花结下了不解之缘。

初识兰花心即醉

当谈起1991年初与兰花结识，王学长先生便陷入了回忆。在投资前，他来到一养兰户家中考察，立即被兰花的素淡、雅致、清幽、洁净所吸引。这位养兰人有五六百株银杆素，碧绿滴翠，叶形似剑，高洁清雅，满室盈香。“当时好像沉醉于一个奇幻的世界之中，仿佛身上每一个毛孔都舒展开来，一颗心儿也变得澄静透明，以往所有的烦恼纷扰似乎都已远去，与自己再无关系。”“一花一叶总关情”……王学长先生回味道.兰花忠贞、廉洁、质朴、坚韧的高尚情操，蕴涵着一种人生的境界，这种超凡脱俗的境界正是他苦苦追求了多年的东西，从此王学长先生义无反顾地投入了兰花的世界。当时的他已45岁。

1　春兰 · 荷瑞
2　莲瓣兰 · 邛玦

从“桃园三结义”到一代名园

1997年，王学长先生生意上投资失败，加之兰市低迷，经济异常拮据。但他却花了4万元买了两株“桃园三结义”。“拥有这样一株美妙的草，该是何等惬意的事！”王学长先生说道，兰草俨然已经成为了他的“梦中情人”。在此之后，饮翠阁兰园相继引入了珍稀品种“国色牡丹”、冰清玉洁的“银丝雪玉”、传奇精品“天台之光”、奇变诡异的“苍山奇蝶”、出水芙蓉“黄花蕊蝶”……一代名园初具规模。

十五年的养兰生涯为王学长先生带来的不仅仅是财富和声望，而是沉淀了兰花之中的文化与内涵。如今的饮翠阁兰园已发展成为四川地区较具规模的专业兰园，园中收集、培养了各种兰蕙100余种，其中四川传统名兰西蜀道光、隆昌素、银杆素、望鸡黄等6000余苗。兰园历来重视新奇品种的收集、培养。其中广博兰家青睐的品种有春剑类：桃园蝶、银丝雪玉、饮翠红梅、翠荷素、白花荷型素等；春兰类：黄花三星蝶、饮翠荷瑞、五彩梅等；送春类：天台之光、国色牡丹；四季兰类：盖梅、荷王、君荷、夏皇梅、蜀梅；蕙兰类：金狮、解佩、大一品、江南新极品等。兰园培育的精品兰在全国及地方性兰展中多次获奖，得到专家及业内人士好评。少主人王进不但继承了父亲的爱兰之心，而且学识过人，正致力于将兰园向规模化、网络化、现代化、科学化发展。

从1991年到2006年，王学长先生在养兰的道路上走了15年，这是一个成功；儿子王进子承父业，这是一次轮回，是节节高升中的新起点。祝愿饮翠阁兰园再创辉煌！

芳菲兰园

Fragrant Orchid Nursery

园主：李学林

地址：四川省 都江堰市

手机：13908193915

惟有兰花香正好　幽情逸韵落人间

學林蘭園

李学林1943年出生，祖籍四川都江堰 。慈祥、谦逊、低调，很有兰君子的风范。是四川兰界老前辈、先驱人物。

李学林说：“我很小的时候就受父母的影响喜欢兰花了，屈原《离骚》说得好：'扈江离与辟芷兮，纫秋兰以为佩。'朱德也说过：‘越秀公园花木林，百花齐放各争春。惟有兰花香正好，一时名贵五羊城。’不过那时仅仅是爱好，养来欣赏罢了。”由于生活在兰花之乡都江堰市柳街镇，深受兰文化和兰事业影响。从20世纪80年代起，开始慢慢由家庭养植向专业养植转化。

1988年，在建筑业有所成就的条件下，又逢党的改革开放政策大环境到来之机。李学林在原籍都江堰市柳街镇新建学林兰园，以西蜀道光、银杆素为基础，兼顾收集新奇特品种。从那年开始，每年以总额30万元不断投入，经过多年发展，其兰园已具规模。现兰苑内有：春兰、线叶春兰，春剑、莲瓣兰、送春、建兰、惠兰、婵兰、寒兰等各档次品种150余种。

从1994年起，李学林的兰花开始频频获奖。1994年，成都兰展获金奖2枚、银奖2枚、铜奖3枚、栽培奖1枚。2000年杭州国际兰展获金奖1枚、银奖1枚。2005年乐山市国际兰展银奖1枚。 先后在四川川西各县地方兰展获金奖15枚，银奖15枚、铜奖12枚、组织奖1枚、栽培奖1枚。

对于钱财，李学林看得很淡，只要知道哪里需要钱，或多或少他都积极地捐助。李学林说，是家乡让他拥有了这一切，自己富裕了，也要让家乡的人们一起走上幸福之路。1996年李学林出资资助柳街镇政府兰协办柳街镇第三届兰展。2004年资助柳街镇五一村（原籍村）修乡村水泥路。2006年出资资助都江堰市兰协助学扶贫工程。当然，他做的好事绝非只有这么多，还有更多的，只是他不愿意留下自己的姓名。他说，兰花最好的品质在于它的 无私奉献，作为一个养兰人，他应该把发扬兰花的精神放在首位。

从1990年以来，李学林对家乡兰花之乡柳街镇兰花产业的发展和柳街镇兰协的工作都积极参与和支持，使家乡柳街镇广大养兰户达到了持续发展和相应的经济效益。我们请他给初涉兰界的朋友一些建议，李学林很认真地说：初学者要进入兰花行业，首先要全面了解兰花的相关知识，要自己学会种兰花，这样才能真正培养对兰花的感情，只有建立在喜欢的基础上，才能坚持做下去，要不然仅仅把它当个商品来买卖或投资，一旦市场有些变化了，自己就很容易坚持不下去了。因而喜欢和信心很重要。其次，初学者才开始投资时，选择品种也非常重要，初学者不要选择价格太贵的品种，要买一些市场认可度较好的中档品种，这样市场的风险也就降低了很多。

张学良的“芳名誉四海，落户到万家。叶立含正气，花妍不浮华。常绿斗严寒，含笑度盛夏。花中真君子，风姿寄高雅”是李学林常说的话。他的家庭和睦，子承父业。儿子李光辉也是都江堰现在有名的兰界新秀。

1 春兰·天星牡丹
2 春剑·四海欢庆

芳草園

园主：王永明
地址：四川省　邛崃市
手机：13880570999

人如其兰 相得益彰

现任四川省兰花协会常务理事、成都市兰花协会副会长、成都市兰协鉴评委员会副主任委员的王永明先生，一直从事基层税务领导工作，退休前长期担任邛崃市国税局长职务。但他钟情兰花已有20余年历史，是邛崃市兰花事业发展的主要促进者和开拓人之一。

尽管公务繁忙，应酬繁多，但王先生爱兰，发乎于情，偕夫人一起，常在晨曦方现、日暮将至之时，辛勤培育，从未间断。时至今日，先生的芳草园内上千盆兰花，一片葱绿。四川主产的春剑、春兰和四季兰中各类瓣型、复色、奇花、缟花、矮种等名品，荟萃其间，生机盎然，十分喜人，所育品种获奖颇多。

先生爱兰，勤于实践，精研兰艺。对于兰花引种、栽培、鉴赏、品评，崇尚客观，又有自己的独到见解。他实行全自然栽种养植，故所育兰花苗齐苗壮，抗病力强，分株移植好养，朋友喜欢上门求种。

先生关注兰界发展，视野开阔。除积极参加各地各类兰事活动外，一方面主动关心扶持新兰友，不仅长期为他们推荐介绍优秀兰花品种，还无私地向他们传授养植经验和病虫害防治技术，帮助他们发展兰花产业；另一方面，先生还潜心分析研究兰花投资规律和兰花市场发展的趋势走向，并在有关兰花刊物上多次发表论文，帮助兰友们把握方向，避免损失；为促进兰花事业的健康持续发展出谋划策，为兰花产业的和谐发展奔走呼号，殚精竭虑，深得业内人士赞赏和敬重。

1 小红梅
2 春剑·五彩梅
3 天府银河（缟草缟花）
4 春剑·九彩祥龙

先生强调诚信待人、以心莳兰、以德养兰。他认为兰花是有灵性的圣洁之物，是大自然赐予人类的瑰宝，兰花以多姿多彩、圣洁美妙、无与伦比的优势独压群芳，需要我们用心去珍爱、去感悟。先生从事行政领导工作30余年，兰花相伴20多个春秋，长期政务繁忙，哪能事事顺心、处处遂意？每当遭遇挫折，心情烦闷时，只要一进兰棚，顿觉身心愉悦。“芝兰生于幽谷，不以无人而不芳”的君子品格不禁使人宠辱皆忘，豁然开朗。兰花作为蕴含生命玄机的灵性之物，其精神价值就在于能与人心灵相通、善解人意，给予养兰人心灵以慰藉和鼓舞，恰好应验了“天道酬勤”、“天人合一”的和谐统一关系。

先生待人平和、诚信、热忱、乐于助人，素有君子风范，故兰友遍布省内外。但他始终认为，兰花历史源远流长，兰花文化内涵丰富，兰花栽培技术博大精深，兰花市场纷繁复杂，只有谦虚地向兰界高人名士请教学习，不断加强实践和理论素养，才能为推动兰花事业不断发展继续贡献自己的绵薄之力。

明心蘭苑

苑主：杨明
地址：四川省　邛崃市
手机：13908094208

盡其心 知其性

邛崃市，古称临邛，地处成都平原边缘，与邛崃山脉接壤，气候温和、湿润，兰花资源丰富，得天独厚，明代即有兰花名品现世。

明心兰苑苑主杨明，自幼耳濡目染，爱兰，养兰。兰生于幽谷疏石败叶之中，银根盘错、铁线常青，不与桃李争艳、不因霜雪变色；无矫揉造作之态，无趋势求媚之容，幽香清逸，发乎自然。为在野生兰中发现奇品，杨明踏遍巴山蜀水，春去秋来，数十载寻觅，痴心不改，其乐无穷。孟子曰：“尽其心，知其性。”在赏兰过程中，如能明心见性，并臻物我两忘、天人合一的至境，此生足矣。

杨明一生虽不能说历尽坎坷，但也颇多磨难。他现为一企业老总，在企业兴旺发展之时，对兰亦愈加喜爱。现已建成现代化兰室一个、常规兰棚两个、兰花栽培选育基地30余亩。主要品种为春剑盖世牡丹、玉海棠、春剑荷型全白素、西蜀道光、黄金海岸、大雪素、春剑紫色梅瓣、邛州红荷、春剑红蝶花、君荷、春剑复色、邛玦、四季兰国魂、绿嘴红姑等珍稀名品一千余盆。为保护兰花资源，弘扬兰花文化，苑主愿以兰会友，广交天下朋友。

1　朝阳红
2　四季兰 · 绿嘴红姑
3　大红梅

邛崃市，古称临邛，地处成都平原边缘，与邛崃山脉接壤，气候温和、湿润，兰花资源丰富，得天独厚，明代即有兰花名品现世。

园主：周家长
优秀企业家
中国花卉协会兰花分会理事
成都市兰花协会副会长
成都市兰花鉴评委员会副主任
泸州市兰花协会特邀顾问
蜀都兰花产业协会总顾问
其兰园被评为“全国诚信兰园”
地址：四川省 郫县
手机：13708205339

从兰事 赏兰姿 闻兰馨 养兰德

周家长先生自幼受外公影响，年少时就喜爱兰花。从青年时代开始就走南闯北，生活道路曲折，人生阅历丰富。

20世纪80年代初期，他因对兰花的喜爱，在经营企业的同时又投资到兰花行业，初见成效。是在本地区最早投入规模经营的兰家之一。

20世纪80年代中后期，随着对兰花认识的不断深入，周先生经过深思熟虑，全身心地投入到了兰花产业化的经营中，规模逐步扩大，效益日增，个人的兰花认识水平、栽培技术、鉴赏能力等方面得以大大提高。在不断的探索实践中，他形成了自己独特的兰花栽培方法和自己对兰花艺术性及商品性的认识和见解。在兰花栽培和交流中，不仅为自己带来了丰厚的回报，同时也带动了上千人（其中有农民、朋友、国家干部及其他人员）成为忠实的兰友和投资者，共同推动了川兰的不断发展，为兰花事业的兴旺做出了重要贡献。

1993年，因多种缘故，兰花市场遭遇重大挫折，传统兰花价格从暴涨至暴跌，兰花市场一时陷入低谷，很多人从兴奋到一片茫然。面对此情此景，他做了深刻的思考和分析。没有畏缩，没有一蹶不振，而是更理性地认识到，兰花事业的发展应回到其应有的轨道上，不能将其视做投机取巧赚取钱财的单一工具。同时他也清醒地认识到，兰花栽培交流是一个独特的行业，自有其规律。当旧有的传统兰花品种不适应市场交流的新需要时，必须要求变，变则通。于是周先生下决心寻找有特点、品质优的新奇品种，并以科学的管理，高投入、高科技、高品位的建设，使“蜀国兰园”变得更为完善。发展至今，“蜀国兰园”已成为全国诚信兰园之一，拥有众多精品兰花。十多年来，先后接待了来自美国、日本、韩国、新加坡、马来西亚等国和港澳台以及各地的兰友。“蜀国兰园”不仅在技术和品位上走在兰界的前沿，而且更是以兰怡情，以兰会友的典范。周先生曾在多家报刊、杂志上发表文章且受到了表彰（其中包括经济日报、成都晚报、兰花杂志等）。

1	4
2 3	

1 春剑 · 皇袍
2 周家荷
3 雄狮牡丹
4 莲瓣兰 · 三星凤蝶

周先生参与了成都市兰花协会、成都兰花鉴评委员会、蜀都兰花产业协会、泸州市兰花协会组织的诸多重要工作，发挥了自己应有的重要作用。多次作为主讲嘉宾向各地爱兰人士做兰花专题讲座，为普及兰花栽培和交流做出了应有的努力。

1992年参加中国兰花博览会（于广东省深圳市）

1994年参加了中国兰花博览会（于四川省成都市锦江大礼堂）

1995年应马来西亚会议之邀请参加国际兰花博览会

2002年受韩国农业部之邀参加论坛兰花发展

2002年参加中国兰花博览会（于四川省彭州市）

2005年参加中国第六届花卉博览会精品兰花展（于四川省温江区），参展品种玉海棠被评为十大名花之一。

在历次的兰花博览会上，周先生的兰花品种都曾获金银铜奖。现在他的兰园收藏兰花珍品有：玉海棠、牡丹奇蝶（有三十余品种）、五彩麒麟、中华魂、皇袍、花花公子、花蕊夫人、玉垒复色、三星凤蝶、桃园三结义、奥迪牡丹、天彭牡丹、盖世牡丹等。

“会须君子摘，佩里作芬芳”，周先生喜欢这句话。那高尚的兰花品格，翩翩君子之风，都深深地影响着他。从种兰到赏兰、读兰、写兰、以兰会友，他追求有这种境界。兰花对他来说已经不只是事业的寄托，更是生命的延续了。

多年来，在经营事业的过程中，他以慈善之心默默地帮助了不少需要帮助的人们。如为农民朋友修建乡村公路捐款、为扶贫助学献爱心，为养兰农户提供援助。先后有上百名农民朋友和贫困学生接受了他的帮助，受助资金达20余万元。他还为各兰事活动提供赞助资金达20多万元。

“从兰事，赏兰姿，闻兰馨，养兰德”。他因有兰花为伴而感此生不虚，兰花因有他为伯乐而馨彩。

园主：阎利军
地址：四川省 郫县
手机：13980987989

霁日明松桧　光风幽兰香

——阎利军先生的艺兰人生

在鹃城这片美丽富饶的土地上，镶嵌着一颗明珠，这就是郫县友爱镇中国花卉盆景之乡、西汉大儒扬雄故里、闻名中外的川西兰花基地。在这里有着悠久的养兰历史和浓厚的兰文化底蕴，有着养兰、选兰、品兰、颂兰的良好氛围，历来是养兰名人辈出的地方，有识之士、商界名流无不为兰花之“深山不语抱出贞，赖有微风递无馨”所倾慕，纷纷加入到种兰、养兰、品兰的队伍中。(玉玺天娇)园的阎利军先生便是这样一位后起之秀。

自小聪明伶俐的阎利军是随着改革开放尤其是社会主义市场经济秩序不断规范中率先下海的那一批人，从20世纪90年代开始从事花岗石材加工。也正是在走南闯北的过程中，他结交了一些喜欢种花的朋友，从他们那里得到了一些兰花，那飘逸的叶、吐香的花令他心醉。阎先生在经营企业过程中一直坚持“理解合作、诚信经营、携手共赢”的宗旨，这也符合一位艺兰人所应具备的素质，加之他所结交的峥峥兰友的带动，鹃城兰花氛围的影响，2001年开始阎利军先生毅然放弃在别人眼中正蓬勃发展的事业，投身于兰花种植中，开始追寻自己的艺兰人生。

“态度决定一切”，阎先生凭借多年经营企业的经验深知：凡事要想取得成功，都来不得半点投机取巧，从事兰花养植，必须坚持勤学、多实践，切忌急功近利、贪多求全。自从事兰花养植开始，阎先生虚心好学、不耻下问、勇于实践、以诚待人的品行在鹃城兰界甚有口碑，加之所结交的广大兰友的熏陶以及在养兰、鉴兰过程中观察到的高大健壮、矮小奇特、富丽多姿、素雅纯真的花，挺拔清秀、妩媚低垂、水晶中透、有序斑缟的叶，使阎先生体味人生百味，他秉承“养兰先养人”的意识，以兰馨、兰德来规范自己的情操，促使自己在艺兰种植中奋斗不息、发展不止。

1　春剑新种
2　富贵梅
3　春剑·玉玺天娇（特写）

古蜀国望帝杜宇教民农桑，五谷丰登，国力强盛。望帝仙逝后，每逢早春二月，魂魄化为杜鹃，翱翔天空，鸣叫催春，催人播种，因望帝化鹃的动人传说，郫县又称“鹃城”。

不辞辛苦、千里搜寻生草；精心管理、苦苦寻鉴名品，从一般常规种植到引进现代生产管理技术；从入门到养兰、赏兰技艺的日臻完善，这中间的曲折艰辛、成功失败无不随时磨砺着闫先生的艺兰人生。

闫先生一步步实现着将之作为事业、视为生命、人兰合一的艺兰人生之路一分付出、一分收获，兰花以己之灵性回报为其付出心血的人。2006年2月，闫先生精心培育的兰花名品“玉玺天娇”在双流兰展荣获特别金奖。“玉玺天娇”为春剑牡丹瓣奇花，大花型。据闫先生介绍，“玉玺天娇”2006年为第二次放花，花开一箭四朵，花葶出架，色彩艳丽。多鼻、多舌、多瓣且奇变叠生，鼻的变异和瓣的蝶化都恰到好处。闫先生的付出终得回报，“玉玺天娇”的横空出世，为兰花增加了一抹亮色。

如今的闫先生正实现着以兰会友、养兰怡情、馨利双收的艺兰理想之梦，在担任友爱兰花协会副会长期间，他积极支持配合协会工作，从传递信息、传授技术、搭建平台、打造精品、走产业化发展之路等方面尽力为川西兰花基地默默地奉献着。自己的富利兰花艺术园也成为兰界朋友交流的场所。

在这里，闫先生以自己的经历告诉即将进入兰界的朋友：养兰先养人，经济利益要服从社会需求，发现、培养、保护兰花资源是责任，继承弘扬传统兰文化，带动影响周围人实现利益双馨是最终目的。

园主：周作其
地址：四川省　郫县
手机：13982266588

兰为王者香

坐在我们面前的是一个乍看起来普通得不能再普通的人。

1990年，他以一盆雪兰走上了艺兰之路。

1995年，他的事业走进了低谷，背上了沉重的债务。朋友建议他以养兰作为事业的新起点。经过再三思量，他毅然走上了属于自己的爱兰之路。

2001年，他不仅还清了所有的债务，还修建了高雅的兰园和居所，以兰会友，在四川兰界创下了一片天空。

他喜爱蝶花和复色花，收集的品种都是以此为主。

他，就是郫县兰花协会会长周作其先生。

耐心地读他，虽然不能成为他，但是，可以学习他的精神、他的理念。

“手培兰蕊两三载，日暖风和次第天。坐久不知香在室，推窗时有蝶飞来。”十多年来，周作其先生一直在兰花这种清新淡雅而又不失高贵的气息中品味人生。他养兰，并不是因为兰花为他带来了财富和名利，而是因为爱兰。爱兰，爱从兰花的枝、叶、花中透出来的清香傲骨，从兰花的傲骨中透出来的中国传统文化。周作其先生不但艺兰，也非常热爱中国书法艺术，在家中收藏了许多书法作品。闲时，一边赏兰，一边练习书法，好不悠然自在。

“一束幽兰生暗香，不羡红妆，不妒群芳。”这不仅是兰花的特质，也是周作其先生多年以来的做人处世原则。他养兰注重人品第一，经济第二；做人低调，处世平和。周作其先生养兰20余年，诚信做人，公平交易，工作讲究奉献精神。担当郫县兰花协会会长七八年间，协会的对内对外事务以及开支大部分由他承担，以郫县兰协名义做事，大公无私，实事求是，问心无愧。

“瑶池仙草空名在，香花一朵本精神。”周作其先生养兰一直本着“兰花之道，在乎爱心”的理念。他总结了20余年来积累的丰富的兰花知识、种植技术以及先进的投资理念，毫不吝啬地传授给兰界新人。他的兰花栽培都是采用最传统、最古老的纯天然的方法，宁愿自己少赚钱，也要让新兰户受益。

1 2 3

1　春剑 · 天香蝶
2　春剑 · 华仙蝶
3　春剑 · 冠蝶

为了郫县的兰花事业，为了广大兰农的利益，周作其先生默默地奉献着。而他本人始终低调，从来不在任何报刊杂志上宣传自己。这次为了支持中国兰花协会成立20周年，他站了出来，又一次发挥了兰花“无妄无欲、有节有骨”的精神。

周作其先生常说：“做事要实在，要做到问心无愧，要对得起那些相信你的群众。”我们祝福他，也坚信在他的带领下，郫县兰花事业会越来越辉煌，他喜爱的兰花天空会越来越辽阔。

园主：曾毅
地址：四川省　泸州市
手机：13568620537

王者香園

痴心养兰花　幽香满园春

乐府诗集有：“孔子自卫返鲁，隐谷之中，见兰香独茂。喟然叹曰：‘兰为王者香，今乃独茂与众草舞！’乃止车援琴鼓之，作《漪兰》一曲”。此乃“王者香”的由来。

兰花自古为国之名花，种兰者常常被视为高雅之士。在滚滚长江之畔，蜀国第一港泸州市，有一颗耀眼的兰之明珠—王者香园。兰园馨香满袖，兰园的主人更是意气风发，他就是四川省知名兰家曾毅先生。

兰花知我意　不负主人心

曾毅先生是四川省泸州人，原任泸州市长江液压件厂生产部副部长一职。早在成为职业养兰人之前，曾毅先生就是一名兰花爱好者，他说他喜欢兰花幽幽的叶片和淡淡的清香。爱兰者自得兰花之偏爱，一个偶然的机会他结识了古蔺一位名叫罗文仲的养兰人，罗老师不但授予了他很多养兰方面的方法和经验，还使他更深入地了解了兰花。曾毅先生意识到了养兰不仅能陶冶情操、修心养性、健身强体、美化心灵、香化环境，还可以作为一个产业，促进经济发展的同时，个人还能致富。20世纪90年代初国家提倡发展第二产业，曾毅先生毫不犹豫地选择了养兰。

曾毅先生从爱兰到赏兰，从赏兰到养兰，从养兰到发展兰花产业，从发展兰花产业到成为一个兰界的知名兰家，16年的养兰生涯，他不知遇到了多少风风雨雨、坡坡坎坎，然而他以顽强的毅力学习兰文化，钻研栽培技能，到大江南北了解市场信息，学习先进的生产模式，建立广泛的人际关系，终于克服了种种困难，成为了四川兰界的佼佼者。

1998年，泸州兰协换届选举，曾先生被群众一致推选为泸州市兰协副会长。为了更好地带领泸州市兰花产业发展壮大，2002年，他毅然辞去了长江液压件厂生产部副部长的职务。2004年，泸州市新一届兰协成立，他当选为兰协常务副会长。2006年，为中国花卉协会兰花分会理事。

1　春兰·泸州牡丹
2　春兰·铁角神童
3　蕙兰·素三星
4　春兰·彩蝉

兰影影绰约　暗香香浮动

功夫不负有心人，他流下的汗水都变成了甘露，他付出的心血都化为了肥沃的养料，他的兰花格外幽香动人。如今的王者香兰园拥有兰花一千盆左右，高、中、低档次的春兰、春剑、莲瓣、四季兰、蕙兰、寒兰等兰花都有，而且每个品种都有精品、名品。主要有春兰：泸州牡丹、铁角牡丹、虹云梅、钟情牡丹、锦绣中华、乌蒙牡丹、乌蒙雄狮、枫丹白露、荷瑞、中华巨龙、中华麒麟、天彭牡丹、冠神、红孩儿、古蔺红梅、红霞村姑、彩蝉等，春剑：桃园三结义、御前梅、长寿玉梅、一品荷、天府荷、树型奇花、晶品梅、双喜梅、红素、水晶梅瓣、黄花素、西蜀道光、降昌素等；四季兰：一品梅、君荷、嘉州秀梅、如意梅、泸州秀梅、王子梅等；寒兰：月光（双艺）、蝶花、寒素等；蕙兰：素三星、程梅、关顶、大一品等。。

曾毅先生如今名气大了，养兰致富了，但他仍然谦虚为人。他常说："兰艺无止境，活到老学到老"。他心性坦荡，广习兰艺，他所到之处，都无私地宣传他的兰经："一个养兰花的人，首先要了解国兰文化，兰花是花中真君子，养兰人应具备兰的风尚、兰的品德、兰的气节、兰的大度、兰的和谐，这样才能在兰事活动中立于不败之地。其次，对兰花的鉴赏不仅要继承传统的鉴赏法，还要不断地开创新的鉴赏理念，即对叶艺、花艺、香艺、型艺、根艺、茎艺等要认真研究，这样才能选择到好的兰花品种。再其次，种养兰要有一个平常人的心态，切忌急功近利，一夜致富，一花出名。做到不赌草和来路不明的兰草，不能施用激素催芽，不分苋过勤，不负债种兰，量入为出，来确定自己的种植规模。不贪大利，随行就市，该出手时就出手。"这些经验真是养兰人如获一苗奇花异草。

面对满室馨香的兰花，曾毅先生如对故知，欣喜之情，不言而喻。曾毅先生说，如今他所经营的兰花产业不仅仅是他一个人的产业了，而是肩负着振兴泸州兰协的重任。他把推动泸州兰花产业的发展看作自己的宗旨，把兰花产业作为自己毕生的事业。相信泸州兰协一定会在他的带领下散发出具有王者风范的馨香！让更多的人走上致富的道路，分享无穷无尽的兰趣。

目前他正在筹建一个兰文化、科技养兰、兰花市场、兰花休闲一条龙的兰花会所，服务于广大兰友。不久的将来，王者香兰园会所将热忱欢迎兰界各位朋友光临指导！

园主：彭良正
地址：四川省　泸州市
手机：13982795888
　　　13183604999

许霁楼在《兰蕙同心录》中曰：“质秀气清，王者之草；翰墨留香，我赏而宝。”不单单独有许霁楼把兰花奉为宝，从达官贵族、文人墨客到山野村夫均以兰为贵。我想，那是因为兰花具有独立不迁、淡泊素雅、志趣高洁的品质。从古到今，养兰者无数，但真正具有兰品兰德的为数寥寥，而彭良正先生却是真正的爱兰者。

幽兰微馥 醉揖南山饮《离骚》

國鳳蘭園

彭良正先生与兰结缘不知是偶然还是命中注定。这是他兰花生涯中一个小小的也是最重要的插曲：

他出生于兄弟姐妹众多之家，排行老二。从小特别懂事的他，整天想着怎样为家里减轻负担。兰草天生具有脱俗避世、清高不染的气节，所以他自己在家中养兰。小小兰草不但为彭良正先生一家带来了素雅清幽的环境，也带来了幸运。一位前来造访的朋友被他的兰草深深吸引，出资向他购买兰花，且价格不菲。年纪小小的他一下就帮着家里赚了大钱，被村里人看成天降神童，由此有了“神童”之誉。但这个事件却打开了彭良正先生的心界，使他看到了兰花能为他带来什么。是财富？是名誉？不。一直以来在他心中，要让被生活重担压得喘不过气来的父母露出甜美的笑容、让兄弟姐妹过上幸福美满的日子，是他一生的奋斗目标。正是兰花，让他看到了实现目标的曙光。

时光流逝，兰花为彭良正先生和他的家人带来了富裕、优越的生活，兰花所蕴涵的气质也一直感染、影响着他。因为兰花为人们带来的不仅仅是物质上的收获，更是凭借它的高尚品格、深厚的文化内涵而在花卉世界的群芳园中被传颂了几千年。与兰相处久了的人，自然会感染上兰花所独有的悠然气息。彭良正先生正如兰花般淡泊名利，从不屑于邀功。他为人正直，谦虚，从来不夸大事实，对于自己所做的扶贫善举也不愿多做宣传。是兰花造就了他内敛稳重的性格，也许名利对于他来说不过是身外之物，只有兰花才是他的真爱。

彭良正先生还到处收集好的兰花品种带回家乡培养。他常和兰友共同赏兰品茶，交流养兰心得。他无私地把自己多年的养兰经验传授给他人，带动广大兰友共同致富。二十多年的辛苦耕耘，使他兰园中的兰花株株迎风招展、馨香满袖。春兰品种已有锦绣中华、天彭牡丹、乌蒙雄狮、枫丹白露、中华巨龙、蔺州狮子、五湖四海、中华麒麟等奇花，春剑有桃园三结义、玉海棠等异草。

1　春兰·万紫千红
2　春兰·古蔺牡丹
3　春兰·枫丹白露

天降大任 多谢风光为发扬

彭良正先生具有幽默风趣、大度豪爽的品性，天生的娃娃脸，时时挂着笑容，让人不得不喜欢他。因此，他的朋友特别多，他也非常喜欢交朋友。彭先生说，朋友就像一面镜子，是另一个自我，每一个人都有他自己的独特本领和闪光之处。因而待人真诚、无愧于心，就会在各个领域里所向披靡、无坚不摧。他进行兰花交易总是站在双方的角度考虑问题，争取做到双赢。兰友把他当成最好的朋友，兰商把他当成信得过的自己人。他成了古蔺乃至泸州兰界一块响当当的招牌。他的名声在外，古蔺上下、滇山黔水、华东华西、海峡两岸，甚至更远，都视他为兰界的宝贵财富。

在彭良正先生看来，兰花是中国的国花，兰艺自中国扩及世界园艺之林，国人应该发扬光大，为复兴中华文化做出自己的努力。如今，他的美好愿望就是通过自己和广大兰友的共同努力，把古蔺和泸州、四川的兰花，销售到大洋彼岸，让全世界都欣赏到这里的好花，让国兰香飘万里。他一定会成功！

苑主：宋先明
地址：四川省　泸州市
手机：13550877777　13340786777
网址:www.zgxmrjlh.com
电子邮箱:xmrjsxm@163.com

人心诚广交天下友 花点头笑迎赏花人

2003年宋先明先生开始接触兰花，之前他在某运输企业担任董事长职务，该企业在他的带领下，每年向当地政府纳税300多万元。

谈到初养兰花的时候，他深有感触。2003年，他偶然在一张报纸上看到一篇报道，说泸州忠山公园有一盆兰草换得一辆海南马自达汽车。当时他不敢相信这是事实：一盆兰草怎么能换一辆价值上十万元的汽车呢？以前他听朋友讲到过他的邻居中有一个叫曾毅的养兰大户，但当时没有在意，听过即忘。看到这则报道后，他立即拜见了曾毅先生。

在泸州市兰花协会常务副会长曾毅先生的兰园里，曾会长为宋先明先生详细讲解了中国国兰分类栽培管理市场的分析等情况。但作为一点都不懂兰花只听说过兰花的宋先明先生来说，还是不见入门。后来，曾会长还在百忙中抽出时间带着他到古蔺、叙永考察，又到川西坝子参观，向那些养兰大户学习，并且给他讲解了中国的兰花文化。宋先明先生一下子被中国几千年源远流长的兰花文化吸引住了，那些既规范又具规模的养兰场让他震惊了：原来兰花是这样栽培和管理的！后来他又参加了首届中国兰花叶艺研讨会。回来后，宋先明先生信心百倍，开始购买兰草。由于初期对兰花的栽培、管理，兰草的鉴别全都不懂，一个人悄悄购买兰草，结果白白损失了50多万元。但他没有气馁，在曾会长的指点、帮助下，泸州兰界夏氏兄弟、刘章强、牟承均先生也都伸出了友谊之手，重新兴建了1000多盆的现代科技兰苑，取名为“香满人间兰苑”。

1　春兰 · 中华锦龙
2　春兰草蝶 · 红玉
3　春兰 · 红火牡丹

2003年宋先明偶然在一张报纸上看到一篇报道，说泸州忠山公园有一盆兰草换得一辆海南马自达汽车。当时他不敢相信这是事实：一盆兰草怎么能换一辆价值上十万元的汽车呢？

近三年多时间里，宋先明先生在珍藏、培育、保护国兰新、精、奇品种中不断前进，虚心向别人学习，刻苦钻研。栽种以春剑、春兰为主，四季兰、蕙兰、莲瓣兰、寒兰等为辅，园内主要有叶、型、[illegible]精品种，[illegible]以新品为主，培育出春兰“中华帅龙”（荣获第二届四川省（泸州）兰博会银奖）、“中华娇子”、“龙何戏珠”、“吐梅”、“红玉”、“玺玉”、“红火牡丹”等，引种“御前梅”、“艳天”等。

宋先明先生种兰致富不忘家乡，2006年为家乡公路建设捐助5万元，之前已为家乡公路建设捐助3万多元，近日又与宜宾学院签订捐资协议：宋先明先生香满人间兰苑向宜宾学院每年捐赠3～7万元的助学资金。

“人心诚广交天下友，花点头笑迎赏花人”，宋先明先生热忱欢迎广大兰花爱好者共创国兰盛世！

园主：邓传刚
地址：四川省 泸州市
手机：13795975888

用“热情好客、幽默风趣、精干老练、年轻有为”这十六个字来形容泸州兰花协会副会长邓传刚先生那是再恰当不过了！

在兰花市场低迷的2002年，从云南回到泸州的邓传刚，破釜沉舟毅然投入资金进入兰花界，开始了他非凡的艺兰之路！眼光敏锐的他在那年兰花不景气的情况下，收集了川内很多品种。现在他的兰花经营如此游刃有余就是因为在那个时候打下了坚实的基础。最得意之作是他一口气购进川内名兰西蜀道光近100苗，养近一年，苗发价涨，使他得到了丰厚的回报，更坚定了他走名品化道路的决心！

邓传刚在兰花经营走向良性化的道路上收集了很多全国各地的名品。他的兰园碧色莹莹，好花连连：春剑有西部红牡丹、桃园三结义、玉海棠、五彩麒麟、黄袍、西蜀道光、隆昌素等；春兰有天彭牡丹、锦绣中华、七彩牡丹、中华麒麟、冠神等；莲瓣兰有黄金海岸、奇花素、剑阳蝶、倚天奇蝶、丽江星蝶、心心相印、大雪素、白雪公主、滇梅、玉兔等；夏兰有君荷、泸州绣梅等。

1 春兰 · 中华麒麟
2 春兰 · 锦绣中华
3 春剑 · 皇梅

海内存知己 天涯若比邻

邓传刚热情好客，广交天下兰友，兰花交易在他家里很火爆，他家成了泸州广大兰花朋友品茶赏兰的聚集之地。2005年，他的兰园被中国第六届花卉博览会精品兰花展评为全国诚信兰园。

在泸州，以邓传刚为首的很多人，一直为兰花事业劳心费力。邓传刚一直讲求“道”与“德”的修养，这就要求他必须具有独特的人品、人格、思想，即修养之道、素质之德。泸州兰花的崛起离不开邓传刚等领头人物的带动，当然也离不开整个兰市的兴旺！一些先进的经营理念、先进的兰花管理栽培方法，在泸州如雨后春笋般成长；交好友、养好草、防好盗、讲效益、重诚信等话语在泸州广为传播，这些使泸州兰花在全川及全国都占有了一席之地。

在邓传刚的眼里，小兰花是大世界。寸草之间，气象万千。养兰花为他带来的不仅仅是财富和声望，更多的是沉淀于兰花之中的文化与内涵。在自己致富的同时，他一直在帮助很多需要帮助的人们，给他们送钱送花，带他们走向致富的道路。现在的邓传刚早已把养兰当成一种永无止境的追求和一种精神寄托了。他要让兰花为更多的人们带来幸福的生活。他时时惦记着家乡人，家乡的路不怎么好走，邓传刚投资把家乡的路全部改造，使家乡人走上了平坦大道。全国各地兰花博览会，他都要去参观赞助。2006年泸州举办四川第二届春季兰展，他积极赞助，热情接待宾客，配合大家把展览成功举办。

邓传刚先生愿与天下兰友共同携起手来，致力于兰花事业的发展，切磋兰艺、交流交换品种，把幽兰芬芳传播到五湖四海，让珍奇瑰丽的中国兰花走出国门，香飘世界！我们也愿幽幽兰花陪伴邓传刚一路走好，明天更辉煌！

张江连先生
重诚信 乐助人

多年来，张江连爱兰花像爱惜自己的生命一样，只要是自己喜爱的兰花，无论什么样的品种，都要买来精心栽培管理。他进入社会后长期从事建筑业，在任公司项目经理时，工作再忙也要挤出时间和精力来莳弄兰花。由于对兰花爱之甚切，2000年他毅然辞掉经理职务，退出了建筑行业，把全部精力都投入到兰花事业中，取得了一个又一个的成绩。1994年新都县第一届兰展获得金奖2个、银奖3个、铜奖8个；同年在成都锦江大礼堂举办的全国兰展上，他获得银奖；第五届云南全国兰展获得特别奖1个、铜奖1个；第六届汕头全国兰展上获得金、银、铜奖；在第十二届彭州全国兰展上获得铜奖2个。这些荣誉是对他挚爱兰花的最好回报。

张江连先生重诚信、乐助人、人缘好、朋友多，待人处事从不分高低贵贱。他常说："养兰不分先后，都是朋友，首先要讲信誉，要做兰君子。"他是这样讲的，也是这样做的。自20世纪90年代初以来，经他传授技术、提供信息等服务而养兰致富的区内外兰友上百人。有时兰协请他讲技术课，张江连不仅不要分文报酬，还自己掏钱买快餐发给每一位听课的兰友。2000年由于建筑行业不景气，张江连竟忍痛将兰苑的兰花卖出，所得资金110余万元全部垫付民工工资和欠款。他对兰界更是异常热心支持、帮助，先后捐赠资金10万余元。2006年新都兰展期间，他主动带头拿出1万元资金解决兰展费用问题，充分折射出张江连先生的高尚品质。

张江连先生以其自身行动，赢得了成都周边区市县乃至川滇黔许多兰友的敬仰和爱戴，享有较高的声誉。在2004年成都市新都区兰协换届选举时，他以绝对多数票的殊荣当选为会长。

苑主：张江齐　张江连
地址：四川省　新都区
手机：13688131385 13308226198

凯乐兄弟兰苑，是四川省成都市新都区张江连先生与其兄长张江齐先生在成都市区、新都区和新繁镇三处兰园的总称

其主要品种有：

春剑：桃园三结义、五彩麒麟、玉海棠、冠蝶、春剑奇花、春剑梅、奇蝶、西蜀素梅、铁嘴金荷、新品复色、西蜀道光、峨眉月

春兰：板桥遗墨、天彭牡丹、玉蝉、冠神

莲瓣兰：粉荷、黄金海岸、丽江星蝶、剑阳蝶、苍山奇蝶和送春青狮等兰花。

环顾兰苑，真是多姿多彩，琳琅满目，美不胜收。

1 春剑·复色梅瓣
2 春兰·香城翠梅
3 春剑·春剑奇花
4 春剑·宝光彩霞

张江齐先生

正直 诚恳 品德高尚

张江齐先生为人正直、诚恳、品德高尚，无论是对个人或集体、公共事业他都愿意帮忙支持。1994年新都兰协成立后，聘请他当法律顾问，经常给兰协出谋划策，做事从不计报酬。2005年还忍痛将自己最喜爱的莲瓣兰“黄金海岸”卖掉，帮助企业归还10万余元的债务，得到了群众和上级领导的高度赞扬。

张江齐先生2004年从区司法局领导岗位上提前退休后更是潜心养兰。为了促进新都兰花产业的发展，给兰友搭建一个活动的平台，他全身心地投入到兰花事业上。为了搞好2006年新都区第二届春季兰展，他积极想办法，出主意，内外奔走，有时连饭都顾不上吃，胃病也复发了，但他说：“没什么，只要把兰展搞好了，就是对我最大的安慰。”

张江连、张江齐兄弟俩共同建立、经营的凯乐兄弟兰苑愿与天下兰友真诚合作，弘扬兰文化，推动兰花事业的繁荣发展，为共同构建文明、和谐社会而继续努力。

苑主：盛心志
地址：四川省 彭州市
手机：13668175897

心系之兰兮天长 志在深谷兮地久

盛香苑

盛心志先生自幼便在父辈的影响下爱好兰花，从那时起他便懂得了兰花在我国自古就称之为国兰，国人理应爱之；兰花在中华历史文化中有着2500多年的文明史，为人德品之典范，更应爱之。

爱兰者养兰，三中全会后，在党的改革开放政策指引下，盛先生种养上了兰花，至今风风雨雨已有20多年。在这些岁月中，他从几盆发展到今天已种养了3000多盆兰花。发现、培养新品种兰花是他个人的爱好，在这20多年中，他先后培育了春剑中的丹峰梅、丹峰丽梅、丹峰蝶等；春兰中的丹峰玥、丹峰智蝉、华夏魂、银苍叠翠、翰墨佳人、素黄娥、丹峰喜蝶……；线叶春兰有素荷、素梅、复色梅等；莲瓣兰中有丹峰红荷等。现苑内种植的春剑、春兰、线叶春兰、莲瓣兰、四季兰、墨兰等多个种属的兰花，新老品种120多个，有80多个都是经他发现培育的（大部分未定名），她们没有昂贵的价格，但都各有特色，有很高艺术性和观赏性，鉴之，美在其中；赏之，乐在其中矣！

在兰花文化产业高速发展的同时，彭州市（当时为县）1987年成立了兰花协会。从那时起他就参与协会工作，历任理事。在党和政府的领导下，参加了全国第十二届兰博会的工作，与兰界同仁一道，为兰花文化产业的发展做了自己应做的事情。

从第二届全国（厦门）兰博会开始，盛先生多次参加全国兰展，荣获金、银、铜、栽培奖多个，地方兰事活动广泛参与，共同学习、共谋发展、共同提高，为发展兰花文化产业光辉的明天而努力！

1 春剑 · 丹峰梅
2 春剑 · 丹峰嫣霞
3 春兰 · 智蝉

彭州，一个物产丰饶、人杰地灵的地方，西北面龙门山脉巍峨耸立，风光无限；东南面沃野千里，鸡犬相闻。在龙门山下的隆丰镇坐落着一座颇具规模的正华兰园，园主正是彭州兰花的启蒙老师毛兴正先生。

花中真君子　风姿寄高雅

——记彭州兰花的启蒙老师毛兴正先生

园主：毛兴正　毛恩华　毛恩云
地址：四川省　彭州市
电话：028－83885318 028－80925148
手机：13688440849

养兰之初的动人故事

谈起毛先生的养兰之道，还有一个动人的故事。1962年，还很年轻的毛先生患了重度肺结核，卧床养病。闲来无事的他便养起了兰花。在当时，兰花品种不多，只有大红朱砂、水朱砂等几个品种，养兰花也没有经济效益，但兰花清远溢香、刚柔并济的君子之风深深地吸引了毛先生。已经病情危重的毛先生边吃药养病，边将精力用在对兰花的精心培育上。在大家都已绝望的眼中，凭着对兰花精神的追求和对战胜病魔的决心，他的病竟慢慢地好了起来。

每每说到这件事，毛先生就有种无比的自豪感，对什么事都有了无比的自信心。从此他及他的家庭就跟兰花结下了一个不解之缘，不管情况有多困难，毛先生家里的兰花都是清秀挺拔、幽香四溢。

正华兰园的诞生　兰花事业的发展

20世纪80年代的彭州大地，沐浴着改革开放的春风，各行各业在建设发展，兰花产业就在这股春风里苏醒了—兰花在沉寂了一个多世纪后，又一次赋予了她与社会发展同步的价值。

当时的毛先生在其他行业已小有成绩，但他敏锐地觉察到兰花的春天就要到了，于是他结束了从事的其他行业，将已有的兰花重新整理，毅然投资，又一次开始了他对兰花精神、兰花文化和人生价值的追求，建立了当时为数不多的兰园—正华兰园。兰园的种植规模在当时的四川兰界首屈一指。

自彭州兰协在毛先生和兰界同仁的共同努力下成立以来，他担当了第一届常务副会长、第二届常务副会长、第三届常务会长，一直负责兰协的主要工作。作为一位兰花的栽培者、爱好者、兰界的活动家和兰文化的传播者，他工作认真，任劳任怨，广泛地宣传兰花，使得彭州大地爱兰、养兰蔚然成风。

在他的带领下，彭州兰协不论兰花行情的好与坏，都坚持每年举办兰花展览，使广大兰友有了共同学习和交流的机会，有力地推动了兰花产业的发展，同时又将彭州兰界、兰协推上了四川乃至全国兰界的顶峰，为现在四川兰花、彭州兰花的发展做出了杰出的贡献。

在彭州兰协举办第十二届中国兰花博览会之前，因身体和年龄原因，毛先生从兰协退了下来，但他并没有就此闲下来，而是将更多的时间用到了对兰花栽培的研究上，虽然有成功、有失败，但他用最简单、经济的温室应用法所取得的效果，还是许多现代化温室所达不到的，而这些经验，还能为有条件的地方进行低成本温室养兰提供帮助。

以德养兰　以兰会友

身为彭州兰花的带头人，毛先生性格刚毅，嫉恶如仇，对制假、贩假等行为深恶痛绝。无论兰友来寻求投资或参观学习，他都会告诫他们要以德养兰、以德卖兰、以德买兰。在彭州，毛先生一手带起了很多的兰界精英，却从来没有寻求什么回报，他的高洁兰品得到了兰友的爱戴和尊重。

望着兰园中郁郁葱葱、长势喜人的兰花，毛先生语重心长地说：兰花陪了他大半个人生，有了兰花才有了他的今天，有了兰花才有了生命延续的意义。

也许到了这里，我们才能领悟到何为“正华”，何为“正华兰园”！

1　春兰·金鸡黄
2　红香蝶

生活是最好的老师 社会是最好的大学

苑主：安家福（中）
地址：四川省 蒲江县
电话：028—88535649
手机：13981912826

安家福先生的养兰生涯要从1974年说起，因兰天地之成、清净无私的个性、雅致的花朵、幽静的花香而喜兰爱兰开始养兰，后来逐步走上科学育兰，大力发展兰花事业的道路，风风雨雨，算起来已有32年。

安家福先生1952年参加教育工作，任少先队总辅导员，中学副校长。1953年荣获省“小五年计划”奖，1954年荣获爱国卫生模范奖章，1955年至1977年历年获县、专区先进工作奖。改革开放后，对发展地方经济做出了重大贡献，受到省委表彰，在政协工作十七年，负责领导两个区政协委员调研学习，后调省委检查团工作，参加社教。

安先生的养兰生涯要从1974年说起，因兰天地之成、清净无私的个性、雅致的花朵、幽静的花香而喜兰爱兰开始养兰，后来逐步走上科学育兰，大力发展兰花事业的道路，风风雨雨，算起来已有32年。

在这32年中，他一直以“科学技术就是生产力”为指导，以发展兰花事业为动力，努力追求养兰育兰的创新。在初步掌握了兰花的生长习性的基础上，对以微量元素养兰同有机质配置兰肥，对最适宜兰花生长需要的光照、温度、湿度、施肥、浇水、消毒杀菌、治虫、治病等以及单株育苗等十多个项目进行了十八年的探索和实践。32年来他用吃苦耐劳、诚信待人的精神，一步步踏遍众多产兰山区，与农民同吃同住，交朋友，不分天南地北、严寒酷暑，一步一个脚印走到今天。其间还多次去韩、日及我国港、澳、台和沿海访问，同各养兰专家交流学习，积累了一套特有的育兰经验。特别是单株育苗经验—在春季以每盆一株栽种十盆（中华牡丹），经三个月培育就能长成三十苗，其中还有部分新壮苗又萌发了幼芽的特有技术。在他的兰园里随处可见一个春夏就出现“爷孙三代”茁壮的喜人景象。

1 春剑 · 彩荷
2 春剑 · 朝阳荷

生活是最好的老师，社会是最好的大学。从1974年起，32年来，安先生以发展兰花事业、升华文化内涵、让兰花事业腾飞为己任，被聘请担任雅安市、新都区、蒲江县等兰花学会、协会的顾问，为培养养兰人才授课12场，达1000多人次，还亲自辅导带出几十多个徒弟，赠送兰花300多盆，兰钵800多个，兰草上千株，帮扶贫困和下岗人员30多人，免收了上百人的兰协会费。

他对育兰工作和兰花事业发展的追求，得到了各级人士充分的肯定，曾荣获国家级兰奖三个、华东六省一市金奖四个、张学良将军和何康部长的奖状。在蒲江县五届兰展中都荣获金奖。还在1994年参加成都市“春的约会”花展中受到市级表彰奖励。曾多次被省、市、县报社录像、宣传报道。

32年来安先生爱兰胜爱妻、爱子女，育兰废寝忘食，立遗嘱死后将骨灰适量育壮幽兰，将他的孙女取名肖兰，让她像兰花那样芳香飘逸。■

园主：孟昭烈
地址：四川省 荥经县
手机：13508163644

几经沉浮 持之以恒

孟氏兰园坐落在四川省产兰大县的荥经县大田坝兰花村内，占地面积为3.8亩，标准精品兰棚100平方米。园主孟昭烈先生是荥经较早投身于兰花事业并取得成功的兰花养植大户。早在20世纪80年代，初涉兰界的孟昭烈与众多兰友一样什么都不懂，只知道荥经的香花子（兰草）多，能卖钱，就这样与兰草结下了不解之缘，对如何识别、分类、鉴赏兰花以及兰花的生态习性、生长环境、防虫治病等问题一无所知，遇到过许多困惑与艰辛。辛辛苦苦从山里采回的兰草，没几天全部死掉。虽说荥经是产兰大县，兰花资源相当丰富，但交通不便、与外界交流少、信息不灵，不知兰花市场行情，专业书刊匮乏，很难正确选育优良品种。当时荥经养兰水平普遍低下。为了栽种好兰花，他不辞辛苦，虚心讨教，反复实验，从养兰的植材、温度、湿度、阳光、通风、营养等方面做了全方位的尝试，经过多年的摸索，积累了养兰的成功经验，形成了自己独有的栽种方法，园内所培养的兰花气足苗壮，全叶封尖，发苗率高，色泽鲜亮，种质基因表现充分，引来众多兰友的参观学习。

多年来，孟昭烈先生通过艰辛的努力，持之以恒的追求，在兰花浪潮中几经沉浮，兰园规模由小变大，名优品种由少到多，各类兰草名品多达数十种，其中春剑梦园为园内独有名品，它是孟昭烈先生为荥经、雅安乃至四川春剑培育出的绝世荷瓣，此草于1993年从荥经县石龙乡一名姚姓山农手中购得，于1994年春开花，在成都举办的第四届全国兰花博览会上荣获金奖，为雅安地区参展团争得了荣誉，并一举成为全国名兰。但由于当时栽培技术、管理水平较差，此草于1999年死掉绝大部分，仅存两苗，通过这几年的精心呵护，现园内此草长势良好。随着兰市的逐步复苏，迎来了第二次兰草热潮的到来，通过不断与兰友交流形成自己独具特色的兰园风格，国内市场不仅有一大批荥经原生名品如春剑梦园（第四届成都全国兰展金奖）、小红梅（第十三届全国兰展银奖）、春兰经河牡丹（第十五届全国兰展铜奖）等，并相继引进了全国知名精品如春剑桃园三结义、御前梅、玉海棠等。走进孟氏兰园，满园春色相迎，兰架上一盆盆长势优良，品种繁多，荷瓣、梅瓣、复色、奇花各展风姿，令人目不暇接，幽幽花香给人以赏心悦目、沁人心脾的感觉。

1 非洲公主
2 春兰·经河牡丹（奇花）
3 春剑·帅荷

作为荥经较早的养兰人，孟昭烈先生经过多年来的努力，加强自身发展，在品种和资金上有着长足进步，真正成为了荥经的养兰大户。他为人谦虚、热情、正直、乐于助人。曾担任荥经县兰花协会副会长、大田坝乡兰协会长，积极参加协会的各项兰事活动。通过他的悉心指导和传、帮、带，很多兰友先后都成为荥经兰界的生力军。在营销方面，他一贯坚持以兰会友，切磋兰艺；以兰交友，增进感情；诚实守信，以花易花；互通有无，公平交易。通过近二十多年来的不懈努力，现在孟氏兰园已是名声鹊起，就像他自己所说：“我个人富不算富，要使我周围的一大批养兰人真正过上小康生活那才是我的愿望。”在此我们也愿孟昭烈先生百尺竿头，更上一层楼，把一生痴迷追求的兰花事业推陈出新，带领史多的兰友，在兰花产业的阳光大道上勇往直前，为荥经兰花事业的繁荣和发展做出新的贡献。

园主：林昭君(右)与成都市青白江区兰花协会会长邱福凯
地址：四川省　青白江区
手机：1398533853　13808213888

德艺双馨艺兰人

——记君通兰园园主林昭君先生

君通兰园坐落于西南地区著名的冶金、化工基地成都市北部新城青白江区境内。园主林昭君先生现任青白江区兰花协会副会长，是青白江区著名的养兰世家。在20世纪80年代中期，其父林老先生的足迹就踏遍了四川产兰区通江、南江、巴中等地区的山山水水，精心选育和培养了多个原生兰花品种。受其父影响，林昭君先生从20世纪80年代就开始选育和种植兰花，走过了一条曲折的艺兰之路，而今终于在兰花事业上取得了成功，是青白江区养兰致富的带头人。

初入兰界，由于当时对兰花的栽培和管理技术差、鉴赏水平低等原因，林昭君先生损失了不少优秀的兰花品种。经过十几年来的不断摸索和艰辛耕耘，他先后选育出了一批兰界公认的精品兰花，如：春剑“冠蝶”、“花蕊夫人”、“云梅”，近年又选育了春剑新品“福星蕊蝶”、“水晶梅”等，有些品种多年来在川内及西南地区十分畅销。

通过多年实践，林昭君先生还摸索和总结了一套较成功的兰花种植方法，他的兰花完全采用自然种植，发苗率高、病虫害少、植株健壮，深得广大兰友的赞赏和喜爱。

如今，养兰致了富，林昭君先生并没有忘记乡亲和身边的朋友，在他的带领下，一大批乡亲和朋友走上了养兰致富之路。他把自己多年积累的养兰经验和知识，毫无保留地传授给广大喜爱兰花的朋友，并以低于市场的价格向兰友提供优质兰花品种。兰友或乡亲遇到困难，他都会主动帮助和资助，并对兰协工作大力支持，积极参与，是一位德艺双馨的艺兰人。

1 | 2

1　春剑 · 花蕊夫人
2　春剑 · 云梅

园主：邱厚云
地址：四川省 乐山市
手机：13808138015

君子爱兰 君之如兰

——知名兰家邱厚云的艺兰人生

兰花与人的缘分，恰如知己相逢，必定品格相投，兰德斯新。第十五届兰博会发起人之一、现任四川省国际商会副会长、中国花卉协会兰花分会常务理事、四川省兰花协会副秘书长、乐山市兰花协会会长的邱厚云先生，十年间与兰为伴，真情付出，苦心经营，也颇得兰之眷顾，回报颇丰。

与兰结缘——会须君子折，佩里做芬芳

邱厚云的兰花生涯要追溯到1989年，他时任沙湾管山煤矿油漆厂的厂长，偶然拣到一辆车上掉落的几株兰花并带回家种起来。他人生转折的序曲开始了。不久，这些兰花便开花了。邱厚云欣喜不已，爱兰护兰之心渐成，开始收集各种兰花，到1993年，他已经种了为数不少的兰花，并加入了当时乐山市沙湾区兰花协会。

以兰为业——砌下芝兰新满径

加入兰协后，在沙湾区举办成立兰协后的首次兰花展上，2株兰草卖出7000元的场面深深震撼了邱厚云，这也是他养兰从兴趣到事业的转变。

邱厚云的创业道路是一个在实践中探索的过程。从最初的缺乏经验到如今将丰富经验毫无保留地传授给慕名而来的兰友，其间一直贯穿着的是邱厚云的执著、细心、敏锐、虚心。虽然曾经有过因缺乏经验而导致初次投资血本无归，而更多的却是丰厚回报。

1999年，他以900元一株，买了4株“厚云奇蝶”，仅半年时间便开花，随后又发了7株，后来以每株2000元的价格卖了当时最为走俏的3株，奠定了他进入兰花行业的基础。同年，邱厚云辞去公职，准备在兰界大显身手。

2001年，邱厚云一次性投入近10万元购进一批精品兰花，在短时间内就产生了较好的经济效益，于是他又将这笔钱用于“桃园三结义”的投资并大获成功，后陆续投入数十万元购入一批精品兰草，这些投入使邱厚云步入了精品养植的档次，成为推广精品兰花的倡导者和先行者。

以兰会友——却应回念江边草，放出春兰一片心

应该说邱厚云的兰草生意经营得欣欣向荣，这是很多人所向往的了，但他有更高的理想，就是促进兰花经济的规范和稳步发展。2002年，乐山市兰花协会诞生，德高望重的邱厚云被推选为会长。他不负众望，致力于面向全国以及海外开拓兰花市场，带领数十万川兰农走科学养兰之路，积极促成中国兰协在乐山举办全国兰博会以及后来的[illegible]、"乐山（峨眉山）"兰花世[illegible]展、"海峡两岸暨韩国四季兰联展"。此时，邱厚云的兰花事业已经扩展为一项庞大的社会使命，他[illegible]事业，具有强烈的社会责任感。

以兰为训——涅而不淄，兰德斯新

多年来，邱厚云一直以兰花为自身的精神修养的标准和生活态度，居兰室，修兰格、兰心、兰品。"纷吾既有此内美兮，又重之以修能"，兰花不俗的品质，无疑也是邱厚云理想人格的写照。

1　四季兰 · 嘉州秀梅
2　四季兰 · 仙山牡丹
3　春兰 · 瑶池牡丹

园主：刘世渡
地址：四川省　会理县
手机：13908157768

如蘭人生

——记会理野生兰花栽培专家刘世渡先生

会理县位于四川省南部川滇交界处，东经102度、北纬27度之间，南依金沙江，北枕横断山体余脉的龙肘山，海拔3586米，气候温和，阳光充足，雨量丰沛，年平均气温15.2摄氏度，年降雨量1300毫米至1600毫米。由于其特殊的地理环境，兰花自然资源极为丰富，原生种春兰、送春兰、莲瓣兰、夏寒兰品系中的名品、珍品不断地被发掘和培育。

刘世渡先生现为中国花卉协会兰花分会常务理事、四川省兰花协会理事、四川省高级注册园艺咨询师、会理县兰花协会会长。在工作之余，着力从事中国兰花的艺术美学、文化内涵和栽培管理方面进行研究，在全国兰花刊物上发表兰花图片近百幅、文稿近三十篇。在全国及省、市兰花博览会上多次荣获金、银、铜奖。1994年创办《会理兰花》油印本配彩色照片刊物，向全国各地及港、澳、台兰花协会赠送。1999年由四川美术出版社出版个人专著《会理兰花》，收集会理兰花摄影作品108幅、文稿10万余字，面向全国发行，于2004年7月被中国国家图书馆收藏并颁发荣誉证书。

兰，识者为宝，不识者为草。

人，识者为俊杰之才，不识者为平庸之辈。

中国兰花以她绰约多姿的叶态，四季常青的叶色、幽香高洁的花朵而获得了"王者之香"的美誉。爱兰和养兰的人，历来都讲究与兰花品格融为一体，都需要有较高的文化修养和高尚的人品，在培育兰花的过程中，使自己的人生如兰。

1 莲瓣兰·丹心蕊蝶
2 莲瓣兰·翡翠素荷
3 莲瓣兰·蜀梅

刘世渡先生养兰始于1991年，当时，各地兴起了养兰热，会理也是如此。刘世渡先生深入到六华、山地、黄柏等山中进行收集和调研，发现会理的兰花资源十分丰富。在他和另外几个文化人的带动下，会理很快掀起了养兰热，许多山民也不失时机地把山中的兰花挖到城里卖，养兰人也互相交流，城里很快形成了兰市。同年，就成立了会理县兰花协会，并且编印了协会刊物《会理兰花》。

会理兰花步入了成熟的出成果的辉煌时期。2002年2月，第12届全国兰博会在四川成都彭州举行，经过海内外专家的严格评审，他送展的兰花获得金奖1个、银奖1个。2003年1月，在四川省西昌首届兰博会上，他又获得了金奖2个、铜奖3个。2003年2月，在云南省大理举办的第13届全国兰博会上，他培育的新品种又获得了银奖1个、铜奖1个。2005年2月，在四川省乐山举办的第15届全国兰花博览会上，他培育的新品种又获得了金奖1个、银奖1个、铜奖1个。2004年，刘世渡先生被四川省人民政府授权特批为高级注册园艺咨询师。

刘世渡先生认为，栽兰可以培育出新品种，可以陶冶自己的性情，甚至可以产生很高的经济价值，但是还不能全面地发展兰花文化。为此，他在养兰的同时，自觉地投入到了兰花文化的研究中。他认为：中国兰花具有世界文化遗产和自然遗产的双重性质，兰文化既是一个专门的文化，又是中国文化的一个重要的内容，在历代浩如烟海的文化作品中，有关兰花作品的数不胜数。在当代，文化人更要为发扬兰文化出力。

在保持共产党员先进性教育活动中，刘世渡先生还被推选为会理县的共产党员先进代表作了发言。他说："随着时代的发展，每一个共产党员除了兢兢业业的做好本质工作之外，也应该有丰富多彩的业余生活，但高尚而有价值的业余爱好，也是可以体现先进文化的影响和反映先进文化的方向。体现先进文化的业余生活又能促使我们把本职工作搞得更好。通过保持共产党员先进性教育的学习，作为一名深受中国传统文化熏陶的知识分子，作为一名自觉接受邓小平理论和"三个代表"重要思想教育的共产党员，更应该在时代改革的大潮中不断地改造自己、监督自己、拓展自己、完善自己，以一个鲜活生动、朝气蓬勃的共产党人形象，展示其对科学和文化的崇尚，对党和事业的忠诚，对祖国和人民的依恋；对人民和同志的真情。"

"非素心，即赤心，为君子，为志士，香风拂拂，千古为香"。这是中国古代知识分子以兰花所象征、寄托的崇高理想与精神境界。刘世渡先生从潜心养兰到兰文化的深层研究，对自身修养的不断完善，追求如兰的人生，使他的生活有了更多、更丰富的韵味。

兰香色炫　引得天地之精华

收集最好的兰花，建一流的兰苑，做大气的兰友，全力打造国兰产业的航母

总经理：刘忠贵
地址：云南省　昆明市
手机：13908840329

“收集最好的兰花，建一流的兰苑，做大气的兰友，全力打造国兰产业的航母。”

也许你会惊讶谁会有如此之气魄说出此话。是的，他有实力，也有行动将他的话付诸实践：他的公司是全国唯一一家铁路维护私营企业，年收入上千万元；他是兰花界的后起之秀，他不惜投入重金迅猛地发展兰花产业，推动了云南兰花产业的发展。他就是中国花卉协会兰花分会常务理事、中国兰花学会常务理事、云南省兰花协会副会长、云南野生兰收藏基地有限公司总经理刘忠贵先生。

蕙兰引芳　风光入户

三年前的一个偶然机会，刘忠贵先生接触到一个玩兰的朋友，从那以后他便一发不可收拾，如痴如醉地爱上了兰花，走上了爱兰艺兰之路。当问及为何如此迷恋兰花时，刘先生这样说：兰花是“花中君子”，它为自己带来的不仅仅是经济上的利益，更是一份心境上的清新自然。正如古人云：“兰卉远山藏，无人独自芳。清风微抚处，野茜也含香。”

由于起步比较晚，他积极努力跑遍云南的每一个角落收集各种兰花。他由三年前完全不懂兰花，做到了现在有自己的一套识兰养兰的方法。他虚心好学，有了好兰定会邀请各路兰友赏兰品兰，并从中学习兰花知识。在栽培方面，他集众家之所长，总结出了一套独特的养兰技术。刘忠贵先生在学习兰花知识、收集兰花品种方面比别人付出了更多的精力和物力。

2003年，刘忠贵先生被选为云南省兰协理事长后，对兰协工作尽心尽责。个性洒脱的他待人诚恳、真挚，为兰友做了不少好事，得到了大家的肯定和尊重。

媚香倾国　豪情染云

刘忠贵先生的云南野生兰收藏基地位于昆明以东19公里处，占地面积70余亩。历经了三年多的风风雨雨，兰花基地在刘先生的带领下，经营得有声有色。初入基地，你定会被她的美丽景色所震惊：松柏高耸、小径幽幽，小桥流水、亭台楼阁，交相辉映，好一幅苏州园林景象；忽而峰回路转，乍现出现代化的兰花养植大棚和整齐划一的员工宿舍，又像是进入了发展中的大都市。园中兰花朵朵、竞相争艳，兰香回荡、沁人心脾，使人不由得心情随之雀跃。

目前基地拥有兰花800多个精品，名品近20000盆，并有上百个野生兰的新奇品种，珍藏了许多野生兰类的奇花异草。精品名品主要有：莲瓣兰：二凤、气象万千、天地人、水晶菊、双龙宝荷（矮艺新品）、黄金海岸、玉兔、剑湖菊、药草、碧龙红素、荷之冠、合家欢、星海蝶、粉荷、子母携游、包草、剑阳蝶、奇花素、荡山荷及各类矮、奇、线艺等；春剑：奥迪牡丹、三星遗魂、桃园三结义、圣麒麟、象牙蝶、春剑奇花素及各类矮、奇、线艺等；春兰：大彩牡丹、双龙牡丹、双龙宝莲（新品奇蝶）及各类矮、奇、线艺等。

说起野生兰基地，刘忠贵先生不无骄傲地对来人说，公司的信念是，打造兰花品牌，竖立兰苑品牌形象。基于基地的不断发展壮大，刘先生又投入了2000多万元进行建设，他指着这两栋正在紧张施工的大楼介绍说：这里将建成全日阳光照射的双层玻璃保温型，集精品兰栽培、观赏于一体的建筑物。为了集中展示国兰之精粹，楼内将吸纳国内几十家精品兰园入驻。他还在立体大棚旁建设具有云南民族特色的餐厅、茶楼，以便今后结交天下之兰友，为打造兰界之航母打下坚实的基础。

刘忠贵先生意欲大力发展品牌野生兰花之路，发扬兰花文化，使云南的野生兰花能够走向世界。我们祝愿他早日实现他的兰业航母之梦！

1	2	4 / 3

1　寒兰 · 舞翩迁
2　莲瓣兰 · 双龙宝荷（矮草）
3　春兰 · 双龙宝莲
4　莲瓣兰 · 气象万千

幽香逸韵天自成

——李映龙的艺兰生涯

苑主：李映龙 地址：云南省 洱源县 手机：13987225551

碧龍蘭苑

艺兰名家李映龙创建的碧龙兰苑坐落在滇西北高原巍巍罗坪山下，蔚蓝如镜的茈碧湖畔，洱源县城气蒸雾迷的仙乡九气台村。这里温泉潺潺，嘶嘶作响，绿柳环绕，沃野平畴，荷塘点缀，古朴清幽。碧龙兰苑犹如一颗闪亮的明珠镶嵌在其中，为大理洱源的民族文化建设和旅游业的发展增添了一道亮丽的风景。

苑主李映龙1962年出生在云南洱源县一个普通的白族家庭。白族向来朴实大方，勤劳勇敢，热爱大自然。在祖辈们的影响下，他从小就喜欢栽花养草，倾心艺兰。一段战火纷飞的岁月，让他真正开始了与兰为伍的宿世情缘。

1980年，李映龙应征入伍，在老山猫耳洞里，一苗兰花的幽香给了他无限的乐趣和生活的动力。幽兰顽强的生命力带给李映龙莫大的鼓励和启示。那时的他就下定决心：要做和兰花一样的人！1982年入党，同年底他因伤复员回家，1984年安排到县烟草公司工作。

李映龙的艺兰生涯走得并不顺利。从退伍开始，他除了做好本职工作外，所有的心思精力都放在兰花身上了。当时的他并不富裕，为了得到好的兰苗，他不惜跋山涉水去深山野外采兰。有人笑他痴，整日摆弄些莫名其妙的草。有人甚至拿假草来骗他。在艺兰的道路上，李映龙磕磕绊绊，从哪摔倒就从哪爬起来。一步步地发展着自己的兰花事业，一步步地走近他的兰花梦想。

1997年，李映龙投资40万元创建碧龙兰苑。在他的精心培育下，现在的碧龙兰苑兰花有近百个品种、2000多盆、数十万苗。兰苑主要培育兰花名品、精品有碧龙红素、满江红、金沙树菊、大唐凤羽、奥迪牡丹、一代天娇、繁花似锦、葵花牡丹、桃园三结义、星海蝶、北极星、豪华牡丹、炎黄子孙、滇梅（包草）、碧龙寿梅、碧龙菊、碧龙奇莲、碧龙蝶、碧龙玉素、碧龙奇蝶、碧龙虎蝶、碧龙洁、碧龙荷、黄金海岸、玉兔、奇花素、龙女、黑珍珠、点苍梅、宝钗、大雪素、苍山瑞雪（小雪素）、朱砂兰等品种。

自1995年以来，李映龙参加了在昆明、汕头、北海、中山、无锡、杭州、贵阳、大理、玉溪等地城市举办的中国兰花博览会14次，共获奖牌53枚。其中特金奖3枚、张学良纯金奖2枚、金奖21枚、兰文化特别贡献奖1枚。成为至今为止兰界累计获奖最多的个人。1999年，中国花卉协会兰花分会命名碧龙兰苑为“中国兰花协会莲瓣兰品种样品园”。他自己也担任了高级农艺师、大理州政协委员、洱源县政协常委、中国兰花学会理事、中国花卉协会兰花分会常务理事、世界华人交流协会理事、广西北海市兰协顾问、贵州遵义兰协顾问、云南省兰协常务理事、大理州花协副会长、洱源县兰协副会长、中国艺术摄影学会会员等职务。

1 中国著名书法家启功在京其书房为艺兰名士李映龙题赠墨宝并合影
2 艺兰名家李映龙与航天英雄杨利伟交流兰艺
3 中国花卉协会兰花分会副会长何清正向碧龙兰苑苑主李映龙授牌授印
4 葵花宝典

在这些光芒四射的荣誉下，李映龙的心态仍然平和。对他来说，拿不拿奖、担不担任职务已经不重要了。2002年1月他申请退养，专职从事兰花养植，保护、收藏和开发弘扬兰文化工作。现在的他不仅重视兰花养植，而且还把发扬兰文化、推动兰花产业向前进摆在了首位。他的兰苑有历代名人爱兰画卷和明代南中古代七贤赏兰图及一百多个不同体例的兰字构成的百兰图，将厚重深远的兰文化栩栩展现，填补了古今兰文化的空白，名人名家字画经典绝伦。华国锋、王光英、程思远、铁木尔·达瓦买提、王文元、李德生、雷洁琼、高占祥等党和国家领导人和启功、沈鹏、吴寿谷、王明明、欧阳中石、黎雄才、刘艺、王琦、刘炳森、郭怡琮、张道兴、文怀沙、冯其庸、贾平凹、廖静文等文化届名人为兰苑题赠字画墨宝共400多幅，兰苑还收藏有珍贵的宫廷字画。1998年、2000年，《中国兰花》两度推出碧龙兰苑专辑面向海内外发行5万多册，2001年9月，碧龙兰苑文化艺术展在北京中国革命博物馆展示，珠影白天鹅音像出版社为碧龙兰苑发行光碟CD录音带，中央电视台赵忠祥、虹云为其解说，著名歌星汤灿演唱《碧龙兰》，空政歌舞团黑鸭子演唱队郭祁演唱《大理多美》。2002年元旦由国家邮政局发行全国首套兰花精品明信片（5000套4万张）。上述这些举措在中国兰界尚数首创。

李映龙培育兰花精品和弘扬兰文化的举措提升了兰花的品位，将兰花推崇到了较高的境界，在兰界独树一帜，堪称典范。其业绩被收选在《中华之子》、《东方之子》、《中华之魂》、《世界优秀人才大典》、《世界名人录》、《世界人物辞典》、《伟大丰碑》、《中华纵横》、《中国英才荟萃》、《全国优秀复转军人传略》、《中国专家人名辞典》、《名家笔下的大理》、《民族青少年启示录》等数十部大型专辑中。他本人也受到了乔石、王光英、杨汝岱、王文元等国家领导人的接见!

功成名就以后，李映龙没有止步，他在艺兰人生的道路上继续奋力攀登，执着追求。为了弘扬兰文化，发展兰产业，他前后用5年的时间，策划筹备2007年1月份在北京举办首届中国兰文化大展系列活动。他不辞辛苦,风尘仆仆，奔赴全国各地，联系兰友，宣传此次大展活动的重要意义。他六次进中南海向中央领导汇报，他数次飞赴北京联络社会各界名流，争取社会各界人士的支持和帮助，为成功举办此次大展活动做出无私奉献。由于工作出色，他被评选为“云南省首届文化产业十杰企业家”称号，在构建和谐社会的进程中，他扶贫济困，奉献爱心，捐资助学，资助[illegible]遇有困难的群众，他都经常给予一些接济。在得知家乡人民修路资金困难的消息后，他一方面向有关部门申请到2万元，后又毅然一次捐资10.6万元。76岁的李绍基长者深情地说：“李映龙没有忘记故乡，没有忘记故乡的父老乡亲，他为故乡做了一件大好事，故乡人民享他的福，他热爱故乡的深情厚谊，父老乡亲永远不会忘记，我们衷心祝愿他事业更加兴旺发达！”

中国[illegible]的：“兰若其人，人若其兰，二人结合，德艺双馨”正是他艺兰人生的真实写照!

园主：孙智勇
地址：云南省大理市七里桥感通路
手机：13908728427
电子邮箱：dsz.szy@hotmail.com

兰有国香清益远 心若兰兮终不移

——记荡山洲兰园园主孙智勇先生

承兰文化千年历史传承的精髓，沐苍山洱海日月之精华，一位对兰花事业有着执着追求，历经兰市数十载的风云变幻，仍然抱定做人做事应如兰品，君子般正气、高洁与清雅的智者孙智勇先生，以其独特的人格魅力和诚信务实的经营作风，创立了荡山洲兰园，从而在兰界树立起一个知名品牌。作为中国兰花学会国兰种植资源园以及云南省兰花协会野生兰花驯化基地，荡山洲兰园以其规模宏大，精品、名品众多而成为兰界的一面旗帜，以兰花品种的收集、栽培、科研、交流为一体而名扬全国。

20世纪90年代，初涉兰花业的孙智勇虚心向民间兰艺师学习，在养植传统名品的基础上，不断选育新品。滇西是莲瓣兰的资源产地，在涉业之初，先生就着眼于莲瓣兰的收集与选育，为此，他的足迹遍及滇西的崇山峻岭。他也曾数次到外地考察学习。1995年春，他自筹资金数十万元，修建了占地8亩的兰花种植观赏园荡山洲兰园。经过几年精心选育，莲瓣兰中的一批珍稀品种被他挖掘出来，并得到了国际兰界的认可，如业界无人不晓的莲瓣名品“荡山荷”，从而大批港、台以及日、韩兰家如潮而至，使莲瓣兰走向了国际市场。

由于孙智勇对保护和开发兰花资源所做出的卓越贡献，2001年4月，荡山洲兰园被云南省兰花协会授予“云南省野生兰花驯化基地”的称号。2003年1月又被中国植物学会兰花分会正式批准为“中国兰花学会国兰种植资源园”。目前，兰园拥有上万株精品兰花，成为云南省乃至全国拥有兰花品种众多的兰园之一。走进兰园，兰蕙飘香。十几年来，孙智勇选育和开发的兰花品种达100多个，有莲瓣、春剑、春兰、豆瓣、四季兰、洋兰等品种。以上品种均有瓣型花、菊瓣（牡丹）、奇花、色花、素心、叶艺、花艺、叶蝶、水晶、叶艺素心、叶艺三芯蝶、山采矮种、矮种荷瓣素心及奇花等多个种类，并多次在兰博会上获奖，令兰迷们赞叹不已。他开发的精品兰花，如“药草”、“玉菊”、“红素”、“素冠荷鼎”、“风花雪月”及“繁星”等名品，已引起国内外兰花界的广泛关注。

蕩山洲蘭園

云南大理历史悠久，文化灿烂，素有“文献名邦”之称。据考证，早在一千多年前的南诏大理国时期，白族先民就有了爱兰、植兰、赏兰的传统。兰花在大理有着悠久的栽培历史、厚重的文化底蕴。

荡山洲兰园自1995年创立以来，举办了多次高档兰花展。2001年云南省首届兰博会就在荡山洲兰园成功举办，各省市精选了近千盆兰花参展。此外，每年兰园还会举办迎春兰展和以兰文化为主题的兰花艺术展等，充分展示兰花精品，引导和培育了兰花市场，极大地推动了兰花产业的发展。走上成功之路的他还不忘帮助养兰新手。每当养兰户遇到难题时，他总是热心帮助。在兰花品种鉴定与交流中，他待人亦如待兰，把自己多年积累的养兰、鉴兰知识毫无保留地传授给兰友。他编著的《兰花病虫害图谱》一书，自问世以来多次再版，受到广大养兰爱好者的青睐。如今，每年省内外都会有众多养兰户慕名来到兰园，学习养兰技术和栽培管理经验。

“愿为幽兰常青执着一生。”这是孙智勇的座右铭。在兰界历经风雨，他可谓是声名远播，这与其多年来广结天下兰友、诚信立业密不可分。他积极参加各项兰事活动，并为活动捐资出力。他认为进入兰界，必须以诚信为本，树立推动兰花事业良性发展的公心，绝不能时时处处以个人利益为衡量标准。 作为一个真正的艺兰人，应该德如兰品清新高洁，不为眼前浮利驱使，具备一颗向善之心、奉献之心！因此，他一直积极支持社会慈善事业，诸如为抗战老兵捐资；在日常生活中修路筑桥，造福乡里；并且热心捐资助学，不但扶助山区贫困失学女童上学，由他捐资盖建的“荡山洲希望小学”于2007年1月18日竣工。至此，孙智勇成为兰界捐资办学第一人。

春去秋来，寒来暑往，一路走来感受着兰花飘逸俊雅之灵秀。忆往昔，孙先生自踏入兰界以来，就以其智者的思维、独到的眼光，在莳兰过程中走精品化道路，不断追求探索，发掘培育新品。基于长期以来他对兰花事业的卓越贡献，成为了当今兰界的领军人物，从而也成功打造了“荡山洲兰园”这一知名品牌。他现任中国兰花学会、中国花卉协会兰花分会常务理事以及云南省兰花协会副会长等数职。在成就面前他淡泊宁静，时至今日，先生在艺兰道路上仍然孜孜不倦，矢志不移，勇攀新高，用人格魅力铸就艺兰事业，续写艺兰人生华章。

1 剑川县县长向孙智勇颁发奖牌
2 “荡山洲希望小学”学生代表发言
3 繁星

香格里蘭苑

"太阳最早照耀的地方，是东方的建塘；人间最殊胜的地方，是奶子河畔的香格里拉。"自从英国人詹姆士的小说《失去的地平线》问世以来，作品中所描绘的香格里拉曾引起无数人的向往。一直以来，任何与香格里拉有关联的事物都是美好的。

惟有兰为君子伴
万叶千花供世看

苑主：肖云
地址：云南省　丽江市
手机：13988825885

丽江城　偏偏孕育养兰人

坐落在中国云南省滇西北的世界文化遗产古城丽江，盛产奇花异草，是有名的产兰区。1995年，在这得天独厚的河谷气候的孕育下，香格里兰苑应运而生。她是殊胜的、美丽的。而这座小巧精辟的兰苑的主人就是中国植物学会兰花分会理事、云南省兰花协会理事、丽江市兰花协会副会长肖云先生。

肖云先生以前从事建筑行业，在剑川建筑公司里担任设计一职。出于对兰花的爱好与追求，他便栽培了一些大小雪素，摆在办公室、卧室里欣赏。逐渐地，大小雪素每年发芽，他除了不断赠送朋友外，也卖了一些，虽然当时很便宜，但也产生了经济效益。

1993年，由于改革开放后市场经济驱动，兰价上扬，兰市活跃，他栽培兰草得到了可观的回报。从此，他开始认真研究兰文化，研究栽培方法，扩大栽培品种。最让他骄傲的是他用本地老的纯天然栽培方法，培育出了新奇特的品种十余种，如奇花王、七星牡丹王、银河映月、白云素荷等。这些新品种的诞生，不但是对肖云先生多年以来养兰成绩的一种肯定，也极大地鼓舞了他发展养兰事业的信心。

1　春剑·七星牡丹王
2　莲瓣兰·银河映月
3　莲瓣兰·白云素荷

幽兰花　袅袅漫溢香格里

1995年，肖云先生出资约200多万元，建立了香格里兰苑，占地面积约二亩。

香格里兰苑虽然不大，却小有名气，这是为什么呢?

因为传统的兰文化是兰苑的精神，优质的兰品质是兰苑之生命。十多年来，香格里兰苑自强不息，不断地收集引进传统名兰，又在丰富的野生兰中不断地发掘选育出新的兰花精品。兰苑内名品繁多，品系丰富多彩，很多品种在国家级兰花博览会上频频获得特金奖、金奖、银奖、铜奖，从而确立了兰苑的品位。多年来肖先生经过不断收集，引进各种兰花精品、珍品进行精心培育，目前已拥有素花系列、瓣型花系列、色花系列、蝶花系列、奇花系列、线艺草系列等共80余种、500多盆。

在兰花栽培方面，兰苑以传统栽培方法为基础，用科学的发展观广泛引进国内外先进的科学栽培、管理技术，研究出一套可靠有效的栽培管理方法，使苑内兰花生机勃勃，郁郁葱葱，健壮盈盆。兰叶完整润泽，婆娑多彩，得到了国内外艺兰专家和艺兰爱好者的好评。国家兰界著名专家教授陈心启、刘清涌、潘光华等人都前来兰苑赏兰品花，并为兰苑题词共勉。

肖云先生常对他人说："养兰要量力而行，多栽稳定、优秀的兰花品种，认真研究适合自己的栽培技术，才能获得更好的经济效益。"他是一位养兰人户，但行事低调，从不喜欢宣传自己。对他来说，爱兰自在心中，并不需要整天挂在嘴上。获得成功后，肖云先生拿出部分资金捐助贫困山区的困难户，并积极指导广大养兰爱好者。在肖先生的带动、组织下成立了丽江地区兰花协会，曾担任秘书长，现任副会长，主要主持兰协的日常工作。目前丽江地区兰友已发展到了六、七百名，并每年举办丽江地区兰展。

肖云先生以香格里兰苑为媒，以高尚的兰花品格、良好的兰德、真诚的心意，结交兰友。愿他与兰友共同发展，为兰花事业的美好明天继续努力!

苑主：吴志生
地址：云南省红河州蒙自县
手机：13987387076

芝兰情

亮节英风举世存

兰花是什么？
从文化的角度看，兰花是活的艺术；
从经济的角度看，兰花是增值的绿色股票；
从耕作的角度看，兰花是引人探索的一方自然天地；
从品赏的角度看，兰花是清心怡情的景致；
从云南省红河州蒙自县兰花协会会长吴志生先生的角度看，兰花是含情守贞的人生伴侣。

坚持不懈 芳兰回报

20世纪80年代初，吴志生先生从部队复员回家后，被分配到州糖果厂。虽然当时每月的工资只有40来元，但他感觉很充实。工作之余，朋友相聚，常听他们谈论兰花。兰花是什么？是花卉，是文化，是经济，是美物，是自然……对当时的他来讲，一切都是陌生的。随着时间的推移，兰花的枝、叶、茎、脉渐渐进入他的思想和生活，他喜欢上了兰花。在部队上养成的说干就干的性格让他在1987年正式加入了养兰的队伍。

吴志生先生养兰不像很多人那样一帆风顺，可以说是白手起家。对他来说，养兰成功最重要的就是坚定自己的选择和坚持不懈的努力。初入兰界，吴先生没有什么经验。第一次购买兰花，他用一个月的全部工资买了一株人们所谓的价值100元的小草，培育一段时间后，人们又说这是一株粪草货，不值钱。但他不气馁，继续购兰养兰。天道酬勤，吴先生的兰花开始有了效益。他把赢利全部又用于购兰花，几年来，他养的兰花越来越多，成为了蒙自县小有名气的养兰人。

为了搞好兰花事业，1998年，吴志生先生退职回到家中，成为了养兰专业户。至此，他把他的全部热情和精力都奉献给了兰花事业。功夫不负苦心人，随着全国养兰高潮的到来，他在养兰的道路上如鱼得水，他的经验得到了社会的认可和同行的肯定。多年以来，吴先生不断进行兰花栽培技术和管理技术的钻研以及兰花新品种的开发，培育出了红河奔流（红河风光）、红河芯蝶（奇花）等豆瓣兰的优秀品种。2006年，吴先生的九州红梅和红河奔流等获得云南省丽江第六届兰博会和第十六届全国兰博会金奖，这也是对他这么多年养兰事业的极大肯定。

兰花人生 灵均千载

红河兰苑建立于1987年，面积400平方米左右，兰苑采用全封闭纯自然的栽培管理方式。其中各种中、高档兰花有千余盆，代表品种有九州红梅、红河红、红河奔流、奇彩红河、玉兔、五彩麒麟、桃园三结义、天彭牡丹等。

对兰花的交易，吴志生先生有自己的一套方式，他每年要买进一百多万元的兰花，又要售出二百多万元的兰花。交易中，他总是从花的花型、叶态、根状、病况、色香五个方面分析定价，让买或卖的人心服口服。他的兰花，已经远销到了云南、四川、广东、中国台湾等地。

多年以来，兰花已经成为了吴先生生命中的至爱，每一苗兰草到他手中，都如获至宝，倍加珍惜。他还带领当地兰友和下岗工人养兰致富，共同发展红河州的兰花产业。2005年元月，红河州组建了州兰花协会，吴志生先生被兰花爱好者选为红河州兰花协会副会长；2005年5月蒙自县成立州兰协分会，他又当选为红河州兰协蒙自分会会长。吴先生有一个愿望，那就是让红河州与全国的兰市接轨，将其做大做强，他祝愿红河州的兰友兰业兴旺发达！

古人曰：兰生幽谷，不因清寒而萎缩，不以无人而不芳。我们衷心祝愿吴志生先生的兰花和他的兰花事业进一步得红河苍穹之灵气，汲天地之精华，馨溢四方，香遍神州！

1　豆瓣兰·红河红
2　红河奔流
3　奇彩红河

兰蕙竞芬香满园

——记云南玉溪兰家杨小林

苑主：杨小林
地址：云南省　玉溪市
手机：13013379578

杨小林先生出生于中医世家，就读于云南省玉溪市卫生学校，毕业后一段时间内经营中药材，踏遍了云南的山山水水和省外的不少崇山峻岭。不少地方山高水长，兰蕙竞生，幽香满谷，使对兰花颇有灵气的他受到了深深的影响和熏陶，再加上他所经营的场所玉溪市花鸟市场在20世纪90年代末和21世纪初，是玉溪兰事活动最集中、最活跃的地方：玉溪市兰花协会咨询部就坐落在这里，若干个大大小小经营兰花的摊点商铺也集中在这里，兰花交易终日热闹，隔三差五还有市兰协组织的兰展、兰事讲座等活动……多种机缘的巧合让他走上了养兰之路，并很快入门，且精于此道。

经过一番苦心经营，短短五六年，他便拥有了许多兰花名品佳种：莲瓣兰有玉兔、丽江星蝶、药草、碧龙红素、黄金海岸、玉菊、滇梅、倚天奇蝶、奇花素、玉龙梅、剑阳蝶、苍山奇蝶、点苍梅等；春剑有奥迪牡丹、桃园三结义、红塔芯蝶、五星蝶、皇冠蝶、小林大荷、红梅、矮种、叶蝶、叶艺等；春兰有姜氏荷、天彭牡丹、红塔牡丹、一代佳梅、春兰梅瓣、春兰红素、春兰边草素花两袖秀清风、舞蝶等；豆瓣兰有小林芯蝶、观音坐莲、红覆轮、笑天荷等；绿兰有国色牡丹、线艺中透花、菊瓣奇花等数十个名品佳种，成为云南兰界一个拥有兰花品种较多，精品、名品较全的知名兰苑。

杨小林先生的最大特点还在于他十分注重对兰花新品、精品的选育和开发，先后选育开发了一批独有的精品、极品兰花，如春剑多个品种的蝶草边草、春剑红塔星蝶、春兰一代佳梅、春兰两袖清风、豆瓣兰小林芯蝶、豆瓣兰观音坐莲等。其中大多是兰花中的极品、精品、绝品，受到了兰友广泛认同和追捧，部分品种如小林芯蝶等被日本兰家买走，另外一些品种被国内有名兰家引种。作为主要开发者之一的春兰红塔牡丹，在2006年云南省第6届兰博会上获得特金奖后，如今身价大增，已成为了主流品种之一；春剑红塔芯蝶在2006年第6届云南省兰博会上荣获金奖，当时即受众多资深兰家追捧。

虽说杨小林先生投身兰界时间不长，所栽培的花却在历界中国兰博会或其他各地兰博会上不断获得特金奖、新精品奖、金奖等，是玉溪兰界乃至云南省兰界获奖较多的兰家之一。

杨小林先生还用一种开放的心态来植兰艺兰、经营兰花，对兰花品种没有狭隘偏见，只要是好的兰花品种，都在他收集开发范围内，故而他的兰苑里既有众多云南莲瓣兰名品佳种，也有省内外其他一些地方的春剑蝶草、春剑桃园三结义、春剑五星蝶、春剑红塔芯蝶、多个品种春剑叶艺等；春兰一代佳梅、春兰两袖清风，豆瓣兰小林芯蝶、豆瓣兰观音坐莲等也是他独自开发选育的当家品种；送春国色牡丹、墨兰奇花等在他的兰苑里也有一席之地。

杨小林经营兰花的主要特点：

一是十分重视与本省主要产兰地区文山、红河等地的许多中小兰商，甚至出没于山野的兰农的交往，他们中的许多人在采挖到一定档次的兰花品种时总会及时打电话告诉他信息或是送来给他选购，为此，小林兰苑总会陆续不断地有兰花新品、精品面世。

二是注重市场开发，与省内大理、昆明、文山、红河等地的兰家及省外广东等地的兰家保持紧密联系，并与日本、韩国等地的兰家有着交往，把许多外面的兰花精品引入了玉溪、引入了云南；同时，又把一些云南兰花的优秀品种流通到省内外甚至海外。

三是部分品种快进快出，流通量大且交易频繁，对搞活市场产生了积极作用。

杨小林先生虽然经营兰花短短几年时间就在兰事上取得了一定成就，但他深深知道，兰花博大精深，兰界成功人士辈出，一山还比一山高，一个还比一个强，自己还要虚心地向做得好的兰界人士学习，努力做得更好，为兰花事业的发展贡献力量。

1 春剑 · 新种蝶草
2 春兰 · 一代佳梅
3 春剑 · 五星蝶

苑主：黄德敏
地址：云南省　巍山县
手机：13508826599

天地精气 铸就兰心清魂

德馨蘭苑

■ 交游多在兰之间

黄德敏先生是巍山人，他传承了滇西高原人们特有的勤勉，给人一种精干朴实、如伴青山的感觉。他原是巍山县铁件加工厂副厂长、大理州第一批企业干部培训班优秀学员、巍山县第一批先进经营者。他更是云南兰业发展的先驱，被兰友尊称为“兰圣”。

1984年以前，那时的黄德敏先生对兰花一窍不通，但受到当时中国台湾、日本通过外贸出口兰花的影响，他敏锐地看到了兰花发展的趋势，并认识到兰花可以作为一种事业来经营，于是黄先生买入了近十万元的兰花。但由于当时他不懂兰花，鉴别能力差，买进的兰花仅仅价值一万多元。失败并没有击倒他，他吸取经验教训，广交兰友，潜心研究栽培技术，并收集了大量的新、特、奇精品，用自己纯自然栽培方法培育，终于在1990年以后，陆续推出了一些价值极高的兰花新品。目前流行于云南的兰花精品，很多都是他发掘的，比如包草、药草、水晶梅、长脚梅、锦上添花、龙飞凤舞、天荷等。

■ 平生亦即好精新

为了寻求好的品种，滇西怒江、澜沧江、金沙江沿岸遍布了黄德敏先生寻兰的足迹；维西、保山、兰坪等人迹罕至的原始森林里也留下了他的身影；他甚至还到过缅甸、越南的边境交界地带去采兰，探访兰情。每看到一株新品，他都爱不释手，总是倾巨资纳入自己园中。为了收集新品，他花光了所有的积蓄，不顾家人的反对，也不怕倾家荡产，始终坚持走自己的艺兰之路，他坚信会有柳暗花明的一天，坚信自己一定会成功。终于功夫不负有心人，他的包草获得了第五届昆明兰博会金奖，又被韩国人评了个特金奖。

最值得一提的是黄德敏先生的大唐凤羽了。大唐凤羽是黄先生从龙根草就开始培育的，经过五年的精心栽培，终于在2005年放花了。他怀着激动的心情前往四川参加第十五届乐山兰博会。在此之前，他还将大唐凤羽拿到雅安参加了一次地方兰展。大唐凤羽一经亮相，即轰动兰界，受到了专家和广大兰友的热烈追捧，并获得特金奖的好成绩。至此，大唐凤羽的出现回报了他二十多年来执着、坚定、痴心不改的艺兰精神，让他在瞬息之间摆脱了连年欠债、生活拮据的困境。他一共拥有30多苗大唐凤羽，现在已经卖出了20多苗，而且还远远供不应求，着实令人惊叹。

云南省大理州巍山县是南昭国的发源地，历史文化悠久，文物古迹众多，风景名胜荟萃。巍山有一种乐器叫做笙，每一个音吹出的都是和声，悠扬深远。它不仅为人们述说巍山的渊源历史，还为人们娓娓讲述巍山流传已久的兰花文化。

以兰为媒寄豪情

黄德敏先生说："兰花具有一千多年的历史，原本就有价值，目前兰花行情很好，带动了社会的经济发展，解决了一部分人的就业问题，使人们生活稳定，对社会发展起到了和谐的作用，是一个极具发展前途的产业。但是，在经营当中，要讲兰德、兰品，讲诚信，不能制假卖假。"兰花让他致富了，他也要用兰花来回报大众。他团结兰友，共同交流养兰经验，带动了当地很多兰友致富。他还积极参加各地兰展，从第一届到第十八届全国兰展都留下了他的身影，并多次获得了特金奖、金奖、银奖、铜奖的好成绩。他还为巍山一中捐资助学5万元；捐助巍山文物保护开发8.95万元；资助社会贫困救济5.6万元；解决了30多个待业人员的就业问题……

如今，黄德敏先生的兰园已成了兰友集中，共兰赏析、联络感情的场所，兰友相聚，络绎不绝；交流兰事，其乐融融。他的新品如大唐风羽（二凤、三凤）、大唐奇观、大唐盛世、花花世界、红源彩蝶、红源笑蝶、七星揽月、奔赤（红素）、锦绣南国、鸳鸯奇蝶等，将逐年推出，造福兰界。

愿滇西高原永远都有兰花飘香，愿黄德敏先生的兰花飘香全国、飘香世界！

1 莲瓣兰 · 大唐凤羽
2 莲瓣兰 · 大唐奇观
3 莲瓣兰 · 天荷

宏陽蘭閣

园主：李光宏
地址：云南省　大理州
手机：13608725292

宏瞻兰界 阳洒中华

——李光宏先生和他的宏阳兰阁

苍洱故地，物华天宝。养兰爱兰之风，源远流长。生于苍洱之间的李光宏先生，禀承故土养兰种兰之悠远传统，深谙爱兰惜兰之生命至理。近不惑之年，幸遇兰界名师孙智勇先生，在其悉心指导之下，逐渐走上专业养兰之路。之后便痴心难改，一发而不可收拾。两年间，遍访天下之名兰名品，足迹踏遍四川、浙江、江苏、上海、广东、武汉、贵州、台湾等全国大江南北，甚而远涉日本、韩国等远邦近邻。初入兰界，深得杨华贵、王义刚、王元修等养兰名家之启蒙，后又经常与李映龙、李红崟、陈少敏等全国兰界知名人士交流养兰爱兰之经验，品兰爱兰之修养日益增长，养兰护兰之技术日臻成熟，其执着的养兰经历和惜兰如命的人生品格，深受全国及世界各地兰界友人的称誉，影响力日益扩大。

1 春兰 · 永昌蝶
2 龙梅
3 春兰 · 馨海牡丹
4 龙女

宏阳兰阁，由李光宏先生始创于2004年9月，概取“宏瞻兰界、阳洒中华”之意。两年来，李光宏先生不断借鉴和引入养兰护兰之新理念，遍访天下名品名兰，广泛求教于名师名家，终使宏阳兰阁从创始之初的寥寥数盆发展至今日名品荟萃、规模空前、蔚为壮观的局面，在第十四至第十六届中国兰花博览会上，一举摘得特金奖两枚，金奖八枚。此外，还50余次参与省、州各级兰展，获奖无数。2000余盆的养植规模，良好的经营效益、现代化的全新管理理念，使宏阳兰阁逐渐呈现蒸蒸日上，成为人观的人气保定角。此外，金沙树菊、粉荷、馨海牡丹、永昌蝶等全国稀有的100余种兰花珍品，更使宏阳兰阁散发着清新隽永的恒久魅力。

苑主：宗志勇(右) 高国平(左)
地址：大理市开发区息龙公寓A-01号
手机：13808767688 13908729179

诚心铸就品质 品质铸就辉煌

——记大理州养兰名家宗志勇和他的国香苑

大理好风光，世界共分享。国香苑兰苑位于风花雪月的故乡大理市，苑主是宗志勇、高国平兄弟。在文献名邦的大理，不但风景优美、气候宜人，而且兰花资源丰富，民间自古就有爱兰、养兰的风俗。宗志勇、高国平对兰花有着挚着的追求，2001年以来，他们投入资金，爱兰、习兰、培兰、育兰，在李红鉴的悉心指导下，从普通的兰花爱好者成为兰界的佼佼者。

2003年第十三届中国（大理）兰花博览会前后，云南兰市一度低迷，兰界的信心倍受打击，但就在这低潮期，宗志勇先生却不遗余力地推动兰花市场发展，他奔走于四川、云南两地，他向四川大量推荐剑阳蝶、苍山奇蝶、黄金海岸等莲瓣兰，为云南兰市的从新起步居功至伟！同时，他从四川引进了西蜀道光、桃园三结义、君荷、天彭牡丹等进行对等贸易，在这个过程中，他真正成为四川、云南之间的一个桥梁，而一把大胡子的标志性形象成为兰界的一个品牌。

国香苑借兰养德，以德会友、秉承诚实守信之风范、杜绝以假乱真、以次充好，与兰友一道共同弘扬兰花文化，为兰花事业的繁荣和发展做了很多卓有成效的工作，以一名使者的身份在各地兰友间牵线搭桥。在不长的时间里国香苑也成为一座品种齐全、养植水平高、经营合理的知名兰苑、而最让宗志勇先生自豪的，则是他为广大兰友所认可。"拥有众多朋友是我最大的成功！"宗志勇先生进入兰界时间并不长，在上一次的兰市热潮中，他并没有受益，但由于他的虚心，他的执着，使他在品种鉴别、栽培管理、投资选种上都练就了非凡的眼光，厚积而薄发，在低潮时期逆流而上则是非常人而莫能为，不得不令人折服，他的成功也就成为必然。

国香苑在机遇中求发展，在发展中求突破，在大理这块古老、神奇、美丽的土地上不断发展、壮大。今天的国香苑拥有了川、滇、江、浙等地众多的精品：黄金海岸、滇梅、奇花素、苍山奇蝶、剑阳蝶、粉荷、汗血宝马、星海蝶、玉兔、丽江星蝶、荷之冠、永昌蝶、桃园三结义、五彩麒麟、国色牡丹、天彭牡丹、锦绣中华、乌蒙牡丹、君荷、光登梅、多朵蝶、虎蕊、黑猫、大元宝蝶、知足素梅、神州奇、国香牡丹、白玫瑰等，琳琅满目，让人目不暇接，而宗志勇先生也得到兰界的认可，先后成为大理州、市兰花协会副理事长、中国花卉协会兰花分会理事。

	2	4
1	3	

1 粉荷
2 春兰 · 多朵蝶
3 莲瓣兰 · 黄金海岸
4 汗血宝马

文化大理，魅力无穷；兰花大理，香飘四海。神奇美丽的云南大理是著名的花卉之乡。俗话说：中国的兰花在云南，云南的兰花在大理，大理是名副其实的“兰花之乡”。株株兰花孕育出了代代爱兰人，方祖文先生就是其中的佼佼者。

苑主：方祖文
地址：云南省　大理州
手机：13987204639

蘭心照汗青

芳兰文化须弘扬　绿色之梦始完成

兰花于文化人而言是一个值得吟咏的永恒主题，因为这位“花中君子”具有永远难以穷尽的神韵。方祖文先生出生于大理南昭古都发祥地巍山县。在养兰之前，他从事过很多投资项目，完成了原始资金的积累。他说，自己涉入兰花界并非偶然，更不是被兰花的高额利润所诱惑，而是因为成长在赏兰、爱兰的养兰世家，父辈在自家庭院中养植兰花，芳香自赏的农家生活熏陶了他，使他深深地爱上了兰花。但是，他并不满足于这种家庭作坊式的养兰方式，他把兰花作为完成先辈厚望的绿色之梦。

方祖文以他游刃有余的经商悟性感觉到要做成一番事业，必须出手不凡。于是他在兰市回升的1999年投入200万元，以高起点、大规模冲入兰花市场，购进大雪素以上的名品、精品，甚至极品。在他独到眼光的指引下，不仅半年内所投入的资金即全部收回，还略有赚。此后他直追规模效应，逐渐把兰花产业真正做成了融栽培、鉴赏、交流与销售为一体的文化事业。他很快成了兰界的后起之秀，在兰界被人们誉为“少帅”。

兰香幽幽沁心脾　兰苑盛名扬四海

2005年，经中国西部知名品牌组委会、中华品牌发展中心、中华知名品牌网权威机构市场调查、社会综合评价、专家审核认定，“祖文兰苑”被授予“中国西部大理知名兰苑”，这是云南省滇西地区唯一获此殊荣的名兰苑。

目前，祖文兰苑拥有的名品兰花有玉兔、大唐凤羽、丽江星蝶、星海蝶、桃园三结义、红素、锦上添花、炎黄子孙、黄金海岸、药草、梁祝、桃园蝶、滇梅、长脚梅、朱丝玉荷、赵氏梅、五彩麒麟、奇星彩蝶、西蜀道光、春兰黑奇素、大小雪素等；并有一些新品在培育之中。至今，他栽培的兰花中有奇花、色花、蝶花、瓣型花、素花、水晶、叶艺、叶蝶、中透、矮种等种类，莲瓣、春剑、春兰、豆瓣、蕙兰等样样俱全。兰苑中兰花香气浓郁，令人陶醉；兰花相映生辉，争妍斗丽，使人置身于雅致高贵的幽香世界。

万两黄金未为贵　一生诚信应无价

方祖文先生受过良好的高等教育，素质修养高，崇尚职业道德，随着时间推移，“兰心蕙质”成了他人品的真实写照。由于他的诚信和超乎常人的鉴赏力，赢得了广大兰商和养兰爱好者的信任，于是向他求购兰花，特别是求购精品兰者蜂拥而至，近则鹤庆、洱源七八县，远至楚雄、怒江六七州，更有广东、浙江五六省，也有我国香港、台湾一两地，遍及省内外20多个县市和地区。以兰会友是方祖文养兰置苑的重要目的，以自己的成就和影响弘扬兰花文化，是他毕生追求的精神目标；以君子之心待人是他从品兰中悟出的真谛；把兰品和人品合二为一，是他研习兰韵博学精深之举。

方祖文先生还积极致力于云南省兰花资源的推广、开发和保护，使兰文化在云南弘扬光大。现在，在他的带动下，大理州内很多人走上了芳香的致富之路。他常对兰友说：“要量力而行，多栽稳定，优秀的兰花品种，认真研究适合自己的栽培技术，才能获得更好的经济效益。”他的话很朴实，却让人们对他的敬意油然而生。高洁美慧的兰花，高尚质朴的养兰人，他们相似，他们血脉相连，人品花品一样的馨香久远。愿方祖文先生和他的祖文兰苑欣欣向荣，进一步实现他发展兰花市场、强大兰花产业、造福一方社会的美好愿望。

1　莲瓣兰 · 炎黄子孙
2　莲瓣叶蝶新品
3　春剑 · 红素

春水蘭園

园主：唐学成　刘利学
地址：云南省文山州广南县
手机：13908769375（唐）
13887663677（刘）

广南县是祖国西南边疆一颗灿烂夺目的明珠，这里河山锦绣，风光如画。古老而又神秘的句町古国发源于此，消逝于斯。大自然对这片土地给予了较多的恩赐。森林茂密、群山竞翠，河流交错、水网纵横，雨量充沛、土地肥沃，风和日丽、四季如春。优越的自然环境为兰花的生长提供了得天独厚的条件，因而广南盛产兰花，常见的品种有春兰、春剑、建兰、寒兰、秋墨、邱北冬蕙兰、秋芝、送春、虎头兰、密蜂兰、硬叶兜兰、飘带兜兰、蕙兰、珍珠兰、火烧兰、富宁兜兰等几十种。经过广南兰友们近二十年的选育，收集了许多具有开发价值的兰花精品，相信在不远的将来，广南兰花将会向世上的爱兰君子们呈献芬芳，让天下兰友一起为广南兰花痴迷陶醉。春水兰园就产生于广南兰花这片沃土之中。

春水兰园因培植、开发了春兰“一江春水”而得名。“一江春水”花为三心蕊蝶，花开正格，色彩艳丽，开品大方。观其芳姿，细品令人心旷神怡，爱不忍舍。其草中心叶呈蝶化状，壮苗叶蝶化可达3—5片，四季之中均可赏叶见花，平添了植兰的无限快乐。

1　春兰蝶草 · 一江春水
2　春兰蝶草 · 一江春水

春水兰园由唐学成、刘利学两位先生共同创办，唐先生为广南人，刘先生为云南水善人，前世注定的兰缘使两人陶醉于兰花从中而不能自拔。两人共同的愿望是齐心协力，让尽可能多的兰友共享广南兰花的芬芳。近二十年来，园主立足广南潜心收集，精心培育本地兰花，奋力打造精品兰园；放眼向外广交朋友，学习别人的艺兰经验，提高自身的兰艺水平，使春水兰园建设有了较快的发展。园中现有：一江春水、同心彩蝶、白玉梅、九龙牡丹、现代彩蝶、秋芝金蝶、翼梅、南国之春等数十个品种的精品、珍品兰花。园中的“广南春剑”在1995年昆明兰博会荣获铜奖，“南国之春”在2004年玉溪兰博会荣获铜奖。园主正在潜心修行，立意在今后的兰博会上夺金逐银。

春水兰园真诚欢迎天下的兰友到园中来欣赏、交流。

保山兰花 香飘四海

保山，古称永昌，历史上曾是哀牢国胜地。其东与临沧地区接壤，北与怒江州为邻，东北与大理市分野，西南与德宏州相连，正南及西北与缅甸交界。境内云耸三山（云岭、怒山、高黎贡山），千峰叠翠；水汇三江（澜沧江、怒江、伊洛瓦底江），百川争流。雄奇壮丽、气象万千的空山幽谷中，植物广被，百花争艳，兰蕙竞生，有着极为丰富的兰花资源。据科学调查，仅“一山分四季，十里不同天”的高黎贡山自然保护区内，迄今已发现并用拉丁文命名的兰科植物就有 73 属之多，几乎占了我国所有 150 余属的半数。历史上一些地方因盛产兰花而得名，如“兰津渡”、“兰花坡”、“老兰山”以及徐霞客特意做过考证的“兰香甸”等等，故保山民间素有“屁股落地坐着药，脚走三步踩兰花”之说。

保山莳兰怡情的行为在明清就已盛行，明代张含、清代陈纶等名士在诗文中都描述了保山人养兰赏兰的画面。雍正癸卯进士陈纶在其《艺园记》中写到：“履是园也，杨柳依依，棠梨映也；鸟鸣嘤嘤，连香远也；霖霖瀼瀼，兰桂芳也……”这是迄今所知最早的关于保山园林莳兰的最早记载。正是鉴于保山丰富的兰花资源和深厚的兰文化底蕴，1985年保山市人大常委会通过提案，确定兰花为保山市市花(县级市)，在保山地改市后，2006年8月，保山市人大常委会决定将兰花定为保山市（地级市）市花。

如今随着保山经济的不断向前发展，人民生活水平的逐步提高，保山人养兰赏兰的风气更盛，兰艺水平迅速提升，兰事交流活动频繁，凭借保山得天独厚的资源优势，继承并发展兰艺传统，相继驯化选育出了一大批多姿多彩、特性稳定、具有很高审美价值与商品价值的兰花精品。如莲瓣兰正格荷瓣花：荷之冠、紫熹荷、昆华荷、甲壳虫、云熙荷、天使荷、新雨荷等；无子房的“抱杆”花系列有：状元梅、永昌梅、昌隆梅、夏氏梅、董氏梅等；宽叶莲瓣素系列有：如意素荷、九龙素、芽黄素等；黑花系列有：莲瓣边草黑奇素、莲瓣黑凤凰、春兰青奇素等；春兰树型花系列有：火山魂、千喜菊、步步高等；蝶花系列有：莲瓣红花三星蝶、春兰和顺牡丹、千喜奇蝶、冰心牡丹等；硬捧梅瓣花系列有：丽梅、玉天鹅、宝石梅等；红舌系列有：日出东海、丹顶鹤、峡谷红等。这些名品大都在全国兰博会以及各种层次的兰事活动中获过大奖，还有各类水晶、矮种、奇花、叶艺以及花叶双艺、三艺花如奔驰牡丹、银河、龙女等等，时常给兰界平添一份喜悦，带来一片希望。保山兰花正在走向全国，走向世界，香飘四海。

1 荷之冠
2 天女散花
3 莲瓣兰 · 锦园荷

象山兰苑是杨朝君先生苦心经营的一个兰场，经过数年的精心打造，早已蜚声兰界。苑内虽然没有小桥流水的景致，但四时花卉不绝，特别是冬末初春兰花绽放季节，阵阵幽香飘飘荡荡，闻一闻沁人心脾。以花为媒，兰苑朝迎亲朋暮送嘉宾，苑虽不大却吸引了四海朋友，凝聚了兴旺的人气。主人说：它是兰苑的精神，也是兰苑的魂。

苑主：杨朝君
地址：云南省　保山市
手机：13987534695

象山蘭苑

养花先养心　做人有兰德

杨朝君先生曾从事过数种职业，几经风雨后在建筑业终于打拼出自己的一片天地，而在其事业的兴旺时期，一个偶然的机遇让他邂逅了兰花。也许是灵感的触动，也许是天缘的眷顾，一时间杨朝君先生被兰花雅致的格调和深厚的文化内涵所吸引，敏锐地意识到高雅的兰花中蕴藏了广阔的商业前景，深信自己在其中一定会大有作为。于是在建筑业激流勇退，潜心钻研起兰艺来。他走遍大江南北取经问道，为一个小小的栽培技术不耻下问；为求购一苗珍品而跋山涉水不辞辛劳；遇到惜售的花主，三顾茅庐而不舍，往往以高出市场的价格重金求购……经过几年的努力求索，象山兰苑的兰花精品、珍品数量不断增加，现已收集了：金沙树菊、天女散花、锦园荷、荷之冠、绣荷鼎、星海蝶、碧龙红素、桃园三结义、天彭牡丹、玉兔、梁祝、玉堂春、苍洱牡丹、状元梅、冠神、银边黑奇素、锦绣荷、黄金海岸、合家欢、丽梅、乌蒙牡丹、君荷、九龙菊、北极星、披星戴月、云熙荷等130余个以莲瓣兰、春剑、春兰为主的荷瓣、梅瓣、奇花、水晶、叶艺等优秀品种。与此同时，杨朝君先生的栽培技术也日益精湛，许多兰友难养的老、弱、病、残草请他代为栽培，往往都收到了起死回生的神奇效果，他售出的兰花在不同的养植环境都能很好地生长，而且销售后往往要进行跟踪服务：兰草发芽没有？长势如何？卖了没有？有时干脆直接帮助养植和销售，就怕别人买他的花后亏了，如果谁赚了钱他就特别高兴。

面对商品经济大潮中“拜金主义”衍生的各种不良行为，杨朝君先生观点十分明确。他认为：养花先养心，做人应有兰德，兰花交易要讲诚信，不能以假乱真、以次充好，更不能坑蒙拐骗，以兰会友、共谋发展才是正道。由于杨朝君先生为人厚道、乐于助人，兰友都乐于与他交往，象山兰苑常常是高朋满座，大家品茶、聊天切磋兰艺，乐此不疲，宾主之间相互无猜，其乐融融。

走出象山兰苑，一路上虽寒气逼人，但感受了兰苑里温暖的友情、亲情，笔者心里倒也感觉暖暖的。

濛花蘭園

园主：卢启隶　　总经理：王德仁
地址：浙江省台州市黄岩经济开发区
手机：13906572928（卢）
13957609879（王）

濛花兰园是浙江濛花喷雾器有限公司建造的兰园，园主卢启隶酷爱兰花，建有宽畅的三控兰房。总经理王德仁是中国花卉协会兰花分会理事、中国寒兰研究会常务理事、黄岩兰协副会长、西江兰苑苑主，痴迷国兰数十年，喜结兰缘，诚交兰友，收集了一批国兰新老珍品。两家合作，集场地设备与兰蕙品种于一体， 至今已有了一定的规模。

国兰品种除传统的外，新花中春兰有仁海梅、天仪梅、九龙梅、洛神、奇珍新梅、罗翠绒梅、杜字、文秀、祥荷、文日荷、中兴荷、君子荷、皇冠玉荷、仁海蝶、蕊之皇、蕊皇、海川蕊蝶、华鼎晶蝶、华鼎蕊蝶、大龙胭脂、天彭牡丹、乌蒙牡丹、中华麒麟、五星蝶、大元宝、虎蕊、乌蒙白彩、豹蝶、金碧辉煌等；蕙兰有珍梅、江干圆梅、梦求、神桃、仙荷极品、流云、祥梅、群英荟萃、丽蝶、红龙蝶、绿牡丹、狮舞等；寒兰有当顶红蝶、海川红雁、紫气东来、西江红梅等；春剑有玉海棠、逐笑颜开、双喜梅等；莲瓣兰有玉龙梅、滇梅、剑阳蝶等。此外还有一批尚待命名的兰草。

1	2	3	4

1　蕙兰 · 神桃
2　春兰 · 仁海梅
3　春兰 · 乐山蝶.
4　蕙兰 · 卢氏蕊蝶

园主：卢秀福
中国花卉协会兰花分会常务理事、副秘书长
浙江省兰花协会常务理事
台州市兰花协会副会长兼秘书长
地址：浙江省台州市黄岩区印山路218号8幢7号
邮编：318020
电话：0576—4111388（宅）
手机：13806581199

善以待人 诚信为本

国兰园位于浙江省东部的沿海城市台州市黄岩区，是一处占地200多平米的高档兰园。

园主卢秀福先生十几年来收集兰花，结交兰友，善以待人，诚信为本，成为了当地的养兰带头人。在他的组织安排下，兰友们经常组织在一起，开展学习兰花科技知识、切磋兰艺、交流品种等活动，以提高艺兰水平，让台州的兰花走到了浙江省兰花市场的前列，步伐紧随着全国其他兰花事业鼎盛的城市。

兰园目前的主要品种为春兰、蕙兰等，其中春兰有：盛山牡丹、乌蒙牡丹、天彭牡丹、中华牡丹、西蜀牡丹、锦绣中华、中华麒麟、大元宝、虎蕊蝶、黑猫、千岛之花、多朵蝶、红木梅、知足素梅、江南雪、二七梅、走新梅、皇冠、中华双娇、天台梅、仁海梅、洛神梅、团结荷、大富荷；蕙兰有卢氏蕊蝶、端秀梅、福荷、荷仙鼎、浙鼎牡丹、佳韵奇蝶、老朵云、绿蜂巧和十几个传统名品。

兰园热忱欢迎爱好者光临指导、相互交流。

芳菲兰园 Fragrant Orchid Nursery

苑主：缪卫忠
地址：浙江省台州市黄岩城关
手机：13606667789

苑主缪卫忠是国家公务人员，业余喜爱花卉，20世纪90年代开始对国兰情有独钟，精心钻研养兰技艺，为养好兰草，他自行设计建造了精致的智能兰房，养兰工具也颇有讲究。凭着一双识兰的慧眼，在众多的下山草中，选购了一丛多瓣奇花，后命名为“盛世牡丹”，轰动兰界。

至今，他的兰房中收集的都是兰中珍品，有盛世牡丹、天彭牡丹、乌蒙牡丹、钟情牡丹、多朵蝶、彩虹蝶、黑猫蕊蝶、天龙奇蝶、红星蝶、知足素梅、江南雪、虎蕊、翠荷蕊蝶、碧瑶、至尊梅、剑龙蕊蝶、巧百合、锦绣中华、郑池梅、红宋梅、仙荷极品、蕙兰祥荷等新花珍种，还有一批从下山草中选出的尚未命名的国兰精品。

苑主：周鑫
地址：浙江省台州市黄岩城关
手机：13906592948

鑫隆蘭苑

周鑫先生于20世纪90年代初开始钟情兰花，渐达痴迷，2000年创办了黄岩易兰中心，为发展兰花事业他不辞劳苦，足迹遍及大半个中国，凭借一双慧眼，发现引进了仙荷极品、流云、神桃、狮舞等一大批兰中极品，对促进当地兰业的发展，起了相当大的推进作用。

主要名品：蕙兰有仙荷极品、神桃、流云、凝云、周字、鑫梅、狮舞、绿梅、绿牡丹、鑫苑金龙、祥梅、帅菊等；春兰有红孩儿、凝霞梅、绮霞梅、乌蒙牡丹、帝王蝶、天姥荷蝶、老天乐、虎蕊、大元宝、多朵蝶等；春剑有逐笑颜开、桃姬、寿星、五彩梅仙等；莲瓣兰有滇梅、剑阳蝶等；四季兰有岭南第一梅、玲珑荷等。

1 乌蒙牡丹
2 翠荷蕊蝶
3 蕙兰·绿梅
4 蕙兰·仙荷极品

园主：许先兴
地址：浙江省临海市杜桥镇山项小学
邮编：317016
电话：0576—5528095
手机：13586101801

以兰会友 诚信待人

华鼎兰园位于浙江省台州市境内，因其境内有佛教名山天台华鼎峰，故名。园主许先兴乃一介教员，业余时间侍兰艺兰。从1991年开始，他走舟山、赴安徽、奔贵州、上湖北，广交兰友，收集品种。以他的为人和执着，求得许多新花佳种，园中精品荟萃，特别是许多珍品瓣型花，形成了具有自己特色的家庭兰园。2003年在温州兰展上，他带去的三盆兰花一举获得了两金一铜的好成绩，引起了业内同行的广泛关注。华鼎兰园的养兰理念是“以兰会友，诚信待人”。

10多年来，华鼎兰园收集到的兰花珍品有：春兰瓣型花：许字、杜字（天龙梅）、凌顶梅、踏歌梅、至尊梅、吉女梅、红宋梅、定新梅、知足素梅、江南雪、宁波水仙、梦幻梅、天堂韵荷、福得梅、天柱梅、二七梅等。

春兰奇花：许氏奇蝶、华鼎牡丹、路灯、五星蝶、腾蝶、千岛之花、丁氏齐蝶、盛世牡丹等；

春兰蝶花：华鼎蕊蝶、华鼎晶蝶、华鼎绿蝶、华鼎精灵、台州蕊蝶、虎蝶、向天歌、梁祝蕊蝶、中华荷蝶等；

蕙兰：许氏金荷（澳门荷）、许氏金花、祥和梅、一品梅以及十多个尚未命名的新花精品。

园主陈华峰以自题《咏兰》小诗自勉：『本是山阴未名草，无意与邻争艳阳，四时静心抚幽谷，一夜春歌醉其香』。

园主：陈华峰　　地址：浙江省　宁波市
手机：13805891243

高端新品选育中心

一竖兰园由海军退休军官陈华峰创建于1997年冬，是首个个人投资、政府扶助的公益性兰园。园名由一代国学大师启功先生题写。兰园坐落在市中心有“宁波明珠”美誉的月湖景区。整个兰园在明清古建筑的环抱之中，与享誉海内外的“天一阁”藏书楼隔湖相望。兰园建成后，受到政府和社会各界的普遍关注，得到了各级兰协、兰花组织和广大兰友的关心支持。广大兰友和游客对这种办园形式给予了充分肯定，对宣传和普及兰文化产生了积极影响。

近十年来，一竖兰园始终以最大的精力、最大的财力投入各品系新品种的选育培养工作。园主在现代审美认识的指导下，认真学习传统理论，虚心向兰友求教，经过长期不懈地努力，一批富有特色的新花精品在一竖兰园脱颖而出，在兰友中产生了广泛的影响，一竖兰园被誉为“高端新品选育中心”。

一竖兰园真诚欢迎各界兰友光临指导！

一竖兰园

日前，一竖兰园选育收藏的富有特色的高端新品百余个，其中春兰波瓣正格梅一竖九歌，风韵卓越、气宇轩昂，被誉为真正的“文人兰”，曾荣获浙江省第五届兰博会金奖、浙北兰博会金奖。春兰瑶玉是融荷、梅、仙、色于一体的综合型新花，曾荣获安徽省首届兰博会金奖，被《兰蕙》杂志免费选为封面。春兰中华荷蝶被兰友誉为春兰史上第一荷瓣外蝶。尚未面市的春兰有：树型素蝶菊瓣奇花日月光华、春兰净素标准荷瓣皓月无尘、牡丹型梅瓣华夏宝莲、步步高式梅瓣灯梅等；蕙兰有：什锦奇花中华奇锦、特大绿花荷型水仙大国英雄、正格梅瓣听雨梅、黄山梅等；春剑红花三星蝶三苏唱晚、红花荷瓣潇湘灯笼；四季兰有百瓣红花奇蝶天府第一娇、寒兰有红复色梅瓣人君彩虹等。一竖兰园栽培的新花品种有：梦来蝶、步步高、二七梅、宁波水仙、宁波彩蝶、蝴蝶龙、昌化梅、雨燕、五彩蝴蝶等。另外，一竖兰园还栽培有比较齐全的春蕙兰传统名品。

1	3	
2		4

1　春兰·九龙梅
2　春兰·国画
3　春兰新品·中华荷蝶
4　春兰新品·一竖瑶玉

東部蘭園

园　主：卢干
地　址：浙江省台州市黄岩城关
手　机：13957609685

本园拥有三控兰房，设备先进。园主卢干酷爱下山新花，为求珍品他不辞劳苦，长年奔走于河南、四川、湖北、贵州、云南等省的产兰区，网络遍布全国。近年收集珍稀品种之多，在台州尚不多见。

主要名品以蕙兰、春兰为主，其中蕙兰有卢氏蕊蝶、卢氏牡丹、朵云、群英荟萃、江干圆梅、荷鼎、桃梅、东魁荷、西施、五彩梅、华荷素等；春兰有盛世牡丹、欣鼎荷蝶、君子荷、万年梅、江南雪、多朵蝶、知足素梅、乌蒙牡丹等。此外还有一批至今未命名的瓣型花等奇花珍品。

1 / 2	3	4

1　蕙兰 · 江干圆梅
2　蕙兰 · 珍梅
3　临海牡丹
4　盛世礼花

园 主：吴维龙 边保健 柴一心 卢金贵
地 址：浙江省临海市特产场
手 机：13058858559(吴) 13905869062(边)
13806560849(柴) 13058830300(卢)

临海蘭園

临海兰园位于历史悠久的江南古城浙江省临海市。临海市依山傍水，空气清新，种养兰花得天独厚，兰花资源丰富。该园以古城临海命名，兰园由吴维龙、边保健、柴一心、卢金贵四人合建组成，规模较大，设施先进，园中收集培养各种名品200余种。

兰园历来重视新老品种的收集、培养，其中广博兰友青睐的品种有：

蕙兰老品种：程梅、关顶、郑孝荷、崔梅、江南新极品、庆华等30余种；新品种有：蜂皇梅、卢氏蕊蝶、仙荷极品、祥狮、极品荷仙、绿牡丹、国香牡丹、远东麒麟、一佰伴、红芙蓉等50余种；新下山品种：玉树型子母花、三星蝶、五星蝶、牡丹型奇花、狮子型奇花80多种；

春兰老品种有：宋梅、大富贵、环球、绿云、贺神、余蝴蝶、珍蝶等近百种；新老品种有：大元宝、多朵蝶、碧瑶、五星蝶、梁祝、花蝴蝶、五彩蝴蝶、千岛之花、步步高、麒麟蝶、绿珠蝶、蓬莱蝶等50余种；新下山春兰：三星蝶、蝶草、五星蝶、牡丹瓣、玉树型、荷、梅、水仙等60余种，尚未命名。

临海兰园热忱欢迎广大兰友光临指导，交流兰花，切磋兰艺。

芳菲兰园 Fragrant Orchid Nursery

园主：葛新星
地址：浙江省　临海市
手机：13706763811
网址：http://www.lhlhw.com

潇洒飘逸 超凡脱俗

玄夢谷蘭園

玄梦谷兰园坐落在浙江临海市江南长城脚下秀丽的东湖之滨。园主葛新星自幼喜爱书画，受浓郁的兰文化熏陶，培养了爱兰、养兰、赏兰的浓厚兴趣。

十多年来，园主不论市场如何变幻，潜心收集兰花名品、广交兰界名士的心志始终如一。他埋头钻研、不断探索，终于成为栽培、莳养、鉴赏兰花的行家。玄梦谷精藏许多蕙兰下山新品，有无极、玄梦仙云、玉树麒麟、三星蝶、五星蝶、十样锦、新梅、外蝶等，还有程梅、老极品、崔梅、大一品、解佩等老名品。春兰有天尊、临海神梅、玄梦牡丹、玄梦星蝶、锦绣中华、翡翠猫、艳蝶、临海彩蝶、大元宝、蕊蝶、君子荷、玄梦荷、彩云仙子、金皇后，莲瓣有荷蝶、玄梦圣蝶等名花孤品。

如园主所说的："我喜欢兰花，喜欢它的潇洒飘逸，它的超凡脱俗，它的高雅圣洁，更喜欢它的内在气质；团结和谐以谦自奉。我喜欢兰花，不为别的，只为它能给你带来无穷的遐想。"为了创建自己的桃花源玄梦谷兰花网（http://www.lhlhw.com）葛新星呕心沥血、苦苦耕耘、沟通信息、建立兰谊。那古乐悠扬、风穿翠谷、溪流和着鸟鸣、白云伴着芬芳的玄梦谷兰花网已成为很有特色的兰花网站，葛新星的名字也渐为兰界所熟悉。

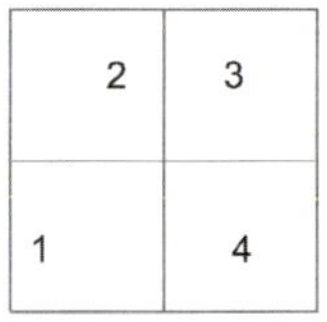

1　春兰・天尊
2　蕙兰・无极
3　蕙兰・中华飞龙
（获浙江省第三届蕙兰展特别金奖、全国兰文化博览会金奖）
4　蕙兰・欣雄梅

欣欣蘭苑

苑主：王建设
地址：浙江省台州市黄岩经济开发区
手机：13906583900

浙江台州黄岩欣欣兰苑苑主王建设，钟爱兰花，并坚信只要认真栽培、品种择优，兰花产业就可以不断做强做大。自20世纪70年代开始种植兰花以来，本着诚信为生存与发展的根本理念，努力创建自己的品牌，尤其是2000年的一次兰展参观后，更是痴迷兰花。

经过几年来的苦心经营，欣欣兰苑已发展成为当地较具规模的兰苑，苑中收集、培育了各种蕙兰名品有百余种，其中蕙兰名品有中华飞龙、欣雄梅、欣雄牡丹、欣雄荷、欣云、朵云、卢氏蕊蝶、雄蝶、建文蝶、丽蝶、欣苑荷梅、仙荷极品、银桃、文雄尚、五彩水晶桃、江干圆梅、欣玉、建仙等一批下山新品；春兰名品有盛世牡丹、仁海梅、玉树临风、多朵蝶、大元宝、虎蕊、知足素梅、江南雪、万年梅、雪头梅、四喜梅、五彩奇蝶、千岛之花、乌蒙牡丹、金百合、红星蝶、罗翠绒梅、大熊猫、君子荷、欣晶荷蝶、苦梅、黑虎、叶蝶、三星蝶等。

在兰花市场日趋稳定的今天，苑主王建设先生真诚欢迎社会各界爱兰人士与之交流、指导。

园主：冯福春
地址：浙江省台州市黄岩区宁溪镇桥亭居152号
邮编：318023
电话：0576—4995081
手机：13306866611

春藝蘭園

春艺兰园 春色满园

春艺兰园坐落在有台州市后花园之称的黄岩西部宁溪生态示范镇金山岭旁边，这里山青水秀，环境优美，种养兰花得天独厚。兰园占地面积2亩，建有兰棚300平方米，温室80平方米，兰园配有自动化设施，如水帘降温、自动化控温仪、超声加湿器、自动排风、回风等设施，为兰花创造了最佳的生态环境。

园主冯福春为宁溪中心卫生院院长，工作之余侍兰艺兰成了他最好的休闲和乐趣。凭着对兰花的挚爱和对兰花产业发展前景的看好，他经常利用节假日去云南、四川、贵州等地收集各种高档新花名品，为今后兰花产业化打下良好的基础。目前，春艺兰园培植有各种传统名品和新种下山春兰、蕙兰、春剑、莲瓣兰共300多个品种，其中春兰有盛世牡丹、天龙奇蝶、泰斗蝶、天王蝶、中华牡丹、仙菊、五彩奇蝶、天合梅、五彩圆梅、虎蕊蝶、翠荷蕊蝶、大元宝、多朵蝶、知足素梅、红素梅、泉乐梅、春福梅、洛神梅、军荷、端秀荷、团结荷等。蕙兰有仙荷极品、神桃、紫砂星、梅仙鼎、端福梅、复色朵云、绿牡丹、荷仙极品、红梅、福荷、春艺梅、仙桃、卢氏蕊蝶、佳韵奇蝶、素蝶、祥荷、浪花、兴蝶、程梅、月小荷 、新极品、大一品、老极品、崔梅等，总计3000余盆，真可谓春色满园。

1 蕙兰 · 紫砂星
2 春兰 · 蕊皇
3 红太阳宝鼎
4 大元宝

浙江是我国春兰发源地，历史悠久，人才辈出，兰文化底蕴丰厚，享有兰文化大省之称。绍兴是体现兰文化传统精神的一颗灿烂明珠，她孕育出众多的养兰名家，“中国春兰样品园”常棣兰园园主金定先先生就是其中之一。

园主：金定先
中国花卉协会兰花分会理事
浙江省兰花协会及绍兴兰花协会理事
绍兴县兰花协会副会长
地址：浙江省绍兴县漓渚镇
电话：0575—4011785
手机：13806754819

棠棣兰园

中国春兰样品园

金定先先生继承祖业，开拓创新，经过多年不断努力，使兰园拥有的精品、极品兰蕙数量相当可观。如今兰园收集了春兰4500盆，共380多个品种，有红太阳宝鼎、胭脂梅、华鼎梅、金梅等；蕙兰1500余盆，150多个品种，有越王梅、越州之光、明州梅等，这些都是兰友追求喜爱的珍品。2001年5月，中国兰花协会根据申请条件，对常棣兰园进行了各方面的考察和审查后，于2002年正式批准其为“中国春兰样品园”。为了收集各种品种，兰园已陆续投资了近千万元，尤其对那些濒临灭绝的珍稀品种，如太原梅、端春梅、荣祥梅、老秦梅等，均不惜重金购入，或通过品种交换等方法引进，然后进行长期的悉心培养，为拯救国土级品种做出了贡献。

几十年来，不管是全国性的或是省地市级的兰展，金定先先生都是场场必到，他参展的兰花规格高、栽培精，赢得了广大兰友的一致称赞，并先后获得金银奖近百枚。随着金先生的影响不断扩大，兰园经常门庭若市，来客中，有中央和省市领导，也有来自全国各地乃至海外的兰花爱好者，中央电视台还为其摄制了专题片。

五十年的艺兰生涯，弹指一挥。我们衷心祝愿金定先先生的艺兰人生越来越精彩，兰业越来越兴旺！

芳菲兰园 Fragrant Orchid Nursery

绍兴漓渚的华良兰苑，定位在江浙地区著名兰苑的前列。

兰苑主人叶华良出身于养兰世家。他的外公诸涨富被称为中国兰界三大名家之一，父亲叶志庆同外公诸涨富20世纪50、60年代，曾应朱德委员长的邀请，在北京中山公园从事艺兰生涯。从小耳濡目染、深受熏陶的叶华良，对兰花有很强的悟性，无论是栽培技术，还是品种鉴别和经营管理，很快就精通升入门，不久便成为远近知名的艺兰高手。

苑主：叶华良
地址：浙江省绍兴县漓渚镇花卉路6号
电话：0575—4011431
手机：13905757676　13819581219

以至诚的兰情友谊，在时代的考验中迎接兰友。　以高尚的兰馨兰德，在众人的美誉中求得发展。

華良蘭苑

1976年，刚初中毕业的叶华良开始步入兰蕙之路。为搜集兰蕙的各种名种奇种，叶华良的足迹踏遍了祖国的大江南北。为了广交兰友，叶华良还多次远赴中国台湾、日本和韩国去学习科学培育兰花的技术，先后接待国内外兰友数万名。

30多年来，叶华良一直精心钻研于兰蕙中。这几年，叶华良更是走科技养兰之路，华良兰苑现有300多平方米的现代兰花基地，蕙兰梅瓣有：华良梅、马年新梅、冠梅、上品新梅、中华新梅、荷瓣、东方大荷、良荷、奇瓣、越州奇蕙、大叠彩、越都素梅等；春兰有奇蝶、多朵蝶、五彩鑫蝶、华鼎蝶、漓渚牡丹、梅类、宝马梅、喜迎春、婧女、叶梅等；荷类有江南新荷、龙年新荷；艺类有虎蕊蝶草、水晶、中透中缟等，共计800多个品种、3000多盆。

兰苑内孕育的兰花在许多大展中多次获得大奖，获奖总数达200余次，其中金奖50多个。2003年浙江省第二届蕙兰博览会上，程梅获特别金奖；2004年春，在全国首届兰文化博览会上，叶华良培育的老极品，被评为唯一特别金奖；2005年上海市“邦富杯”蕙兰展上，大叠彩获金奖；2006年首届中国南京蕙兰博览会上，华良梅获金奖。

叶华良的兰品有目共睹，而他本人诚信经营，签名售兰，更是赢得了兰界友人的广泛认可。每天上门求经的、收购兰花的、咨询养兰技术的人络绎不绝。

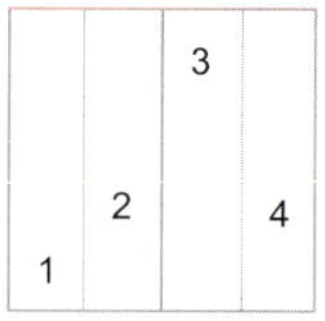

1　春兰 · 漓渚牡丹
2　蕙兰 · 华良梅
获首届中国（南京）蕙兰博览会金奖
3　春兰 · 盖圆荷
4　春兰 · 盖圆蝶

苑主：赵银泉

赵银泉，1957年生，绍兴县漓渚镇棠一村三社人。中共党员，中专文化，高级园艺师，绍兴县兰花协会副会长，被《越中名人谱》载入，为越中名人。银泉兰苑被定为“绍兴县花卉研究所”、“省级科技示范基地”。

地址：浙江省绍兴县漓渚镇
手机：13905757191

兰友遍天下 兰名广流传

自1985年起，赵银泉集中精力收集和培植各地名贵野生兰花，现拥有名贵春蕙兰品种500余个、3000余盆、25000余苗。其中珍稀品种繁多，从花艺到叶艺都有珍品收藏，如盖圆荷、盖圆蝶、盖圆梅、华鼎梅、泉绿梅、泉蝶梅、泉球梅、华东翠蝶、华东极品、春兰矮种，蕙兰中透白缟等。自1988年以来，赵银泉所拥有的多个名品已在各级兰花展览会上获得100多个奖项，其中省级以上金奖30余个。

银泉兰苑有现代化温室面积300余平米，全自动电脑控制，可以根据兰花生理需求，人工模拟兰花适宜生长环境，实现全自动化控制。随着兰苑规模不断扩大，现正在建设4000余平米的兰苑二期工程，二期工程将扩建现代化温室兰房，同时将组建兰花实验室，对兰花的生理、病害等进行研究，为兰友提供更多植兰、养兰的好经验。

赵银泉不仅兰艺高超，而且为人诚实，在兰界中口碑较好，打交道的兰友不仅有绍兴、杭州、宁波、余姚、湖州、温州等的省内兰友，也有江苏、广东、山东、安徽、台湾等省的国内兰友，更有日本、韩国等的国际兰友，前来求经的有之，来拜访的有之，来看花的有之，也有采购兰花的，可谓是“兰友遍天下，兰名广流传”。

园主：麻勇
浙江省宁波人
毕业于浙江财经学院（原浙江冶金工业学校）
中共党员、宁海公安局干部、国家退休公务员
中国花卉协会兰花分会理事
浙江省花卉协会兰花分会常务理事、宁波市兰花协会副会长
地址：浙江省 宁波市
手机：13906606598 13968356598

情有独钟 结下不解兰花情缘

浙江省宁波市四明山兰蕙园，园主麻勇先生青年时代就爱上了花卉盆景、兰花。在妻章芝英的鼎力支持下，从20世纪80年代末开始採挖、收集、购买、莳养兰蕙名品，对兰蕙和兰花文化情有独钟，结下了不解的兰花情缘。退休后，麻勇先生决心把余下的毕生精力投身于兰花事业中，为弘扬祖国的兰花和兰花文化，在艺兰的道路上一走到底，奉献于社会。

2002年，麻勇先生被评为浙江省十大兰花先进生产经营者。2005年，在浙江宁波市区建立春兰、蕙兰、寒兰、四季兰兰园三个，占地面积三余亩，营造了一个完全自然的养花环境。现莳养有春兰名品“四大天王”等共五十余个品种；莳有春兰新品盖圆荷、无名新荷、沃州荷、洛神梅、九龙梅、玉林梅、华鼎梅、泉蝶梅、知足素梅、江南雪、泉绿梅、盛世牡丹、华鼎牡丹、乌蒙牡丹、无名牡丹、天娇、多朵蝶、锦绣中华、高明蕊蝶、惊蝶、大元宝蝶、小元宝蝶、虎蕊蝶、蕊鼎、黑猫、五芯蝶、步步高、千岛之花、千岛之松、新元宝蝶、路灯、宁波彩蝶、五彩蝴蝶、旭梅奇蝶、碧瑶、大熊猫、红星蝶、蝶草三芯蝶等共八十余个品种；莳有蕙兰传统名品老蜂巧、老朵云、关顶、程梅、南洋梅、元字、庆华梅、老极品、新极品、崔梅、潘绿梅、老染字、荡字、端蕙梅、老上海梅、适园等共二十余个品种；莳有蕙兰新品华夏荷鼎、众荷、无名荷、明州梅、神州梅、新蜂巧、素梅、四明狮蝶、四明彩蝶、五星蝶、蝶草梅蝶、丛荷蝶、桂香、奇花素及一批未复花或未命名的梅、仙、奇、蝶、缟草、水晶、矮种等八十余个品种。

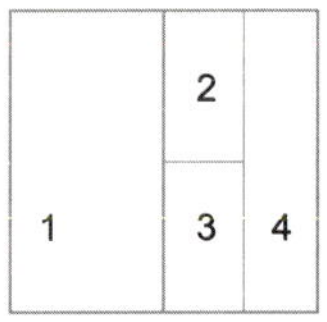

1 宁波彩蝶
2 蕙兰·新蜂巧
3 虎蕊蝶草
4 蕙兰·桂香

麻勇先生积极参与编写和出版了《中国春兰新品》、《宁波兰蕙文化》、《中国春兰蕙花新品珍藏》等兰书，并在《宁波兰蕙文化》、《中国春兰蕙花新品珍藏》两本书中担任副主编。

在兰事交往和兰事活动中，他努力宣传中国兰花和兰花文化，崇尚兰德、追求诚信、乐于奉献，被各地不少兰友尊称为“麻大哥。”

芳菲兰园

Fragrant Orchid Nursery

苑主：罗华东
浙江省兰花协会会员
宁波市兰花协会常务理事
地址：浙江宁波市海曙区祖关山路1号
邮编：317000
电话：0574-87450518
传真：0574-87293349
手机：13065631010

绿缘兰苑

苑主罗华东原是一名技术员。1986年与兰花结缘，那时出于兴趣爱好，闲暇之余采兰、养兰，聊以自娱。正是这段时间的养兰，让他喜欢上了兰花，与兰花结下了不解之缘。最终在1998年走上了专业养兰的道路并把自己的兰苑起名为“绿缘兰苑”。

以兰会友 诚信待人

罗华东先生为了养兰，收集品种走遍了国内主要产兰区，和全国各地的兰友，有比较广泛的接触，本着“以兰会友，诚信待人”的原则，结交了海内外的一批兰友。对于新入行的兰友着重于引导、传授养兰经验，帮着选好品种，对于有经验的兰友，着重于感情、养兰技艺的交流。大家共同探讨兰艺，其乐融融。

本苑建立于1998年，坐落于美丽的港城宁波，占地500平方米，其中兰房面积120平方，莳养着1000多盆兰花，有300多个品种。其中春兰名品有：盖圆荷、华鼎梅、虎蕊蝶、多朵蝶、黑猫、大元宝蝶、小元宝蝶、天龙奇蝶、五彩蝴蝶、蕊鼎、千岛之花、红猫、万字、红宋梅、二七梅、西子、天珍梅、绿云、蝴蝶龙、雨燕、新子母花、新牡丹、三星蝶等。

蕙兰有：程梅、郑孝荷、庆华梅、荡字、春华蕊蝶、红牡丹、玉树奇花、玉狮、玉印素、玉龙荷素、平沙落雁、新梅、绿缘牡丹、绿缘蝶、菊瓣等。

本苑还有四季兰、寒兰、春剑、莲瓣等多种品种。

1 2 3

1 玉树奇蕙
2 春华蕊蝶
3 红牡丹

得奖情况：2000年全国（杭州）兰博会银奖（蝴蝶之舞）、2004年全国（玉溪）兰博会银奖（荷型朱红花）、铜奖2个（红宋梅）等、2005年中国（绍兴鲁镇）首届蕙兰及兰文化展金奖（玉印素）、铜奖（龙华仙）。2001年海峡两岸兰展、金奖（绿缘素）、银奖、铜奖各一个。2003年海峡两岸兰展银奖、铜奖以及省市级兰展共得各种奖项20多次。

范氏兰园

园主：范行标
浙江省宁波市宁海人
宁波市第三建筑有限公司项目经理、助理工程师
宁波市华宁公司机械部经理
宁波市兰花协会理事
宁海兰花协会常务理事
地址：浙江省宁海县城关解放路115号
手机：13906845051

不以无人而不芳

早在20世纪70年代，范行标先生就爱上了花卉、盆景，80年代末90年代初，开始酷爱兰蕙，采挖、搜集、莳养兰蕙名品，艺兰、赏兰成为他的第一业余爱好，把兰花的“真、善、美”和“不以无人而不芳”的品质视为人生的座右铭和生活准则。现建有春兰、蕙兰半自动化兰园各一个，莳有春兰传统名品绿云、环荷、西神、四大天王等四十余个品种，莳有春兰新品乌蒙牡丹、多朵蝶、五彩绣球、蕊鼎、泉绿梅、虎蕊蝶、大小元宝蝶等八十余个品种，莳有蕙兰传统名品程梅、南洋梅、崔梅、新老极品等品种二十余个，莳有蕙兰新品绿元宝、丛荷蝶、大蝶彩及一批未命名的梅、蝶、奇、仙等名品八十余个。在重视对兰花资源保护和合理开发的同时，对新品种的开发、研究颇有力度。

在兰事活动中，范先生注意个人形象，讲究兰德，以诚待人，真诚交往，乐于助人，坦诚交流，并影响和带动了一批新的兰友。

1	
2	3
	4

1 蕙兰·丛荷蝶
2 蕙兰·绿元宝梅
3 周氏牡丹
4 下山蝶草蕊蝶

周氏兰园

园主：周瑞行
浙江省宁海县人
中共党员
宁海县新力机械有限公司董事长
宁海县红枫建材市场总经理
并担任浙江省市场协会理事
中华商会理事等社会职务
地址：浙江省宁海县跃龙街道东河路19号
邮编：315600
手机：13906602398

周瑞行先生养兰八年，逐步收集莳养了一些春蕙兰传统、新下山珍稀品种，建有全自动兰室壹个。现养有兰花200余盆，其中春兰有宋、集、龙、汪及西神梅、庆梅、绿英等传统品种30余个。春兰新品种有华鼎牡丹、惊蝶、乌蒙牡丹、碧瑶、虎蕊、黑猫、洛神、九龙梅、玉林梅、大元宝、大熊猫、华鼎梅、新蕊蝶、新梅等20余个。蕙兰老品种有老蜂巧、老朵云、关顶、程梅、新老极品、南阳梅、庆华等。蕙兰新下山品种有牡丹瓣、梅瓣、水仙瓣、蕊蝶、多瓣多舌奇花，内蝶奇花、桃红中透、多瓣素心、缟草等近20多个珍品。春蕙兰精品共有近百盆。

在养兰中，周先生以陶冶情操、丰富生活质量为目的，以平常的心态与兰友交流和从事兰事活动，使处于繁忙状态中的身心得到极大的益处。

周先生相信兰花事业在广大兰友共同推动下，会很快得到社会的认同、喜爱。一个各国全界人士爱兰、喜兰、种兰的局面将很快来到。在今后他愿意尽自己的力量，为兰花事业的普及兴旺，为发扬光大兰文化添砖加瓦。

艺兰境界：
养好兰花，
品味兰性，
遵循兰道，
以兰养性，
与兰到老。

牧和蘭苑

苑主：黄国桢
浙江宁波慈溪市人，中共党员
1982年毕业于商业学校
一直从事国营商业企业的经营管理工作
宁波兰花协会常务理事
地址：浙江省 宁波市
手机：13968225098

清纯、高雅、文秀、伟岸、幽香、人格化的兰花，其悠久的栽培历史，独门特有的洋洋大观的鉴赏理论和标准，深厚的民族文化底蕴，以及其在流通上那种寓商于雅、寓经营于闲 庭信步的特有的商业现象深深地吸引了黄国桢先生，他一直潜心莳弄着兰花。

兰苑名曰“牧和”，“和”即为和平、和谐、和气、和通、和顺、和煦、温和……这些对社会、对人、对家庭、对朋友、对事业都至为美好的东西—兰花，让一切都和了。

兰苑拥有春蕙兰传统品种和新老花700多盆，涵盖了主要的流行品种，并有精品数个，特别是本地四明山新出产的春兰和蕙兰。代表品种有姚氏梅、九龙梅、玉林梅、华鼎梅、奇珍梅、知足素梅、贺神、桂圆、老代、红宋梅、二七梅、多朵蝶、碧瑶、虎蕊、大元宝、黑猫、冠蝶、五彩蝶、蝴蝶龙、千岛之花、乌蒙牡丹、四明蕊蝶等。蕙兰有四明翠梅、庆华梅、老上海、原生种程梅等。所有兰花均系出名门，逐步建立了优异的种质资源。苑主在生产管理上依循自然，崇尚科学，使兰苗健康，适应性强。

苑主：王永康
地址：上海市曹杨路520号花卉艺术苑B19
电话：021—62454292
手机：13701923502
联系人：谢路
电子邮箱：shorchid@citiz.net
chineselan@sina.com
网址：www.shorchid.com(上海兰花网)

阳光兰苑

上海兰花网成立于2005年6月18日，是由**阳光兰苑**苑主王永康注册经营的一个大型专业性兰花商务网站。**上海兰花网**以推广、宣传兰花、兰文化为己任，以兰会友，为广大兰友提供一个和谐、诚信、安全、快捷的交流交易平台，推动兰花事业的繁荣发展，促进兰文化的发扬光大。

来自全国各地、五湖四海的兰友以及日本、韩国等各地的兰友，通过**上海兰花网**这一平台交流互动，从不认识到相知相识。网站还陆续举办兰友聚会活动，真正起到了交流的平台，成为友好的使者。

上海兰花网在2006年初进行了首次改版，在原有的论坛与订购系统基础上，增加了拍卖、家园、店铺、兰友名片等功能，丰富了网站的实用性。论坛积分兑换是**上海兰花网**的又一特色，论坛积分可以在**上海兰花网**积分兑换中心兑换兰花名品、书籍杂志等。改版后的网站更加着力于诚信、安全、快捷为首任。让全国各地的兰友都能享受到网站给兰花增添的魅力。

1986年王永康先生就爱上了兰花，痴迷于兰花的幽香清远、高雅圣洁。植兰莳蕙数十载，沉浸于兰花名品的收集、培育，并不断的探索追求。苑中培养的品种有春兰、蕙兰、寒兰、四季兰、春剑、莲瓣、风兰等各类兰科植物，新、老名品2000余盆、300多个品种。收藏春兰品种：老天绿、桂圆梅、老代梅、贺神、汤梅、秦梅、绿云、端秀荷、宋梅、万字、西神梅、萧山蔡梅素、冠春、长字笠；蕙兰品种：程梅、荡字、南阳梅、郑孝荷、老染字、解佩梅、适圆、大一品、江南新极品、老上海梅、老极品、庆华梅、刘梅、后翠蟾、崔梅等名品、极稀品。我们以兰为媒，以兰会友，与全国兰友一起学习与探讨，与兰界同仁一起交流与探索，繁荣兰花事业，弘扬中华兰文化。

1 蕙兰 · 下山新梅
2 春兰 · 新花蕊蝶
3 蕙兰 · 刘梅
4 春兰 · 宣春仙

芳菲兰园

Fragrant Orchid Nursery

苑主：张英男

多次在中国兰博会、华东兰展、海峡两岸兰展及其他大型兰展中获金、银、铜奖40余个。曾被中央七台、山东电视台、青岛电视台、青岛广播电台、《齐鲁晚报》、《半岛都市报》、《青岛日报》等多家媒体报道过，每年正月举办兰展，为实现朱德元帅“让兰花进入寻常百姓家”的遗愿，为中华兰文化的发展添砖加瓦。

地址：山东省青岛市夏庄少山村南圈
电话：0532—87879586
手机：13220868278
电子邮箱：lslanyuan@163.com

崂山蘭苑

诚信为本 德字当先

张英男先生受传统文化的影响，与国兰结下了不解之缘。1983年开始养兰，收购当时青岛地区能买得到的兰花，并于1992年在风景秀丽的崂山脚下创建了青岛地区最早的兰苑—崂山兰苑。苑内建有100多平米的玻璃温室，庭院内青松、秀竹、奇石与兰为伴。植料用崂山沙石，采用传统的养植办法，坚持以选育新品种为主，莳养传统品种为辅的发展方向。兰苑的座右铭为：以兰养德，诚信为本。要养好兰，德字为先。

1995年养兰初具规模，张先生开始到南方参加各种大型兰展，取养兰经。投入大量资金，收集新品、精品。多次去过云、贵、川、江、浙、豫、皖等产兰区，同时结识了各地的兰友、兰家、兰界领导。为边远落后山区的兰花爱好者传授养兰经验，帮其养兰致富，受到称颂：“到我们这里来收购兰花的人很多，帮我们养好兰的，您还是第一人。”

张先生在1998年第一期《中国兰花》杂志上发表了名为“山东养兰二题”的文章。编者按称是“北方养兰的重要参考资料”。多年来他还在各种兰花杂志、刊物上发表文章及新品介绍，受到兰界的认可和支持。刘清涌教授称他为北方养兰的成功者，同时介绍其加入兰协成为中国花卉协会兰花分会理事。特别是王重农副会长来青岛时，经何清正副会长的推荐，与青岛市人大副主任张先平来崂山兰苑参观访问，并得到领导的肯定和支持。

20余年的风雨历程，崂山兰苑现莳养国兰3万余苗，是山东省个人养兰品种最多之兰苑，并培养出自己的品牌：崂山奇、崂山多笑、崂山银蕙、九头鸟、崂山金蕙、崂山蝴蝶、青龙字、彩龙字、绿蕊蝶、紫斑蝶、复轮梅、素荷、冠红（荷、梅、水仙、蝶、奇、色、艺）等新品、精品百余种。全国各地兰友来崂山兰苑交流参观者不断。台湾省及韩国兰友也前来访问选购兰花。张英男先生总是把壮苗以较低的价格转让，并告知注意事项，将兰养好。

现任中国花卉协会兰花分会理事，山东兰协顾问的张英男先生，欢迎全国各地兰友光临崂山兰苑，领芳品茗之余，再领崂山、大海之神韵。

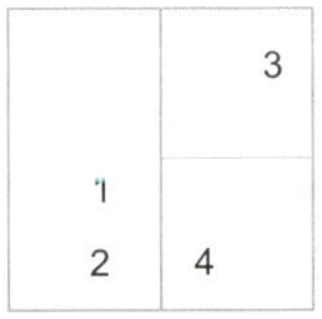

1 崂山蝴蝶
2 崂山多笑
3 蕙兰·湖州梅（赤转绿，2004年陈官山选育、栽培）
4 蕙兰·月河蟾（赤转绿，2004年陈官山选育，2005年复花）

苑主：陈官山
中国花卉协会兰花分会理事
浙江省兰花协会副会长
湖州市兰花协会会长
湖州市副厅级退休干部
地址：浙江省 湖州市
手机：13857299322　13185285688

以兰会友 陶冶情操 以诚待人 身心健康

月河蘭苑

陈官山先生的兰苑坐落在浙江省湖州市，兰苑命名为“月河兰苑”。兰苑中有春、蕙兰等名品、新品约有100多个品种、300多盆。其中春兰有：知足素梅、多朵蝶、九龙梅、碧瑶、文漪、江南雪、巧百合、昌化梅、冠蝶、五彩蝶、蝴蝶龙、大洋神、宁波水仙、二七梅、红宋梅、泉绿梅、西施、初晓、神州金星、剑阳蝶（莲瓣兰）等60多个品种；蕙兰有：程梅、郑孝荷、元字、崔梅、江南新极品、老上海梅；近年新下山的湖州梅、月小荷、月河蟾、素蕊蝶、月河仙子、月河秀、月河彩蝶、绍兴蝶、仙荷极品等30多个品种。

陈先生的艺兰观点是要以精品、新品、下山稀有品种为目标，但上档次的新老品种、传统品种也要种，同时重视春、蕙兰并重发展。故从新千年开始，除收集春兰名品外，开始收集优秀的蕙花传统名品及新下山的蕙花精品。经过几年的努力，陈先生的兰苑中春、蕙兰同时发展形势喜人，特别是新下山的春兰九龙梅、大洋神及新老品种多朵蝶、知足素梅等；蕙兰湖州梅、素蕊蝶、月河蟾、月小荷等，花品俱佳，可为传世精品。现[illegible]的兰苑中的兰花被评价，长势佳，常有外地兰友慕名前来，选购陈先生的兰草放心。

陈先生艺兰像他在领导岗位时的作风一样，踏实、诚恳。他的艺兰宗旨是：以兰会友、陶冶情操、以诚待人、身心健康。艺兰十多年来，他除了认真搞好兰协工作外，还精心管理好月河兰苑。他虚心好学，常与兰友探讨艺兰技艺，并与艺兰资深、信誉好、兰德好的兰友交友，共同提高、发展。

园主：洪黎明
地址：浙江省温岭市城西街道大康兰园
电话：0576—6883686
手机：13566832991

遥馨居

大康精品兰花养植场遥馨居

大康精品兰花养植场遥馨居坐落在老市区北郊、城乡结合部，这里山青水秀、鸟语花香、避噪处幽、交通便捷、三面环山、环境独优，是城市中养兰非常理想的地方。大康精品兰花养植场遥馨居，占地两亩多，分设温、光、湿、风全自控的智能兰房3间；半露地（自然）培壮草的兰房200平方米；还有观赏园、休闲阁等。

园内常年有兰千余盆，以春兰、蕙兰为主，寒兰、建兰等兰种，品种多样，珍品聚集。大康精品兰花养植场遥馨居，是台州唯一的一家经工商部门登记核准，具有法人资格的兰花企业。

遥馨居主人洪黎明（法人代表）是一位有二十多年养兰经历，具丰富育兰实践经验的资深兰家，先后选育出凤蝶、流云、神桃和惠兰新梅等一批珍品兰花，在省、市内参展多次获奖，享有良好信誉，遥馨居欢迎您光临！

园主：徐昊
地址：浙江省　湖州市
电话：0572—2228718
手机：13017916039
　　　13857292236

咫园位于湖州市凤凰开发区辖内，园主徐昊，安吉县人，从小受家乡山水树木的滋养和山中兰蕙的薰染而酷爱盆景、兰蕙。

1987年春，因盆景技艺佳而受聘为湖州市华美园艺有限公司技师。来湖州后有幸结识艺兰名家冯如梅先生，因爱兰而常与先生切磋，耳濡目染、受益良多，并开始逐渐收集兰蕙名种。日积月累，小有可观，至今园内已蓄有兰蕙四百余盆，除传统兰蕙名品收集有十之八九外，尚收集到一些兰蕙珍稀名品，如蕙兰朵云，神梅，荆溪彩云等；春兰冠蝶，多朵蝶，大林荷蝶，大熊猫，虎蕊蝶，龙福蝶，彩虹蝶，碧瑶，知足，养安，东台梅，九龙梅，泉绿梅，文漪，西子，二七梅，凰字等。

咫园热衷于兰花事业，每有兰事活动都必参加，且获奖颇丰，金、银、铜奖数下来已有二十来枚。2002年被省兰协授予"浙江省先进兰花生产经营者。"

园主徐昊现为中国盆景艺术家协会常务理事，省花协盆景分会常务副会长，浙江省花协专家委员会常委，浙江省花协理事，2005年被授予"中国盆景艺术大师"。

咫園

1　复得梅
2　嫣红
3　蕙兰·朵云
4　春兰·冠蝶

長生蘭苑

苑主：韩章土　周幼平　钱长生

长生兰苑位于越剧之乡浙江省嵊州市，这里多名山秀水，素有“东南山水越为最，越地风光剡领先”之说，其东靠四明山，剡溪逶迤其中，溪山相映，景色如画，种养兰花，得天独厚。

苑主钱长生，原是市煤炭公司经理，现为民间工艺家协会常务理事、绍兴市风景园林学会理事、市盆景专业委员会主任、武夷山中国寒兰研究会副会长。近几年来，他全身心投入养兰事业。凭着对兰花的执着和热爱，同时对兰花产业前景看好，投巨资收集高档兰花，虚心拜师学艺，四处参观兰展，开阔眼界，提高对兰花的鉴赏能力和莳兰水平。现莳养的春兰有彩虹蝶、剑龙荷蝶、多朵蝶、大元宝、黑猫蕊蝶、天龙蝶、宁波彩蝶、三乐蕊蝶、虑蕊蝶、碧瑶、金云牡丹、友情蝶、金镶翡翠、养安梅、九龙梅、洛神梅、暨阳梅、诺溪梅、知足素梅、江南雪等100多个品种；收下山寒兰300多盆，集梅、荷、素、蝶瓣花70多个品种。近年来，参加全国、省、市兰展中获得金奖5个、银奖9个、铜奖13个。

“以兰会友，以诚待人”是钱长生抱定的宗旨，他那间挂满兰照的客厅里，本地的、外地的、年长的、年轻的兰友经常满堂而坐，品茗谈兰，不亦乐乎。

地址：浙江省嵊州市富豪路3幢1单元202室

邮编：312400　电话：0575－3211429　手机：13506757637

春兰剑龙荷蝶

由刘剑龙于2002年10月在浙江丽水括苍山上挖得。此花为标准荷瓣蝶，外瓣翠绿，质厚色糯，唇化达三分之二，散落红点鲜艳亮丽，主瓣盖帽，蚌壳棒，大圆舌，中宫圆整，花葶高，花守好，久开不变形，是荷型瓣外蝶之精品。荣获第十六届中国（贵阳）兰博会铜奖。空空山人诗曰：一荷难得蝶中来，丽水秀山独自开。有缘复花与人赏，击即高歌醉几回。

1　剑龙荷蝶
2　剑龙荷蝶
3　彩虹蝶[荣获第16届中国(贵阳)兰花博览会金奖]
4　彩虹蝶
5　彩虹蝶(草)

彩虹蘭苑

彩虹兰苑位于浙江省嵊州市，交通便捷，104国道、上三高速、甬金高速穿境而过。

苑主周幼平的艺兰宗旨是：以诚信为本，结四方兰友。艺兰技术好，远近闻名。兰室光照足，通风好，莳兰以传统种植与现代育兰相结合，兰草健壮，根系发达，适应各地各类兰室移植。兰苑精品满室，春兰有彩虹蝶、嵊州荷、多朵蝶、剑龙荷蝶、碧瑶、虎蕊蝶、大元宝、天龙蝶、知足素梅、奇珍梅、天一荷、红宋梅等，蕙兰有元宵梅、大叠彩、程梅等。

地址：浙江省嵊州市城西五苑三幢五号
电话：0575－3200655 手机：13858556027

春兰彩虹蝶

由浙江宁波柴桥镇里隘村曹布林老汉在该镇福泉山挖得，钱宝芳老师选育，2006年初整体出售给钱长生、周幼平、韩章土。此花呈菊瓣型，多鼻多唇化，形状各异，中间基部又生多片花瓣，有红、白、绿、黄、紫等色彩，放射状绽开。花葶高，花朵大，形似狮子头，幽香。叶芽紫红色，叶姿优美，是菊瓣型蝶花之极品。荣获第十六届中国（贵阳）兰博会金奖。

韩章土题彩虹蝶曰：蕊花初绽露芳容，惊叹嫦娥舞彩虹。一出柴桥气昂藏，贵阳夺金压千红。

東園蘭苑

苑主韩章土的艺兰人生是三句话：

第一句：“老有所乐”。他原在金融系统工作，按现行政策于2004年离岗退养。之后，拜师学艺，倾心养兰，生活充实，与兰为伴，其乐无穷。

第二句：“老有所为”。一是为兰花事业做贡献，平时热心为兰友服务，兰协举办兰展时积极帮忙；二是年老还会赚钱。种兰轻使易行，且经济回报丰厚。兰苑现已名兰荟萃，春兰彩虹蝶、多朵蝶、剑龙荷蝶、碧瑶、虎蕊蝶、大元宝、知足素梅等有80多个新老品种。

第三句：“恪守信誉”。以兰会友，诚信为本。

地址：浙江省嵊州市官河路
电话：0575－3113988 手机：13967517518

浙南蘭苑

兰花产业化、规模化，精品化 必须走科学之路

浙南兰苑创建于1995年，坐落在温州市龙湾区瑶溪风景区境内。苑主叶建华先生投资了1000多万元，征用了20亩土地，兰苑设有花卉保护连栋大棚10000多平方米，其中下山兰驯化选育大棚6000平方米、精品兰房500平方米。

兰花产业化、规模化，精品化，必须走科学之路，浙南兰苑分别被列入温州市和龙湾区科技计划项目。2003年被市、区科技局授予“龙湾区科技型中小企业”称号，被龙湾区政府授予“2003年度调整农业结构、发展效益农业先进单位”，同年被市政府评为“温州市十佳花卉企业”，被浙江省兰协授予“浙江省兰花生产经营先进工作单位”。

浙南兰苑采用不加温、不用激素、施用自制有机肥的自然种植方法培植兰花，使苗体健壮，发芽率高，是养兰新手和兰花收藏家引种之首选。

1 心和
2 红奇
3 浙南蕊蝶
4 弢云牡丹
5 天冠蝶
6 松山梅

苑 主：叶建华
地 址：温州市龙湾区瑶溪风景区境内
电 话：0577—86610019
手 机：13905775972

養蘭怡情

苑主：刘燕秋
地址：浙江省 温州市
手机：13806893324

刘燕秋先生早年毕业于浙江大学，现在是知名企业家，创办了上海市云舟制药机械公司。学工科的刘燕秋偏偏喜爱文科，书法、国画造诣很高。他曾师从温州以画兰著名的画家鲁藻学画。受鲁藻的影响，刘燕秋也深爱兰花，至今已有20多年的养兰经历。刘燕秋在温州有3个兰房，种养了400多盆兰花。他以收藏蕙兰为主，除了老蜂巧和朵云，所有的蕙兰传统品种他全部收集齐全了。另外他还收藏了不少春蕙兰的新老品种。刘燕秋养兰完全是出于自娱，从不出售兰花，就是和兰友交流，也只是以花易花。他说：兰花可以观叶赏花，一杯香茗，对兰挥毫，其乐无穷!

温州市兰光农业生物科技开发有限公司

温州倪氏集团董事长倪金林先生,平生极爱兰花，与许多国内外著名资深兰友有着良好的兰谊。为了发扬中国兰花文化，扩展中国兰花事业，保护兰花资源，促进兰花交往，于2001年投资2000多万元，建立以兰花科研培植为主的"温州市兰光农业生物科技开发有限公司"。

公司占地面积140亩，建有实验室、现代化培植车间、种苗库、展示厅及各类先进配套设施，是花园式现代化国兰与洋兰种植科研基地。现以与国内外有关科研单位进行合作，取得了较好的成果。

公司现培植有数十个春兰、蕙兰、寒兰、建兰、墨兰传统名贵品种和下山兰极品，以及大花蕙兰、蝴蝶兰名品。

地址：浙江省温州市农业高新技术示范区5号
电话：0577—86171806
传真：0577—86171808
电子邮箱：wzlanhua@sohu.com

园主：刘宏远
地址：福建省　南靖县
电话：0596—7827886
手机：13960063888

大泽国兰天地

大泽国兰天地位于福建省南靖县国兰示范场。园主刘宏远，现年43岁，福建兰花协会理事、南靖县兰花协会常务理事，出生于野生兰花资源丰富的南靖林区。他从事艺兰人生近20年，对兰花有较高的鉴赏水平和丰富的栽培管理经验。他经营兰业崇尚诚信，陶熟同仁，广交海内外兰友，在兰界有很高的知名度。其兰园成为闽、台兰友的交流平台与兰花品种交流场所。

刘宏远先生以天台建兰圃，主要收集栽培下山墨兰珍稀品种，为保护野生兰花资源发挥了积极作用。其栽培的下山墨兰珍品多次荣获兰博会金奖。为进一步发展兰花业，2002年他在国兰示范场创办了大泽国兰天地。兰园面积5亩，配套有一间40㎡的全自动调控养兰温室，栽培精品兰花。兰园种有兰花品种300多个、2.5万盆。珍品兰花500多盆，以寒兰、墨兰著称。为提高兰花的品质与产量，他刻苦钻研兰花栽培管理技术，大胆引进、应用台湾先进的养兰技术与设施，取得了良好的成效，参观学习的兰友络绎不绝，在福建发挥了示范推广作用。刘宏远热心于兰花事业，积极参加各项兰事活动。各地兰协组织活动，只要有邀请，他都会积极参加，并予捐助，兰友们称他是兰花事业的热心人。

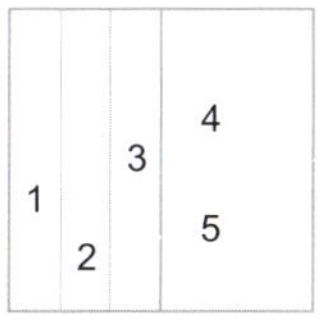

1　蕙兰新花
2　蕙兰新花
3　蕙兰新花
4　下山寒兰奇花
5　下山寒兰奇花新品

苑主：陆明祥
中国花卉协会兰花分会理事
江苏省兰花协会理事
江苏省靖江市兰花协会会长
地址：江苏省靖江市靖城镇西郊村10组
电话：0523—4506608（宅）
手机：13809011980
网址：www.yxlhy.com（中文域名：毓秀兰花网）
www.zghuilan.com
电子邮箱：yxlhy001@163.com

毓秀蘭苑

天道酬勤毓秀人
兰欢蕙畅秋翁怡

毓秀兰苑位于有"苏北小江南"之美誉的江苏省靖江市，这里养兰风盛、历史悠久，苏北几家最大的兰苑几乎都集中在这里，其中毓秀兰苑就是众多兰苑中的一颗璀灿夺目的明珠。兰苑占地一千多平方米，苑内花木繁茂、环境幽雅、气侯宜人，为兰花提供了良好的生长条件。

苑主陆明祥一生从事教育事业，先后在江苏省刘国钧高级中学、江苏省靖江职业高级中学任校长，在繁忙的工作之余以养兰、赏兰作为休闲的主要方式，以此陶冶情操，增加情趣，并达到促进身心健康的目的。苑主悉心教育事业，育得桃李满天下；研究种花之道，亦育得不少名兰好花，自诩为双料"园丁"，故将兰苑命名为"毓秀兰苑"。

毓秀兰苑不仅是江浙地区规模较大的兰苑，也是江浙地区春蕙名种最多的兰苑之一。苑内以江浙兰蕙为主体，拥有绿云、万字、环球荷鼎、西子、西神梅、大富荷、绿珠素、泉绿梅、老天绿、上品园梅、养安梅、二七梅、独秀、新春梅、蝴蝶龙、鼋蝶、梁溪蕊蝶、千禧蕊蝶、篷莱蝶、毓秀蝶、步步高、路灯、贺神梅、大神龙、知足素梅、桂圆梅、余蝴蝶、四喜蝶、素蝶等春兰铭品数十种；拥有程梅、关顶、南阳梅、郑孝荷、大陈字、崔梅、端惠梅、老极品、新极品、大一品、老染字、上海梅、解佩梅、庆华梅以及老蜂巧、老朵云、楼梅、远东麒麟、绿牡丹、五福圣蝶、仙荷极品、大叠彩、明州梅、新华梅、祥凤、素蕊蝶等蕙兰新老名品数十种；还拥有大雪素、碧龙玉素、隆昌素等滇蜀名种。

苑主将通过书本获得的知识和亲身实践得到的经验结合起来，写出艺兰心得发表在网站上，有的文章还被有关杂志录用，如《靖江解佩甲天下》、《浅谈兰花施肥》、《如何投资兰花》、《怎样使兰花多发芽》、《防治软腐病要从管理入手》、《每月养兰须知》等文章先后在《兰花宝典》、《兰蕙》、《兰》、《魅力兰花》、《兰界》、《西部兰艺》、《兰花世界》等杂志发表，产生了较好的影响。

苑主还创办了自己的专业兰花网站(中文域名: 毓秀兰花网,网址: yxlhy.com),网站上所有文章均为自己亲手所写,有一定的指导性和可读性。该网站最近被江苏省人民政府授予"现代农业信息技术应用典型"的光荣称号。

为更好地宣传蕙兰,普及蕙兰知识,让更多的兰友种好蕙兰,毓秀兰苑还决定主办《中国蕙兰网》(英文域名:WWW.zghuilan.com),中国蕙兰网的诞生,对我国的兰花事业,尤其是对蕙兰事业的繁荣和发展,必将起一定的推动作用。

苑主认为艺兰人不仅要有精湛的兰艺, 更要有高尚的兰德,"德兰双馨"才是艺兰人应该追求的目标。他为自己和兰友相处立下了五条基本原则: 一是高高兴兴,接待八方兰友; 二是堂堂正正,不以假花骗人; 三是清清白白,不以病花害人; 四是规规矩矩,不要手段赚人; 五是平平稳稳,不搞市场炒作。由于苑主待人真诚,热情仗义,兰苑经常高朋满座,一派繁荣景象。

在苑主的精心管理下,自然环境中养植的兰草高大茁壮、墨绿油亮、长势喜人。2003年毓秀兰苑首次参加江苏省首届蕙兰博览会即夺得一金、一银、二铜四只奖杯而崭露头角; 随后在江苏省首届春兰博览会上又获一金、一银、三铜五只奖杯; 在江苏省第二届蕙兰博览会上再获一金、一银、二铜的优异成绩; 在中国(南京)首届蕙兰博览会上又一举获得二金、一银、二铜的骄人成绩。真是"天道酬勤毓秀人,兰欢蕙畅秋翁怡"。

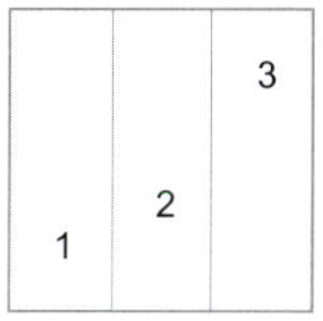

1 五福圣蝶
2 大叠彩
3 绿牡丹

芳菲兰园

Fragrant Orchid Nursery

园主：刘庆松
中国花卉协会兰花分会理事
江苏省兰花协会理事
地址：江苏省　金坛市
电话：0519—2300168
手机：13906147700

金壇蘭園

兰事顺应时运兴

江苏省金坛市，位于茅山东麓、太湖之滨，东近上海、西倚南京，是镶嵌在美丽富庶的江南平原上的一颗明珠，这里四季分明，气候宜人，物产丰富。

兰事顺应时运兴。2005年4月11日，对于金坛的养兰人来说，是一个欢欣鼓舞的日子，在幽兰吐香的明媚春光里，金坛市兰花协会成立了；金坛兰园落成了；金坛市兰文化联谊会成立了；金坛市首届蕙兰展开幕了。这些事情从筹备到完成，离不开金坛爱兰养兰人的努力和市政府的支持，但功劳最大的是金坛市兰花协会会长、金坛兰园园主刘庆松先生。

为了兰花事业，刘庆松先生在金坛市城南风景区投资1000多万元，建起占地5.5亩的金坛兰园，其中兰花投资高达500多万元，园内建有2200平方米的办公楼，这里是兰花协会、兰文化联谊会和兰园的办公地，并设有500平方米的兰展大厅。两个100平方米的兰房建在整个兰园的中间，兰房在湿帘、排风、光照诸方面均设计得科学、大方、实用而又不失端庄秀丽。兰园现拥有老朵云、程梅等春兰、蕙兰之类传统名品80多个800多盆。金坛兰园已成为当地一道亮丽的风景。

为了养好兰花，刘庆松先生潜心读书、实地考察、拜师交友，虚心学习别人的养兰经验，回到家就在自己的兰园实践，他不仅积极带花参展，组织会员外出参观兰展，而且积极在兰园组织春兰蕙兰展。他初涉兰事，便屡次在国内兰展上荣获金、银、铜奖。在不断的辛勤实践中，他在兰花的栽培技术和发展前景方面都有自己独到的见解，每年60%以上的发苗率尤其让人赞叹。他认为，现在兰花的数量还远远达不到兰友的需求量，好的兰花品种供不应求，特别是春、蕙兰名品的需求量更大，而且每年的需求量均以10%—15%的速度在增长。这是兰花产业化发展的良好前景。

刘庆松先生致力于蕙兰培植上树品牌、创特色、谋发展。他出国考察后，于2006年11月，联络江苏、浙江、安徽、台湾等地养兰大户率先成立了金坛·海峡两岸兰花合作社，并积极筹备2007年金坛·海峡两岸精品蕙兰博览会。他的创举得到全国各地兰友的响应，现有合作社成员七十八名。

刘庆松先生爱兰、养兰，为了兰花，为了兰花事业，不断付出，不断创新。他的兰品、人品已赢得了广大兰友的信赖。他被推举为中国花卉协会兰花分会理事、江苏省兰花协会理事、金坛·海峡两岸兰花合作社社长。他将以新的理念，开拓创新的精神，为推动兰花产业发展做出积极的贡献。

苑主：陈耀明
地址：江苏省无锡市蠡湖街道陈大村69号
邮编：214081
电话：0510－85117552

苑主生于1935年，1957年高中毕业后务过工，于1961年下放回乡后一直务农。改革开放后，响应政府号召，成了第一批专业户。1984年春，作为无锡市唯一的专业户代表，出席了江苏省首届专业户代表会议，并获嘉奖。先后两次当选为无锡市滨湖区（原无锡市郊区）人民代表（第十届和第十三届）。

陈耀明养花始于1972年，当时以兰蕙为主，西洋鹃、山茶及其他盆景次之。时值“文革”中后期，一度被戴上“封、资、修”帽子的多种花卉，在无锡的街角陋巷偶有出现，那时就爱兰如命的陈耀明利用农村微薄的收入，省吃俭用，收集了不少散落民间的兰蕙品种，并结识了不少当时无锡有名的兰家，如隆贤法师、张浩荣、种花阿兴、李继垣医生以及已卧床不起的一代兰王沈渊如和他的儿子沈荫椿等等，在数年的交往中，他从养兰前辈处学得了传统养兰技术，他种养的兰花得以良好生长，也逐年获得丰厚的经济收益。1980年成为无锡市第一个养花专业万元户。1984年应聘任教于无锡市中华职业学校花卉班，带动培养了一批养兰技术过硬的兰花爱好者。在国兰传统技术传授和品种推广方面，陈耀明都起到了承上启下的良好作用。

现在，陈耀明养兰还是以传统方法为主，结合现代科学方法。他主张室外栽培，除严冬外，其他时间采用露地，任风吹雨淋、芦廉遮荫。植料为绍兴兰花泥（现在部分用四川仙土），盆面呈馒头形，上铺翠云草。施有机肥（饼肥）。由于生长环境近似于原生状态，故兰苗生长适应性好，抗病害能力强，他参加展览会展出的兰蕙，均花型上佳，香味浓郁持久。目前他栽培着300盆左右的兰蕙。

诚信销售是陈耀明坚定不移的信念，诚信名声在外，慕名前来求花的兰友络绎不绝，但他有个“三不卖”的规矩：说不出花名的不卖、不知道市场价格的不卖、长势欠佳的不卖。诚信求真带来了兰友云集，兰香远逸。

近年来，在他的影响下，儿子、女婿也先后步入了种兰队伍，特别是其子陈可强，独立门户专心莳兰，成为无锡兰界的“艺兰少壮”派。如今，陈耀明这位与“花中君子”相伴了近四十年、已年逾七旬的老人依然在他的兰苑内忙碌着，快乐着、收获着。

1 蕙兰·程梅
2 蕙兰·荡字
3 蕙兰·楼梅
4 春兰·明蝶

园主：刘小鋆
地址：江苏省南京市大明路怡居园
电话：0255－2630838　52623818
手机：13905195261

位于历史悠久的“六朝古都”南京城的兰香园，建于1998年，占地两亩，是一个以蕙兰为主，春兰、四季兰、墨兰、水晶、寒兰、春剑，莲瓣兰为辅的品种齐全的兰园。园主刘小鋆自幼对兰花情有独钟，早年就收集了许多自己喜爱的兰花名品。现兰园中有各类兰花2000多盆，其中最多的是有中国传统名兰之称的蕙兰。

刘小鋆先生现为中国花卉协会兰花分会常务理事，他在经营打理好自己创办的公司的同时，还积极参加每一届全国兰花博览会以及各个省市的兰展，所获奖牌不计其数。但他并不满足，为了在兰花培育方面更上一层楼，他赴日本和韩国参观、学习并收集品种，然后结合国内的实际情况摸索出了一套传统与现代相结合的先进的种植管理技术。经他培育的兰花易栽种、易发苗、易开花，深受广大兰友喜爱。

南京兰香园热忱欢迎广大兰友前来光临指导、交流和选购，兰香园将为兰友们提供高水准、高品位、高质量的兰花。

苑主：谈岳明
江苏省新源动力股份有限公司董事长
江苏省新源动力有限公司执行董事
无锡市政协委员、宜兴市政协常委
宜兴市工商联副会长
地址：江苏省宜兴市宜城镇经济技术开发区巷头东路1号
邮编：214200
电话：0510—87019890
传真：0510—87010670
手机：13701539999
网址：www.yxsitong.com
电子邮箱：tanyueming@vip.sina.com

四通蘭苑

谈岳明先生从小喜爱兰花，从1999年开始耗资300多万元购花，现已有春兰、蕙兰数百盆，其中，新品春兰：岳明梅、谈氏白云；蕙兰：谈氏素心外蝶、谈氏素惢蝶、谈氏惢蝶、谈氏牡丹、谈氏晶英、谈氏小荷、谈氏嵦蝶、谈氏荷蝶、彩虹素等品种为四通兰苑增添了亮丽的风景。

1 蕙兰 · 富贵梅
2 蕙兰 · 龙凤牡丹
3 春兰 · 岳明梅
4 春兰 · 谈氏白云

芳菲兰园 Fragrant Orchid Nursery

苑主：杨源源
地址：江苏省　常州市
手机：13806128701

蘭馨源蘭苑

探绿寻香之路

江苏省常州市有着悠久养兰历史和深厚的兰文化底蕴。兰馨源兰苑建于1988年，由于城市改造与规划，兰苑随家几次搬迁，现坐落于常州城西。养兰面积约150平方米，植兰近千盆，主要以蕙兰为主。苑主杨源源原从事中药职业，对我国传统的中药植物学较感兴趣，尤对高级植物兰花情有独钟，工作之余养养兰花，亦是人生的一大乐事。自从1998年开始，河南、湖北有蕙兰多瓣奇种、梅瓣、水仙、荷瓣下山，机不可失，时不再来，再有家中爱人的支持，几乎是倾其所有购来心爱的兰花精品，精心莳养。苍天不负有心人，近几年惠花精品逐步开放。如2004年浙江黄岩蕙花展，展品“绿牡丹”获得金奖，2005年江苏（无锡）蕙兰展，送展品种“龙鼎梅”获金奖、“绿云牡丹”获银奖。2006年浙江绍兴漓渚蕙兰展“乐乐梅”获金奖，同年中国（南京）第一届蕙兰展，送展的多瓣奇花“龙城之星”获金奖。传统蕙兰品种有程梅、关顶、庆华梅、江南新极品、崔梅等，春兰品种有多朵蝶、知足素梅、二七梅、红宋梅、盖圆荷、泉绿梅、千岛之花等，兰苑始终以人为本，诚信第一。

2006年花品

2004年花品

江南地区在清末民初时期，民间兰花养植达到鼎盛时期，常州、无锡爱兰名家辈出，如民国出版《兰蕙小史》的作者唐驼是常州人士，与沈渊如齐名的常州养兰大家邱伯贵，他们给后人留下了十分珍贵的兰文化。苑主杨源源对其传统品种爱好外，尤对各养兰名家留下的高档紫砂兰盆情有独钟，因此有较多的收藏，如江南兰王沈渊如用过的兰盆和荣文卿用过的兰盆，有名家制作的紫砂精品盆，如民国时期北岩、陈少亭、南林、卧龙氏、荆陶、任甘庭等。

苑主杨源源现任中国花卉协会兰花分会理事、常州市兰协副会长，积极参与全国各省、市举办的各种兰事活动，对年轻的兰花爱好者进行传、帮、带，经常聚在一起研讨莳兰的共同感受，为着我们共同的兰花事业，做出无私的贡献。

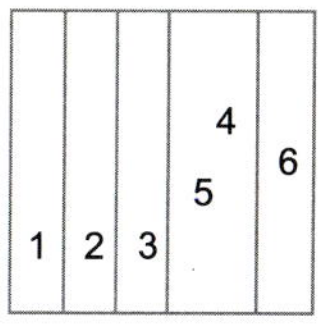

1 蕙兰 · 祥荷
2 祥荷（06年复花）
3 祥荷（04年第一次复花）
4 蕙兰 · 龙鼎梅
5 龙鼎梅
6 蕙兰 · 绿云牡丹

林邑蘭園

林邑兰园组建于2003年，主要从事兰花种质资源调查收集，引种选育适合本地栽培的兰花新品种，进行系统保护、杂交育种、栽培繁育研究，为兰花资源保存与开发应用提供示范基地。

园内有技术人员6人，其中高级职称2人，中级职称1人。在郴州市兰协关心支持下，目前建成种质资源收集圃800m²，组培实验室100m²，栽培示范大棚800m²，引种收集春兰、春剑、蕙兰、多花兰、兔耳兰、建兰、寒兰等品种，大花蕙兰已组培成功，可实现规模化生产。在湖南省第二届兰花展览会上获得3项单奖和优秀组织布展奖。

林邑兰园刚刚起步，我们真诚期盼各位领导专家关心支持，欢迎广大兰友交流合作，共创兰业。

园主：何才生
地址：湖南省郴州市骆仙路12号南岭植物园
邮编：423000
电话：0735－2812006
手机：13975702717
电子邮箱：hnczlks@163.com
经营范围：兰花引种驯化研究与开发利用，
兰花及相关产品批发销售。

1 春兰 · 庐阳春素
2 京莱素
3 寒兰 · 神韵彩梅
4 寒兰 · 红素

苑主：潘颂和
地址：江西省寻乌县项山中学对面
邮编：342214
电话：0797 -2884008
传真：0797 -2884002
手机：13879711987 13979717643
网址：www.Jxlan.9126.com

友谊蘭苑

友谊兰苑坐落在群山环抱、风景秀丽的赣南第二高峰项山甑脚下，创办于2000年，苑名取“以兰会友，以兰联谊”之意。苑主潘颂和自幼喜爱栽花种草，工作之余热心钻研摄影、盆景、根艺、石玩。新千年起与兰结缘并痴迷上兰花，从此一发不可收拾，短短几年时间上山采兰数百次，调查兰花资源分布，探究兰花生态习性，收集兰花珍稀名品。投资数百万元，收集选育出各类下山兰瓣型 花、蝶花、色花、奇花、象形花、素心、矮种、线艺三百多个品种，其中寒兰精品二百余个、四季兰精品数十个、春兰精品十余种，另有部分送春、高山四季兰、报岁兰、蕙兰、春剑、莲瓣等新老品种及期待品。兰苑由小到大、从无到有，面积由原来的数十平方米扩展到现在的1600多个平方米。现有120多平方米的现代兰房一座，存圃兰花一万余盆。兰苑的发展处处凝聚了苑主的辛勤汗水。

敬师花 尊老花 贺岁花

建苑以来，与全国十余个省、市兰协、兰友有友好交往和兰花交流。由于苑主热情好客，诚信经营，在兰界有良好口碑，深受新老兰友信赖和好评。

兰花精品多次荣获国家及全省兰展大奖。苑主在2002年由中国花卉协会兰花分会吸收为理事。2004年起任江西省花协兰花分会副秘书长，2005年起为中国寒兰研究会副秘书长。作为兰花爱好者和兰协的成员，苑主日夜为兰花事业奔忙，潜心书海，学习艺兰经验，不断提高养兰技艺；拍摄兰照，撰写文章，积极传播兰文化；敬师花，尊老花，贺岁花，倡导养兰新时尚；办讲座，出专栏，传技术，赠兰苗，为壮大养兰队伍做贡献。

友谊兰苑的建苑宗旨是：保护兰花资源，发展兰花产业，弘扬国兰文化，促进经济发展。苑主热情欢迎广大兰友莅临指导，共叙兰谊，交流品种，传授技艺，同谋兰花事业发展大计。

三国鼎立 大名鼎鼎 人声鼎沸 钟鸣鼎食 鼎力相助 鼎志昌盛 一言九鼎

HONEST诚信 从我做起
华奕企业
成都华奕科技发展公司
四川华奕广告有限公司
成都六合绿化工程有限公司
成都润民投资管理有限公司
《魅力兰花》杂志
HUAYI
华奕科技

兰花媒体

杂志

《中国兰花》（双月刊）

《兰》（双月刊）

《兰花宝典》（月刊）

《兰蕙》（月刊）

《兰花世界》（月刊）

《兰友》（月刊）

《兰界》（月刊）

《西部兰艺》（月刊）

《大西兰》（双月刊）

《魅力兰花》（季刊）

网络电视

SCWTV

四川网络电视台名人名园栏目组

专业网站

中国兰花网 www.guolan.com

聚蘭網 www.7oorchid.com

e易兰网 orchid.cn

云南蘭花网

世界兰花 Orchid World www.orchidworld.com.cn

兰花赏培网 YuLan123.com

中国北方兰花网 www.258bflh.com

四明蘭花網 WWW.YYLH.COM

HQLHW.COM 鹤庆蘭花网

天姥蘭花網 http://www.tmlanhua.com

中国天天兰花交易网 www.ttlanhua.com

兰花网 www.16LHW.com

东方兰花网 www.orchid-cn.com

云南兰花网 http://www.ynorchid.com

贵州蘭花网

滇兰在线 www.dlzx.org

桂林蘭花網 www.gllanhua.cn

玉溪兰花网 2004.2 www.yxlhw.com

中国蘭花交易网 www.hmlan.com

中国西部蘭城 www.bsorchid.com

蘭花網址 http://www.lhw123.com

渝林兰花文化

北京兰花网 www.BJLanHua.com

日本蘭 Orchid Japan

四川蘭花网

两岸国兰 www.cnlalan.com

蘭花在线 www.lanhuaonline.com

赣蘭 江西兰花网 http://www.jxlan.com

上海蘭花網 www.shorchid.com

中国棠棣兰花网

热带兰花 WWW.TROPORCHID.COM

绍兴兰花网

武陵兰花网 Lanhua.Penjing.Com.Cn

中国蘭蕙网 www.ChinaLanHui.com

国兰在线 www.chineseorchid.com

中国兰花之乡 www.orchid-china.com

中国下山兰花拍卖网 http://www.orchid-lanhua.com

厦门兰花网 xmlanhua.com

中华兰花网

三江蘭花網 WWW.SJLAN.COM

中国兰花站 http://www.zglh.cn

神州兰花网 www.lhwang.com

兰友114

后记

2006年4月，我社接到中国花卉协会兰花分会一项重大任务：编辑中国花卉协会兰花分会成立20周年纪念册。这是一项具有深远意义的工作，我们感到无比荣幸，感谢中国花卉协会兰花分会对我们的厚爱，同时我们也感觉到光荣任务下的压力。

接受任务后，我们从2006年5月开始着手编辑，在编辑期间工作人员不辞辛劳走访云南、贵州、四川、重庆、江苏、浙江、上海、北京、湖北、湖南、广东、福建等省、市、自治区收集资料，历时近10个月，以期达到该书内容丰富、充实、真实。在这10个月里，我们听取了中国花卉协会兰花分会、各地兰协、专家、兰友等各方面的意见。在他们的指导、支持和帮助下完成了这本读物《兰香蕙馥二十年》的编辑工作。在此，对为我们提供宝贵意见及资料的组织与个人表示深深的谢意。

在此，我们还要特别感谢何清正、潘光华、王重农、刘清涌、潘兆清、王碧青、卢秀福、朱根发、唐贤志、刘忠贵、钱登荣、宋世平、王永明等，是你们的热情关注和鼎力支持，让我们终于能在困难后收获成果……

《兰香蕙馥二十年》是一本凝聚着众多编辑与众多兰友们智慧心血的结晶，她承载着中国兰花文化发展二十年芬芳历程的记录。她再现了20年来各种兰花精品的风姿、总结了20年来兰花文化的发展史等，具有相当的可读性与收藏性。我们希望凭借此书，让兰花文化更广为人知，让兰花魅力与精神在这个光辉时代里更加发扬光大！

当然，此书肯定还存在一些不足之处，望兰友们多加指正，并继续支持我们！

以下名单为支持本纪念册的兰友们（按姓氏笔画排列）：

安家福、白光群、保山兰协、陈官山、陈华峰、陈少敏、陈耀明、邓传刚、范行标、方祖文、冯福春、葛新星、何才生、何治富、洪黎明、胡致东、黄德敏、黄国桢、金定先、李映龙、李光宏、李学林、梁克成、刘宏远、刘礼洪、刘庆松、刘世渡、刘小鋆、刘燕秋、刘忠贵、卢干、卢秀福、陆明祥、闫利军、罗华东、麻勇、毛兴正、孟昭烈、莫岱祥、倪金林、潘颂和、彭良正、钱登荣、邱福凯、邱厚云、盛心志、宋世平、宋先明、孙智勇、谈岳明、王元修、王德仁、王建设、王学长、王永康、王永明、吴维龙、吴志生、肖云、徐昊、许先兴、杨朝君、杨明、杨小林、杨源源、叶华良、叶建华、叶瑞金、张江连、张英男、赵银泉、周家长、周瑞行、周鑫、周作其、宗智勇、曾毅、唐学成、梁品富

《魅力兰花》编务部

春剑·鱼凫梅

栽培者：叶瑞金 毛明远 赵一贵 刘礼洪 梁泽根 白红兵 黄毅

品 牌 凝 聚 服 务
连 锁 铸 就 辉 煌
北京业之峰装饰公司
全 国 优 秀 家 装 标 兵 企 业
北京业之峰装饰公司
全国优秀家装标兵企业
西南地区总部：成都市顺城大街308号冠城广场22层B座
总机：028-6528676 6528675 6527773
成都第一分店：成都市西门博美装饰城 A 区4楼41号

有限责任公司
CORATING CO.,LTD.
室内装饰企业
资质等级证书
饰设计）
（国家乙级装饰施工）
上海大世界基尼斯总部
大世界基尼斯之最
最长的住宅小区主门楼
——"泰正花园艺术门廊"
最大弧长：55.13米
高：18.07米 深：5.5米
"泰正花园艺术门廊"位于重庆市南岸区人民政府旁泰正花园东面，为该小区主门楼。
由中国重庆泰正集团有限公司于2000年8月18日建造完成。（GRC材料设计安装由四川明波制作完成。）
NO:01167
王以卓
杨继才
"泰正花园艺术门廊"获得上海大世界基尼斯总部颁发——最长住宅小区主门楼称号。（最大弧长：55.13、米高18.07、深5.5米）.
建筑新材料明波GRC
栏杆系列 罗马柱系列
凉亭系列 花钵系列
花饰系列 假山系列
浮雕系列 仿真石系列
喷泉系列 线型系列
全国唯一机械化生产基地，最优价格，诚征全国各大城市经销商，随时提供图集供使用。
您能想到 我们就能做到 您没想到 我们为您创造
公司地址：成都市青羊区文家乡红碾村成温路318国道6.5